高等教育“十三五”规划教材

嵌入式系统设计与开发

张会福　文　宏　胡勇华　主　编

中国矿业大学出版社

内 容 提 要

本书以STM32F103处理器为基础平台，介绍了嵌入式系统设计与开发的基本知识和方法。全书共分5章，较全面地介绍了嵌入式软硬件环境及嵌入式系统的程序设计。结合实验平台详细讲解了STM32的中断应用、串口通信、TFT-LCD及触摸屏应用、ADC程序设计、IIC通信、定时器和看门狗、SPI及无线通信、485和CAN通信等常用嵌入式外设的基本程序设计，μC/OS-Ⅱ实时操作系统的基本概念及其移植与应用开发。本书可以作为高等院校嵌入式系统课程教材，也可供从事嵌入式系统应用开发的各类人员使用。

图书在版编目(CIP)数据

嵌入式系统设计与开发 / 张会福，文宏，胡勇华主编. —2版. —徐州 ：中国矿业大学出版社，2019.3

ISBN 978-7-5646-4358-4

Ⅰ. ①嵌… Ⅱ. ①张… ②文… ③胡… Ⅲ. ①微型计算机—系统设计 Ⅳ. ①TP360.21

中国版本图书馆CIP数据核字(2019)第036207号

书　　名　嵌入式系统设计与开发
主　　编　张会福　文　宏　胡勇华
责任编辑　仓小金
出版发行　中国矿业大学出版社有限责任公司
（江苏省徐州市解放南路　邮编221008）
营销热线　(0516)83884103　83885105
出版服务　(0516)83995789　83884920
网　　址　http://www.cumtp.com　**E-mail**:cumtpvip@cumtp.com
印　　刷　江苏淮阴新华印务有限公司
开　　本　787×1092　1/16　**印张** 15.25　**字数** 380千字
版次印次　2019年3月第2版　2019年3月第1次印刷
定　　价　35.00元
（图书出现印装质量问题，本社负责调换）

前　言

近年来，嵌入式系统技术和嵌入式产品发展势头迅猛，其应用领域涉及通信产品、消费电子、汽车工业、工业控制、信息家电、国防工业等各个领域。嵌入式系统的开发占整个计算机系统开发的比重也越来越高。基于嵌入式系统应用的嵌入式处理器也取得了飞速的发展，在众多的嵌入式处理器中，尤以ARM处理器的市场占有量最大。ARM处理器从早期的ARM7发展到现在的Cortex，已经形成了系列产品。目前，已经有越来越多的开发人员开始从单片机系统开发渐渐地转向基于ARM处理器的嵌入式系统开发。

目前嵌入式开发的书籍种类繁多，这些书籍各具特色，侧重点各不相同。本书面向嵌入式初学者，力求由浅入深地介绍嵌入式系统开发的软件、硬件各部分知识，帮助初学者快速进入嵌入式开发领域，掌握嵌入式开发的基本知识。

本书首先介绍了嵌入式系统和ARM嵌入式处理器以及基于ARM Cortex-M3内核的STM32处理器的基础知识。基于STM32-A开发平台用实例讲解了嵌入式系统设计以及软件开发环境的建立过程。接着结合实验平台介绍了STM32的中断、定时、串口、LCD、485、CAN等常用嵌入式外设的基本控制程序设计。最后介绍了μC/OS-Ⅱ实时操作系统的移植与应用开发，并结合μC/OS-Ⅱ给出实验平台的几个简单应用实例。通过这些内容的学习，帮助读者了解和掌握嵌入式处理器的应用和嵌入式系统开发的知识，为今后的工作打下扎实的理论和实践基础，并帮助提高分析问题和解决问题的能力。

本书由张会福、文宏、胡勇华等编写，编写过程中得到湖南大学徐成教授及研究生徐梓桑、曹婷、向佳等大力协助，在此一并向他们表示感谢！

在第一版的基础上，第二版修正了排版错误，并作了一些优化和改进，调整了部分章节和优化了大部分程序代码。

由于作者水平所限，书中难免有疏漏和不足之处，敬请广大读者批评指正。

（本教材配电子课件，下载地址：http://www. cumtp. com/download? cat=resource—materials）

编　者

2019年1月

目　录

第1章　嵌入式系统概述

自 20 世纪 70 年代初微处理器问世以来，嵌入式系统便进入了快速发展时期。迄今为止，嵌入式系统无疑已成为了最热门最有发展前途的 IT 应用领域之一。嵌入式系统存在于各种常见的电子设备中，如手机、平板电脑、电子字典、可视电话、VCD/DVD/MP3 Player、数字相机（DC）、数字摄像机（DV）、机顶盒（Set Top Box）、游戏机、智能玩具、交换机、路由器、数控设备或仪表、汽车电子、家电控制系统、医疗仪器等。近年来，随着移动互联网的迅猛发展，衍生了大量的基于移动互联网的嵌入式产品，如智能家电、各种可穿戴设备、手机 APP 等，极大地扩展了嵌入式系统的领域。随着全球不断加速的数字化、信息化、互联化过程，嵌入式系统将被越来越广泛地应用于军事、工农业、航空航天、商业、办公、医疗、家用电器等各个方面。

1.1　嵌入式系统的定义

嵌入式系统实质上也是一种计算机系统，但是由于其发展时间较短，发展速度很快且应用领域非常广泛，至今都缺乏一个业界广泛接受的权威性定义。很多国外的经典教材都不阐明其定义，而是讲述其特点，通过特点来认识何谓嵌入式系统。为了给读者一个比较明确的概念，我们在这里给出国内外对嵌入式系统的几种典型描述。

IEEE（国际电气和电子工程师协会）对嵌入式系统的定义是：嵌入式系统是“用于控制、监视或者辅助操作机器和设备的装置”（Device used to control, monitor, or assist the operation of equipment, machinery or plants.）。这个定义主要是从嵌入式系统的应用上着手对其进行描述，但这种描述过于宽泛，并未能反映嵌入式系统的基本特点。

国内对嵌入式系统的一个比较完善的定义是：嵌入式系统是以应用为中心、以计算机技术为基础、软件硬件可裁减、适应应用系统对功能、可靠性、成本、体积、功耗严格要求的专用计算机系统。这个定义主要强调了嵌入式系统的本质是计算机系统，是一种满足应用系统特殊要求的特定的计算机系统。它强调了嵌入式系统的两个重要特点：① 以应用为中心：嵌入式系统不应该独立于应用。② 以计算机技术为基础：计算机系统由软件和硬件构成，嵌入式系统也不例外。

当然，嵌入式系统还有一些其他的定义，如：嵌入式系统是看不见的计算机，一般不能够被用户编程，它有一些专用的 I/O 设备，对用户的接口是专用的；嵌入式系统是任意包含至少一个可编程计算机的设备，但是这个设备不是作为通用计算机设计的等，这些定义都反映了嵌入式系统的某些特点。综上所述，嵌入式系统是将先进的计算机技术、半导体技术、电子技术与各行业的具体应用相结合的产物。这一点就决定了嵌入式系统必然是个技术密集、资金密集、高度分散、不断创新的知识集成系统。

1.2　嵌入式系统的历史和发展

跟通用计算机相似，嵌入式系统的发展实质上是与计算机的硬件发展紧密相关的，特别是处理器的发展决定了嵌入式系统的发展速度。随着硬件技术的飞速发展，处理器、系统总线速度越来越快，存储器容量越来越大，嵌入式系统的软件才有快速发展的空间。这两者的并行快速发展最终导致了当今嵌入式系统的繁荣。

1.2.1　嵌入式系统硬件发展历史

第一个被大家认可的现代嵌入式系统是麻省理工学院仪器研究室的查尔斯·斯塔克·德雷珀开发的阿波罗导航计算机。两次月球飞行中在太空驾驶舱和月球登陆舱都是用了这种惯性导航系统。第一款大批量生产的嵌入式系统是1961年发布的民兵Ⅰ导弹上的D-17自动导航控制计算机。它是由独立的晶体管逻辑电路建造的，带有一个作为主内存的硬盘。当民兵Ⅱ导弹在1966年开始生产的时候，D-17被第一次使用大量集成电路的更新的计算机所替代。仅仅这个项目就将与非门集成电路模块的价格从每个1 000美元降低到了每个3美元，使集成电路的商用成为可能。民兵导弹的嵌入式计算机有一个重要的设计特性：它能够在项目后期对制导算法重新编程以获得更高的导弹精度，并且能够使用计算机测试导弹，从而减少测试用电缆和接头的重量。

20世纪60年代早期这些应用使嵌入式系统得到长足发展，它的价格开始下降，同时处理能力和功能也获得了巨大的提高。但是，嵌入式系统真正大发展却是在微处理器问世之后。1971年11月，Intel公司成功地把算术运算器和控制器电路集成在一起，推出了世界上第一片微处理器Intel 4004，其后各厂家推出了许多8位、16位的微处理器，包括Intel 8080/8085、8086，Motorola的6800、68000，Zilog的Z80、Z8000等。以这些微处理器为核心构成的OEM嵌入式计算机系统，广泛用于制造仪器仪表、医疗设备、机器人、家用电器等。微处理器的广泛应用形成了一个广阔的嵌入式应用市场，计算机厂家开始大量地以插件方式向用户提供OEM(Original Equipment Manufacture)产品，再由用户根据自己的需要选择一套适合自己应用的CPU板、存储器板和各式I/O插件板构成专用的嵌入式计算机系统，并嵌入到自己的系统设备中。与此同时，军方根据自己的需求，由工业部门研制生产了包括CPU板、存储器板、接口板、总线板、电源板、数模变换板等OEM产品的抗恶劣环境计算机系统，形成了完整系列的军用嵌入式计算机系统。

为了灵活兼容考虑，各大公司开始设计开发系列化、模块化的单板机。流行的单板计算机有Intel公司的iSBC系列、Zilog公司的MCB等。这时人们可以不必从选择芯片开始来设计一台专用的嵌入式计算机了，只要选择各功能模块，就可以组建一台专用计算机系统。用户和厂家都希望从不同的厂家选购最适合的OEM产品，插入外购或自制的机箱中就形成新的系统，即希望插件是互相兼容的，这就导致了工业控制微机系统总线的诞生。1976年Intel推出Multibus，1983年扩展为带宽达40 MB/s的MultibusⅡ；1978年Prolog设计简单的STD总线广泛用于小型嵌入式系统；1981年Motorola推出了VME总线，与MultibusⅡ瓜分了军用市场。1981年IBM推出的VME_Bus则和Multibus Ⅱ瓜分高端市场。目前嵌入式PC、PC104、CPCI(Compact PCI)等总线系统已经广泛应用在工业控制领域。

80年代可以说是各种总线层出不穷、群雄并起的时代。随着微电子工艺水平的提高，集成电路制造商开始把嵌入式应用所需要的微处理器、I/O 接口、A/D、D/A 转换、串行接口以及 RAM、ROM 等集成到一个 VLSI 中，制造出面向 I/O 设计的微控制器，就是俗称的单片机。成为嵌入式计算机系统异军突起的一支新秀，其后发展的 DSP 产品则更是提升了嵌入式计算机系统的技术水平，并且迅速地渗入到消费电子、医用电子、智能控制、通信电子、仪器仪表、交通运输等各种领域。90 年代之后，Texas 推出第三代 DSP 芯片 TMS320C30 引导着微控制器向 32 位高速智能化发展，如 Intel 公司发展的 PⅡ、PⅢ等。

进入 21 世纪，Acorn 计算机有限公司的 32 位 RISC 微处理器(ARM)逐步占据了主流嵌入式微处理器市场，ARM 处理器非常适用于移动通信领域，符合其主要设计目标为低成本、高性能、低耗电的特性。至 2009 年为止，ARM 架构处理器占据了市面上所有 32 位嵌入式 RISC 处理器的 90%，使它成为占全世界最多数的 32 位架构处理器之一。2011 年，ARM 的客户报告了 79 亿 ARM 处理器出货量，占有 95%的智能手机、90%的硬盘驱动器、40%的数字电视和机顶盒、15%的微控制器和 20%的移动电脑。2012 年，微软与 ARM 科技生产了新的 Surface 平板电脑，AMD 宣布它将于 2014 年开始生产基于 ARM 核心的 64 位服务器芯片。2016 年，50%嵌入式芯片是基于 ARM，现在约 70%的音视频应用采用了 ARM 芯片，预计到 2035 年将有 1 万亿芯片基于 ARM。

1.2.2　嵌入式系统软件发展历史

随着硬件性能特别是微处理器性能的提高，嵌入式软件的规模也随之呈指数级增长。在微处理器出现初期，为了保障嵌入式系统的时间、空间效率，软件只能使用汇编语言编写。由于微电子技术的进步，对于软件的时间空间效率要求不再那么苛刻，嵌入式计算机开始使用 PL/M、C 等高级语言。对于复杂的嵌入式系统，除了需要高级语言开发工具外，还需要嵌入式实时操作系统的支持。从早期的无操作系统阶段到现在的实时操作系统时代，嵌入式系统的软件发展可谓迅速异常。

(1) 无操作系统阶段

嵌入式系统最初的应用是基于单片机的，大多以可编程控制器的形式出现，具有监测、伺服、设备指示等功能，通常应用于各类工业控制和飞机、导弹等武器装备中，一般没有操作系统的支持，只能通过汇编语言对系统进行直接控制，运行结束后再清除内存。这些装置虽然已经初步具备了嵌入式的应用特点，但仅仅只是使用 8 位的 CPU 芯片来执行一些单线程的程序，因此严格地说还谈不上“系统”的概念。

这一阶段嵌入式系统的主要特点是：系统结构和功能相对单一，处理效率较低，存储容量较小，几乎没有用户接口。由于这种嵌入式系统使用简便、价格低廉，因而曾经在工业控制领域中得到了非常广泛的应用，但却无法满足现今对执行效率、存储容量都有较高要求的信息家电等产品需要。

(2) 简单操作系统阶段

20 世纪 80 年代，随着微电子工艺水平的提高，IC 制造商开始把嵌入式应用中所需要的微处理器、I/O 接口、串行接口以及 RAM、ROM 等部件集成到一片 VLSI 中，制造出面向 I/O 设计的微控制器，并一举成为嵌入式系统领域中异军突起的新秀。与此同时，嵌入式系统的程序员也开始基于一些简单的“操作系统”开发嵌入式应用软件，大大缩短了开发周期、提高了开发效率。

这一阶段的嵌入式系统的主要特点是：出现了大量高可靠、低功耗的嵌入式 CPU(如

Power PC 等)，各种简单的嵌入式操作系统开始出现并得到迅速发展。此时的嵌入式操作系统虽然还比较简单，但已经初步具有了一定的兼容性和可扩展性，内核精巧且效率高，主要用来控制系统负载以及监控应用程序的运行。

(3) 实时操作系统阶段

20 世纪 90 年代，在分布式控制、柔性制造、数字化通信和信息家电等巨大需求的牵引下，嵌入式系统进一步飞速发展，而面向实时信号处理算法的 DSP 产品则向着高速度、高精度、低功耗的方向发展。随着硬件实时性要求的提高，嵌入式系统的软件规模也不断扩大，逐渐形成了实时多任务操作系统(RTOS)，并开始成为嵌入式系统的主流。

这一阶段嵌入式系统的主要特点是：操作系统的实时性得到了很大改善，已经能够运行在各种不同类型的微处理器上，具有高度的模块化和扩展性。此时的嵌入式操作系统已经具备了文件和目录管理、设备管理、多任务、网络、图形用户界面(GUI)等功能，并提供了大量的应用程序接口(API)，从而使得应用软件的开发变得更加简单。

(4) 面向 Internet 阶段

21 世纪无疑将是一个网络的时代，将嵌入式系统应用到各种网络环境中去的呼声自然也越来越高。目前大多数嵌入式系统还孤立于 Internet 之外，随着 Internet 的进一步发展以及 Internet 技术与信息家电、工业控制技术等的结合日益紧密，嵌入式设备与 Internet 的结合才是嵌入式技术的真正未来。

由于新的微处理器层出不穷，嵌入式操作系统自身结构的设计更加便于移植，能够在短时间内支持更多的微处理器。嵌入式系统的开发成了一项系统工程，开发厂商不仅要提供嵌入式软硬件系统本身，同时还要提供强大的硬件开发工具和软件支持包。通用计算机上使用的新技术、新观念开始逐步移植到嵌入式系统中，如嵌入式数据库、移动代理、实时 CORBA 等，嵌入式软件平台得到进一步完善。

各类嵌入式 Linux 操作系统迅速发展。由于 Linux 系统具有源代码开放、系统内核小、执行效率高、网络结构完整等特点，很适合信息家电等嵌入式系统的需要。网络化、信息化的要求随着 Internet 技术的成熟和带宽的提高而日益突出，以往功能单一的设备如电话、手机、冰箱、微波炉等功能不再单一，结构变得更加复杂。在精简系统内核、优化关键算法，降低功耗和软硬件成本以及提供更加友好的多媒体人机交互界面的基础上，嵌入式系统的网络互联成为必然趋势。

1.3 嵌入式系统的组成

如图 1-1 所示，嵌入式系统一般由嵌入式硬件和软件组成。硬件以微处理器为核心，集成存储器和系统专用的输入输出设备。软件包括固件、嵌入式操作系统和应用程序等。这些软件有机地结合在一起，形成系统特定的一体化软件。

1.3.1 嵌入式硬件

嵌入式系统硬件主要指嵌入式微处理器和外围设备。其中嵌入式处理器是嵌入式系统的核心，一般只保留与用户需求紧密相关的功能部件，因此具有体积小、重量轻、成本低、可靠性高等特点。而外围设备根据功能一般可分为以下三类：存储设备，通信设备和 I/O 设备。一个典型的嵌入式系统硬件组成如图 1-2 所示。

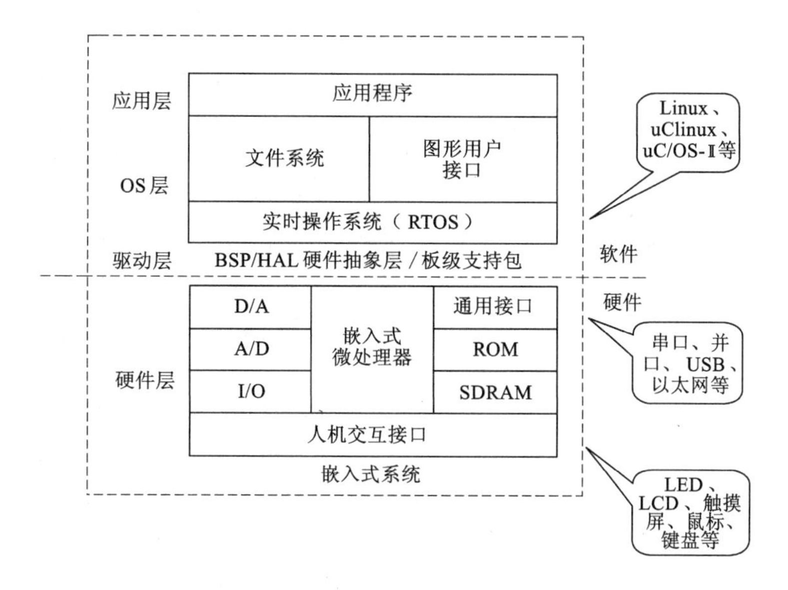

图1-1 嵌入式系统组成

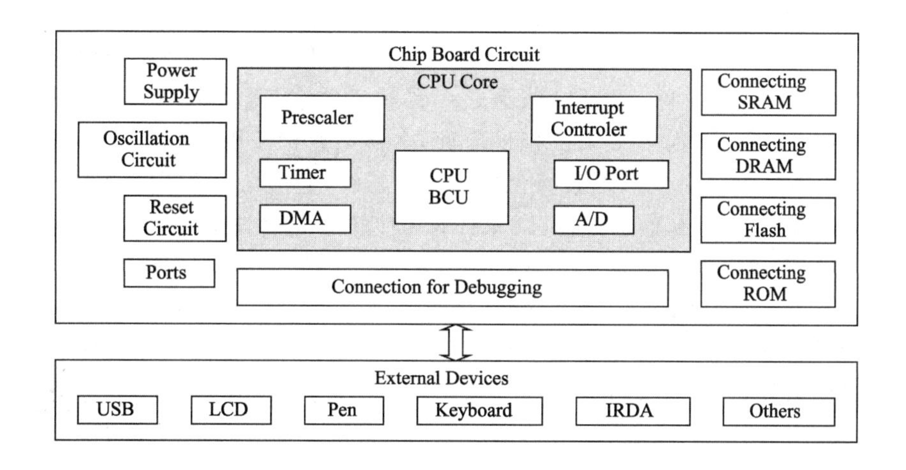

图1-2 嵌入式系统硬件组成

(1) 嵌入式处理器

嵌入式系统的核心是各种类型的嵌入式处理器，嵌入式处理器与通用处理器最大的不同点在于，嵌入式CPU大多工作在为特定用户群所专门设计的系统中，它将通用CPU中许多由板卡完成的任务集成到芯片内部，从而有利于嵌入式系统在设计时趋于小型化，同时还具有很高的效率和可靠性。

嵌入式处理器的体系结构经历了从CISC（复杂指令集）到RISC（精简指令集）和Compact RISC的转变，位数则由4位、8位、16位、32位逐步发展到64位。目前常用的嵌入式处理器可分为如下几种：

① 嵌入式微控制器（Micro Controller Unit，MCU）：即单片机。早期比较流行的处理器，将整个计算机系统集成到一个芯片中，内部以某种微处理器为核心，并对ROM、RAM、总线、总线逻辑、定时器/计数器、I/O、串行口、A/D转换、D/A转换等必要外设加以集成。

如 Intel 的 8051。

② 嵌入式微处理器(Embedded Micro Processor Unit,EMPU):一般基于通用微处理器,从 8 位、16 位直到 64 位,目前以 32 位为主。与通用微处理器相比,嵌入式微处理器体积小、重量轻、成本低、可靠性高、功耗低、工作温度、抗电磁干扰等方面有所增强。目前市场上最为广泛使用的嵌入式微处理器有 ARM 系列、MIPS 系列、X86 系列等。

③ 嵌入式 DSP 处理器(Embedded Digital Signal Processor,EDSP):专门用于高速实时信号处理,分为通用 DSP 和专用 DSP 两种。嵌入式 DSP 处理器对系统结构和指令进行特殊设计,使其适合于执行 DSP 算法,编译效率较高,指令执行速度也快。如 TI 的 TMS320C30。

④ 嵌入式片上系统(System on Chip,SoC):将微处理器、模拟 IP 核、数字 IP 核和存储器(或片外存储控制接口)集成在单一芯片上,进一步降低了功耗,减少了开发成本。它通常是客户定制的(CSIC),或是面向特定用途的标准产品(ASSP),如 Intel 的 PXA 255 等。

目前嵌入式微处理器是市场的主流,几乎每个半导体制造商都生产嵌入式微处理器,并且越来越多的公司开始拥有自主的处理器设计部门。据不完全统计,全世界嵌入式处理器已经超过 1 000 多种,流行的体系结构有 30 多个系列,其中以 ARM、PowerPC、MC 68000、MIPS 等使用得最为广泛。以下是几款最常用的嵌入式微处理器:

① ARM(Advanced RISC Machines):ARM 既可以认为是一个公司的名字,也可以认为是对一类微处理器的通称,还可以认为是一种技术的名字。ARM 公司专门从事基于 RISC 技术芯片设计开发,作为知识产权供应商,本身不直接从事芯片生产,而是转让其设计许可给合作公司,由它们生产各具特色的 ARM 芯片,这些公司根据各自不同的应用领域,加入适当的外围电路,从而形成自已的 ARM 微处理器芯片进入市场。当前,基于 ARM 技术的微处理器应用约占据了 32 位 RISC 嵌入式微处理器 90%以上的市场份额。

② MIPS(Microprocessor without Interlocked Pipeline Stages):MIPS 技术公司是一家设计制造高性能、高档次及嵌入式 32 位和 64 位处理器的厂商,在 RISC 处理器方面占有重要地位。MIPS 公司设计 RISC 处理器始于 80 年代初,此后公司的战略发生变化,把重点放在了嵌入式系统。1999 年,MIPS 公司发布 MIPS 32 和 MIPS 64 架构标准,为未来 MIPS 处理器的开发奠定了基础。

③ PowerPC:PowerPC 架构是 IBM,Motorola 和 Apple 共同合作的成果,继承了这三家公司的技术,尤其是 IBM 的 Performance Optimization With Enhanced RISC(POWER)架构。PowerPC 处理器品种很多,既有通用的处理器,又有嵌入式控制器和内核,应用范围非常广泛,从高端的工作站、服务器到桌面计算机系统,从消费类电子产品到大型通信设备,无所不包。代表产品有 Motorola 推出的 MPC 系列,如 MPC8xx,和 IBM 推出的 PPC 系列,如 PPC4xx,等。

④ x86:x86 系列处理器是大家最熟悉的。它起源于 Intel 架构的 8080,再发展到 286、386、486,直到现在的 Pentium4、Athlon、AMD 和 Intel 的 64 位处理器。x86 对以前的处理器保持了很好的兼容性,不过这也限制了 CPU 性能的提高。486DX 是当时和 ARM,68000,MIPS 和 SuperH 齐名的五大嵌入式处理器之一。

⑤ Motorola 68000:是出现得比较早的一款嵌入式处理器,68000 采用的是 CISC 结构,与现在的 PC 指令集保持二进制兼容。目前基于该架构的嵌入式微处理器主要有 MCF

5272，它基于第二代 Cold Fire V2 核心。

(2) 嵌入式外围设备

在嵌入式硬件系统中，除了中心控制部件(MCU、DSP、EMPU、SOC)以外，用于完成存储、通信、调试、显示等辅助功能的其他部件，事实上都可以算作嵌入式外围设备。目前常用的嵌入式外围设备按功能可以分为存储设备、通信设备和显示设备等。

① 存储设备主要用于各类数据的存储，常用的有静态易失型存储器(RAM、SRAM)、动态存储器(DRAM)和非易失型存储器(ROM、EPROM、EEPROM、FLASH)三种，其中 FLASH 凭借其可擦写次数多、存储速度快、存储容量大、价格便宜等优点，在嵌入式领域内得到了广泛应用。

② 目前存在的绝大多数通信设备都可以直接在嵌入式系统中应用，包括 RS-232 接口(串行通信接口)、SPI(串行外围设备接口)、IrDA(红外线接口)、I2C(现场总线)、USB(通用串行总线接口)、Ethernet(以太网接口)等。

③ 由于嵌入式应用场合的特殊性，通常使用的是阴极射线管(CRT)、液晶显示器(LCD)、触摸板(Touch Panel)和键盘等外围 I/O 设备。

1.3.2　嵌入式软件

嵌入式软件可分为嵌入式操作系统和应用软件两大类，其核心是嵌入式操作系统。嵌入式操作系统是嵌入式系统中最基本的软件，它负责分配、回收、控制和协调全部软硬件资源的并发活动，并且提供应用程序的运行环境和接口，是应用程序运行的基础。嵌入式应用软件则是服务于某种专用应用领域，基于某一特定的嵌入式硬件平台，用来达到用户预期任务的计算机软件。由于嵌入式系统自身的特点，决定了嵌入式应用软件不仅要具备准确性、安全性和稳定性，而且还要尽可能进行代码优化，以减少对系统资源的消耗，降低硬件成本。图 1-3 显示了一个典型的以 VxWorks 嵌入式操作系统为核心的嵌入式软件体系结构，包括了 BSP(板级支持包)、各种驱动、文件系统、IO 系统、协议栈、VxWorks 内核、库文件以及工具软件和应用软件。

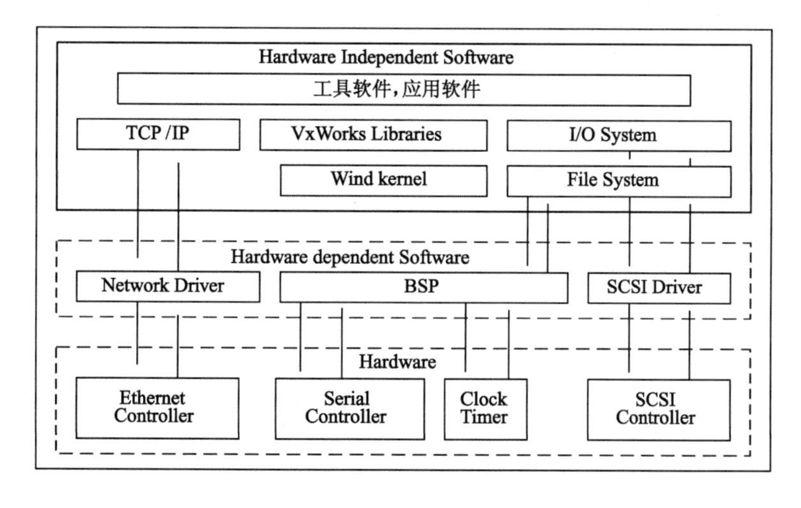

图 1-3　基于 VxWorks 的嵌入式软件结构

(1) 嵌入式操作系统

大部分嵌入式操作系统都是实时系统，而且多是实时多任务系统。它们采用全抢占调度方案，响应时间很短；采用微内核技术，设计追求灵活性，可配置、可裁剪、可扩充、可移植；具备强实时和高可靠性，有适应各种主流 CPU 的版本，非常适合嵌入式应用。商用嵌入式实时多任务操作系统把嵌入式系统的开发工作从小范围内解放出来，促使嵌入式应用扩展到更广阔的领域。目前最重要的 RTOS 主要包括：

① 传统的经典 RTOS：最主要的便是 VxWorks 操作系统，以及其 Tornado 开发平台。VxWorks 操作系统是美国 WindRiver 公司于 1987 年设计开发的一种嵌入式实时操作系统，是 Tornado II 嵌入式开发环境的关键组成部分。VxWorks 是 WindRiver 公司专门为实时嵌入式系统设计开发的操作系统软件，为程序员提供了高效的实时任务调度、中断管理，实时的系统资源以及实时的任务间通信。应用程序员可以将尽可能多的精力放在应用程序本身，而不必再去关心系统资源的管理。该系统主要应用在单板机、数据网络（以太网交换机、路由器）和通信等多方面。但 VxWorks 价格偏高，所以很多中小公司往往负担不起而转为使用嵌入式 Linux。当前 VxWorks 仍占据了较大的市场份额。与 VxWorks 类似的实时操作系统还有 pSOS、QNX、Nucleus 等。

② 嵌入式 Linux 操作系统：Linux 操作系统自诞生以来便以其免费、开源、支持软件多等特点被业界广泛研究与应用。Linux 本身不是一个为嵌入式设计的操作系统，不是微内核的，并且实时性不强。目前应用在嵌入式领域的 Linux 系统主要有两类：一类是专为嵌入式设计的已被裁减过的 Linux 系统，最常用的是 μClinux（不带 MMU 功能），目前占较大应用份额，可运行于 ARM7；另一类是在 ARM 9 上运行的，一般是将 Linux 2.4.18 内核移植在其上，可使用更多的 Linux 功能。很多业内专家预测，嵌入式 Linux 在不久的将来将占嵌入式操作系统的 50%以上份额。目前 Intel、Philip 都基于 ARM＋Linux 进行嵌入式开发，Fujitum 则是在自己的处理器上进行 Linux 开发。嵌入式 Linux 的缺点是熟悉 Linux 的开发人员太少，开发难度教大。目前在嵌入式 Linux 领域主要有几个方面的工作，一是能将 Linux 移植到某个新型号的开发板上；二是编写 Linux 驱动程序；三是对 Linux 内核进行裁减和优化。目前已经较为广泛使用的嵌入式 Linux 主要有 μClinux、RT－Linux、Embedix 以及 XLinux 等。

③ Android 系统：Android 是 Google 公司于 2007 年发布的一款基于 Linux 平台的开源手机操作系统，该平台由操作系统、中间件、用户界面和应用软件组成。它采用软件栈（Software Stack）的架构，主要分为三部分：底层以 Linux 内核为基础，用 C 语言开发，只提供基本功能；中间层包括函数库 Library 和虚拟机 Virtual Machine，用 C＋＋开发；最上层是各种应用软件，包括通话程序，短信程序等，应用软件则由各公司自行开发。Android 不存在任何以往阻碍移动产业创新的专利障碍，是一个为移动终端构建的真正开放和完整的系统软件。2011 年第一季度，Android 在全球的市场份额首次超过塞班系统，跃居全球第一。2013 年的第四季度，Android 平台手机的全球市场份额已经达到 78.1%。据 Gartner 公布的最新报告显示，到 2015 年第三季度 Android 系统手机仍在全球市场上占据领导地位，份额高达 84.7%，出货量近 3 亿部。除了在智能手机上的广泛应用之外，Android 系统也逐渐扩展到平板电脑及其他领域上，如电视、数码相机、游戏机等等。

④ Windows CE 嵌入式操作系统：Windows CE 是微软公司开发的一款嵌入式操作系统，它是一个开放的、可升级的 32 位嵌入式操作系统。其操作界面虽来源于 Windows 95/98，

但 Windows CE 是基于 WIN32 API 重新开发、新型的信息设备的平台。Windows CE 具有模块化、结构化和基于 Win32 应用程序接口和与处理器无关等特点。它不仅继承了传统的 Windows 图形界面，并且在 Windows CE 平台上可以使用 Windows 95/98 上的编程工具（如 Visual Basic、Visual C＋＋等），使用同样的函数，使用同样的界面风格。绝大多数的应用软件只需简单的修改和移植就可以在 Windows CE 平台上继续使用，这使得 WinCE 开发难度远低于嵌入式 Linux。Windows CE 主要应用在掌上电脑（PDA）、手机、显示仪表等界面要求较高或者要求快速开发的场合。

⑤ μC/OS-Ⅱ实时操作系统：μC/OS-Ⅱ的前身是 μC/OS。μC/OS-Ⅱ是一个微型的实时操作系统，包括了一个操作系统最基本的一些特性，如任务调度、任务通信、内存管理、中断管理等，而且这是一个代码完全开放的实时操作系统，简单明了的结构和严谨的代码风格，非常适合初涉嵌入式操作系统的人士学习。它可以让我们以最快的速度来了解操作系统的概念、结构和模块工作原理，并由浅入深逐步推广到商用操作系统上。同时对于那些对操作系统感兴趣的爱好者来说，μC/OS-Ⅱ浅显易懂，给我们提供了一个很好的研究范本。虽然 μC/OS-Ⅱ功能很不完整，比如缺少文件系统、设备管理、网络协议栈、图形用户接口，但正因为它的不完整，为 DIY 操作系统提供了机会，目前很多发烧友都把研读、增补 μC/OS-Ⅱ功能作为个人的志向，使低端实时操作系统和嵌入式应用异常活跃。

(2) 嵌入式应用软件

与传统的通用计算机系统不同，嵌入式系统面向特定应用领域，根据应用需求定制开发，并随着智能化产品的普遍需求渗透到各行各业。随着硬件技术的不断革新，硬件平台的处理能力不断增强，硬件成本不断下降，嵌入式应用软件已成为产品的数字化改造、智能化增值的关键性、带动性技术。从功能性的角度分析，我们可以把嵌入式应用软件分为支撑软件和应用程序两大类。

① 嵌入式支撑软件：支撑软件是用于帮助和支持软件开发的软件，通常包括数据库和开发工具。嵌入式移动数据库简称为移动数据库（EMDBS），是支持移动计算或某种特定计算模式的数据库管理系统。数据库系统与操作系统、具体应用集成在一起，运行在各种智能型嵌入设备或移动设备上。随着市场需求的不断扩大和软件应用技术的不断发展，嵌入式开发工具更加丰富，集成度和易用性不断提高。目前各个厂商已经开发出不同类型的嵌入式开发工具，可以覆盖嵌入式软件开发过程的各个阶段，提高嵌入式软件开发效率。如：电路内部仿真器（ICE，in-circuit emulator）；交叉编译（cross compile）平台；为数字信号处理开发软件的嵌入式程序员经常使用 MatchCad 或者 Mathematica 这样的数学工具进行数学仿真。

② 应用程序：嵌入式系统已经深入应用于各行各业，广泛配置到几乎所有的电子类产品中，因此其应用程序也是多种多样、千差万别。如数字图像压缩技术，这是嵌入式最重要最热门的应用领域之一，主要包括 MPEG 编解码算法和技术，如 DVD、MP3、PDA、高清电视、机顶盒等都涉及 MPEG 高速解码问题；通信协议及编程技术，这包括传统的 TCP/IP 协议和热门的无线通信协议；网络与信息安全技术，如加密技术，数字证书 CA 等。近年来，随着移动互联网的迅猛发展，一个值得我们高度重视的领域就是移动互联设备（以智能手机为主）的 APP（application 的缩写）开发。当前 APP 的开发主要基于三个平台：Android、苹果 iOS 和 Windows，其开发领域主要涉及手机安全、地图、浏览器、搜索、游戏、电子商务等各方

面。同时，众多的互联网公司也为 APP 的开发提供了大量开发工具，如 Bizness Apps，AppMakr，AppsGeyser，Mobile Roadie，DevmyApp 等。在可以预见的将来，智能手机 APP 的开发将成为嵌入式应用软件的主要领域。

嵌入式系统是一个软硬件的综合体。在嵌入式系统的发展过程中，软硬件的划分、协同设计、协同验证以及综合始终贯穿其中。对于一个特定的嵌入式协同开发而言，并没有一个业界认同的开发标准，故而软硬件的划分带有一定的随意性和经验性。一个特定功能的完成，可以由硬件设计来达到目的，也可以用软件的方法来完成。所以嵌入式系统在对其进行组成划分的时候一定要特别注意这一点，不能简单将其与通用计算机一样考虑。

1.4 嵌入式系统的应用及特点

1.4.1 嵌入式系统的应用

嵌入式系统应用所涉及的领域极其广泛，包括国防、工业控制、信息家电、各种商用设备、办公自动化以及近年来发展迅速的移动终端设备等。

① 国防军事领域。各种武器控制（如火炮控制、导弹控制、智能炸弹制导引爆装置等）、坦克舰艇、军用飞机上的各种军用电子装备，雷达、电子对抗军事通信装备，野战指挥作战的各种专用设备等。

② 工业控制领域。基于嵌入式芯片的工业自动化设备将获得长足的发展，目前已经有大量的 8、16、32 位嵌入式微控制器在投入使用，网络化的工业控制系统是提高生产效率和产品质量、减少人力资源的主要途径，如工业过程控制、数字机床、电力系统、电网安全、电网设备监测、石油化工系统。就传统的工业控制产品而言，低端型采用的往往是 8 位单片机。但是随着技术的发展，32 位、64 位的处理器逐渐成为工业控制设备的核心，在未来几年内必将获得长足的发展。

③ 交通管理领域。在车辆导航、流量控制、信息监测与汽车服务方面，嵌入式系统技术已经获得了广泛的应用，内嵌 GPS 模块或 GSM 模块的移动定位终端已经在各种运输行业获得了成功的应用。目前 GPS 设备已经从尖端产品进入了普通百姓的家庭，几乎所有智能手机、车载导航仪都可以随时随地进行准确定位。

④ 信息家电领域。这将成为嵌入式系统最大的应用领域之一，近年来提出的智能家居，强调将所有家电如冰箱、空调、电视、电饭煲、洗衣机等家电全部网络化、智能化，这将引领人们的生活步入一个崭新的空间。在这些设备中，嵌入式系统将大有用武之地。

⑤ 办公自动化领域。复印机、打印机、传真机、扫描仪、其他计算机外围设备、掌上电脑、激光照排系统、安全监控设备、通信终端、程控交换机、网络设备、网络工程、录音录像及电视会议设备、数字音频广播系统等。

⑥ POS 网络及电子商务领域。公共交通无接触智能卡（Contactless Smartcard，CSC）发行系统，公共电话卡发行系统，自动售货机，各种智能 ATM 终端等将全面走入人们的生活，到时手持一卡就可以行遍天下。

⑦ 医疗保健设备领域。各种医疗电子仪器、X 光机、超声诊断仪、计算机断层成像系统、心脏起搏器、监护仪、辅助诊断系统、远程医疗、专家系统等。

⑧ 环境工程与自然领域。水文资料实时监测，防洪体系及水土质量监测、堤坝安全，地

震监测网，实时气象信息网，水源和空气污染监测。在很多环境恶劣、地况复杂的地区，嵌入式系统将实现无人监测。

⑨ 机器人领域。嵌入式芯片的发展将使机器人在微型化、高智能方面优势更加明显，同时会大幅度降低机器人的价格，使其在工业领域和服务领域获得更广泛的应用。

⑩ 移动终端设备领域。全球信息化的进程在最近十年来迅速加快，其典型代表就是移动互联网的迅猛发展，使人们得以摆脱网线的束缚，随时随地保持在线。这是足以改变人们工作、生活和娱乐方式的巨大技术革新，由此也掀起了市场潜力巨大的移动终端设备设计开发的浪潮，如智能手机及其 APP 开发、各种用途的可穿戴设备（智能眼镜、多功能手环、多功能儿童手表）以及智能电器等。嵌入式系统在这个全新的领域中的广泛应用值得期待。

1.4.2　嵌入式系统的特点

嵌入式系统有别于通用计算机系统的最大特殊之处就在于其应用的广泛性，可以说嵌入式系统是一种“无处不在的计算机系统”。与通用计算机系统相比，嵌入式系统有如下一些特点：

① 专用于特定任务。由于嵌入式系统通常是面向某个特定应用领域的，所以嵌入式系统的硬件和软件，尤其是软件，都是为特定用户群来设计的，具有某种专用性的特点。每种嵌入式微处理器大多专用于某个或几个特定的应用，工作在为特定用户群设计的系统中。

② 多类型处理器和处理器系统支持。通用计算机采用少数的几款处理器类型和体系结构，且掌握在少数大公司手中。嵌入式系统可以采用多种类型的处理器和体系结构。有上千种的嵌入式微处理器和几十种的嵌入式微处理器体系结构可供选择。在嵌入式系统产业链上，IP 设计、面向特殊应用的嵌入式微处理器设计、芯片制造已形成上下关联、分工合作的多赢局面。

③ 通常极其关注成本。这里所说的成本指的是系统成本，嵌入式系统的系统成本包括一次性的开发成本和生产成本（硬件 BOM、外壳包装、软件版税等）。对于大规模商业嵌入式应用来说，特别是消费类数字化产品，其成本是产品竞争的关键因素之一。

④ 一般是实时系统。目前，嵌入式系统广泛应用于生产过程控制、数据采集、传输通信等场合，主要用来对宿主对象进行控制，所以都对嵌入式系统有或多或少的实时性要求。例如，在武器装备中以及一些工业控制装置中的实时性要求就极高。但在某些领域，对实时性要求也并不是很高，例如近年来发展速度比较快的手持式计算机、掌上电脑等。但总体来说，实时性是对嵌入式系统的普遍要求，是设计者和用户重点考虑的一个重要指标。

⑤ 可裁剪性好。从嵌入式系统专用性的特点来看，作为嵌入式系统的供应者，理应提供各式各样的硬件和软件以备选用，但是，这样做势必会提高产品的成本。为了既不提高成本，又满足专用性的需要，嵌入式系统的供应者必须采取相应措施使产品在通用和专用之间达到某种平衡。目前的做法是，把嵌入式系统硬件和操作系统设计成可裁剪的，以便使嵌入式系统开发人员根据实际应用需要来量体裁衣，去除冗余，从而使系统在满足应用要求的前提下达到最精简的配置。

⑥ 可靠性高。由于有些嵌入式系统所承担的计算任务涉及产品质量、人身设备安全、国家机密等重大事务，加之有些嵌入式系统的宿主对象要工作在无人值守的场合，例如危险性高的工业环境中、内嵌有嵌入式系统的仪器仪表中、人迹罕至的气象检测系统中等。所以与普通系统相比较，嵌入式系统对可靠性的要求极高。

⑦ 大多有功耗约束。有很多嵌入式系统的宿主对象都是一些小型应用系统，例如移动电话、PDA、MP3、飞机、舰船、数码相机等，这些设备不可能配备容量较大的电源，因此低功耗一直是嵌入式系统追求的目标。当然也是为了降低系统的功耗，嵌入式系统中的软件一般不存储于磁盘等载体中，而都固化在存储器芯片或单片系统的存储器之中。

1.5 嵌入式系统的发展趋势

我们已经进入了移动互联时代，信息和知识的快速传播、融合使得人们的工作、生活和娱乐方式都发生了巨大的改变，由此带来了巨量的应用需求，不断引发技术革新，这也使得嵌入式产品获得了巨大的发展契机，为嵌入式市场展现了美好的前景，同时也对嵌入式生产厂商提出了新的挑战，从中我们可以看出未来嵌入式系统的几大发展趋势：

① 嵌入式开发是一项系统工程。因此要求嵌入式系统厂商不仅要提供嵌入式软硬件系统本身，同时还需要提供强大的硬件开发工具和软件包支持：目前很多厂商已经充分考虑到这一点，在主推系统的同时，将开发环境也作为重点推广。比如三星在推广 Arm7，Arm9 芯片的同时还提供开发板和支持包(BSP)，而 Window CE 在主推系统时也提供 Embedded VC++作为开发工具，还有 VxWorks 的 Tonado 开发环境，DeltaOS 的 Limda 编译环境等等都是这一趋势的典型体现，当然，这也是市场竞争的结果。

② 网络化、信息化的要求。随着因特网技术的成熟、网络带宽的日益提高，使得以往单一功能的设备如电话、手机、冰箱、微波炉等功能不再单一，结构更加复杂，未来的智能家电要求芯片设计厂商在芯片上集成更多的功能。为了满足应用功能的升级，设计师们一方面采用更强大的嵌入式处理器如 32 位、64 位 RISC 芯片或信号处理器 DSP 增强处理能力，同时增加功能接口，如 USB，扩展总线类型，如 CAN BUS，加强对多媒体、图形等的处理，逐步实施片上系统(SoC)的概念。软件方面采用实时多任务编程技术和交叉开发工具技术来控制功能复杂性，简化应用程序设计、保障软件质量和缩短开发周期。

③ 网络互联、移动互联成为必然趋势。未来的嵌入式设备为了适应人们对网络的需求，必然要求硬件上提供各种网络通信接口。传统的单片机对于网络支持不足，而新一代的嵌入式处理器已经开始内嵌网络接口和无线网络模块，除了支持 TCP/IP 协议，还支持 IEEE1394、USB、CAN、Bluetooth 或 IrDA 通信接口中的一种或者几种，同时也需要提供相应的通信组网协议软件和物理层驱动软件。软件方面，系统内核支持网络模块，甚至可以在设备上嵌入 Web 浏览器，真正实现随时随地用各种设备上网。

④ 精简系统内核、算法，降低功耗和软硬件成本。未来的嵌入式产品仍然是软硬件紧密结合的设备。为了减低功耗和成本，需要设计者尽量精简系统内核，只保留和系统功能紧密相关的软硬件，利用最低的资源实现最适当的功能，这就要求设计者选用最佳的编程模型，不断改进算法，优化编译器性能。这就要求软件人员既具备丰富的硬件知识，又要掌握先进的嵌入式软件技术，如 Java、Web 和 WAP 等。

⑤ 提供友好的多媒体人机界面。嵌入式设备能与用户亲密接触，最重要的原因就是它能提供非常友好的用户界面，使得人们感觉嵌入式设备就像是一个熟悉的老朋友。这方面的要求使得嵌入式软件设计者要在图形界面、多媒体技术上痛下苦功。此外手写文字输入、语音拨号上网、收发电子邮件以及彩色图形、图像都会使使用者获得自由的感受。目前手机

上已实现手写输入、语音输入、语音播报等,但一般的嵌入式设备距离这个要求还有很长的路要走。

1.6 习 题

1. 何谓嵌入式系统?嵌入式系统与传统计算机有何区别?

2. 主流的嵌入式操作系统有哪几种?各有何特点?

3. 主流的嵌入式微处理器有哪几种?各有何特点?

4. 列举你在生活中使用过的嵌入式系统,并分析其系统构成。

5. 用你使用过的嵌入式产品来分析嵌入式系统的特点。

6. 从当前人们的生活、工作、娱乐等方面来看,未来嵌入式系统的发展趋势如何?你认为未来将会出现哪些嵌入式产品?

1.7 参考文献

[1] JASON FITZPATRICK. An interview with Steve Furber[J]. Communications of the ACM, 2011, 54(5):33-39.

[2] TIMOTHY PRICKETT MORGAN. ARM Holdings eager for PC and server expansion[EB/OL]. [2011-2-1]. http://www.theregister.co.uk/2011/02/01/arm_holdings_q4_2010_numbers/.

[3] 严海蓉,薛涛,曹群生,等. 嵌入式微处理器原理与应用—基于ARM Cortex-M3微控制器[M]. 北京:清华大学出版社,2014.

[4] FRANK VAHID, TONY GIVARGIS. 嵌入式系统设计[M]. 骆丽,译. 北京:北京航空航天大学出版社, 2004.

[5] 符意德. 嵌入式系统设计原理及应用[M]. 北京:清华大学出版社,2004.

[6] 田泽. 嵌入式系统开发与应用[M]. 北京:北京航空航天大学出版社,2005.

第2章　ARM Cortex-M3 微处理器基础

对于 ARM(Advanced RISC Machines)这个名称，既可以认为是一个公司的名字，也可以认为是对一类微处理器的通称，还可以认为是一种技术的名字。ARM 是嵌入式领域中使用最为广泛的 32 位微处理器结构，ARM CPU 已经在多个应用领域占有较大的份额。近年来，ARM 在国内已经得到广泛应用，ARM 处理器技术正在成为多数嵌入式高端应用开发的首选。本章先对 ARM 微处理器进行总体介绍，然后重点介绍 ARM Cortex-M3 处理器，并以 STM32 系列微处理器为例介绍 ARM Cortex-M3 的硬件细节和工作原理。

2.1　ARM 微处理器概述

1991 年 ARM 公司成立于英国剑桥，主要出售芯片设计技术的授权。目前，采用 ARM 技术知识产权核(intellectual property core，IPC)的微处理器(即通常所说的 ARM 微处理器)已遍及工业控制、消费电子、通信系统、网络系统、无线系统等各类产品市场，基于 ARM 技术的微处理器应用约占据了 32 位 RISC 微处理器 75%以上的市场份额，ARM 技术正在逐步渗入到人们生活的各个方面。

ARM 公司是专门从事基于 RISC 技术芯片设计开发的公司，主要是靠给厂商提供处理器授权、抽取版权税盈利的。作为知识产权供应商，ARM 公司本身不直接从事芯片生产，而是通过转让设计许可由合作公司生产各具特色的芯片。世界各大半导体生产商从 ARM 公司购买其设计的 ARM 微处理器核，根据各自不同的应用领域，加入适当的外围电路，从而形成自己的 ARM 微处理器芯片进入市场。目前，全世界许多大的半导体公司都使用 ARM 公司的授权，例如 Atmel、Broadcom、Cirrus Logic、Freescale、富士通、Intel、IBM、LG、NEC、SONY、NS、Sharp、STMicroelectronics、VLSI、OKI 电气工业、英飞凌科技、恩智浦半导体、三星电子、德州仪器等。就中国而言，ARM 就拥有超过 100 多家合作伙伴，华为、飞腾、华芯通都购买了 ARM 指令集授权，用于开发服务器 CPU。其他包括开发多媒体平台的中兴微电子；开发平板电脑芯片的全志科技、瑞芯微电子；还有开发手机芯片的海思麒麟、小米松果、展讯通信、大唐联芯等。这既使得 ARM 技术获得更多的第三方工具、制造、软件的支持，又使整个系统成本降低，使产品更容易进入市场被消费者所接受，更具有竞争力。不过，严格来说 ARM 公司并不是单一的处理器公司，他们也还有各种系统 IP、物理 IP、GPU、视频、显示等各种产品。

ARM 微处理器目前主要包括下面几个系列：

—ARM7 系列、ARM9 系列、ARM9E 系列、ARM10E 系列、ARM11 系列

—Intel 的 Xscale 和 StrongARM

—SecurCore 系列

—Cortex 系列

在这些系列中，ARM7、ARM9 等系列是通用处理器系列，每一个系列具有相对独特的性能来满足不同应用领域的需求。SecurCore 系列专门为安全要求较高的应用而设计，例如电子支付、电子政务、SIM 卡等。自从 ARM11 以后，ARM 的产品改用 Cortex 命名。Cortex 也是通用处理器系列，并分成 M、R 和 A 三类，旨在为各种不同的市场提供服务。其中，Cortex-A 系列面向开放系统、Cortex-R 系列面向嵌入式系统，Cortex-M 系列面向各种微控制器。这些类别的 Cortex 处理器又分别可以分为一些子类，其中 Cortex-M 系列中有 Cortex-M0、Cortex-M0＋、Cortex-M1、Cortex-M3、Cortex-M4、Cortex-M7 等，Cortex-R 系列中有 Cortex-R4、Cortex-R5、Cortex-R7 等，Cortex-A 系列有 Cortex-A5、Cortex-A7、Cortex-A9、Cortex-A15、Cortex-A17、Cortex-A57、Cortex-A72、Cortex-A75、Cortex-A76 等。

需要强调的是，半导体厂商生产的基于 ARM 体系结构的处理器，除了具有 ARM 体系结构的共同特点以外，每一个系列都有其各自的特点和应用领域。

2.1.1　ARM 微处理器的特点和应用领域

ARM 微处理器采用 RISC 架构。采用 RISC 架构的 ARM 微处理器一般具有如下特点：

① 体积小、低功耗、低成本、高性能；

② 支持 Thumb（16 位）/ARM 或 Thumb-2（32 位）指令集，能很好地兼容 8 位/16 位器件；

③ 大量使用寄存器，指令执行速度更快；

④ 大多数数据操作都在寄存器中完成；

⑤ 寻址方式灵活简单，执行效率高；

⑥ 指令长度固定。

到目前为止，ARM 微处理器及技术的应用已经深入到如下各个领域：

① 工业控制领域。作为 32 的 RISC 架构，基于 ARM 核的微控制器芯片不但占据了高端微控制器市场的大部分市场份额，同时也逐渐向低端微控制器应用领域扩展，ARM 微控制器的低功耗、高性价比，向传统的 8 位/16 位微控制器提出了挑战。

② 无线通讯领域。目前已有超过 85％的无线通讯设备采用了 ARM 技术，ARM 以其高性能和低成本，在该领域的地位日益巩固。

③ 网络应用。随着宽带技术的推广，采用 ARM 技术的 ADSL 芯片正逐步获得竞争优势。此外，ARM 在语音及视频处理上进行了优化，并获得广泛支持，也对 DSP 的应用领域提出了挑战。

④ 消费类电子产品。ARM 技术在目前流行的数字音频播放器、数字机顶盒和游戏机中得到广泛采用。

⑤ 成像和安全产品。现在流行的数码相机和打印机中绝大部分采用 ARM 技术。手机中的 32 位 SIM 智能卡也采用了 ARM 技术。

除此以外，ARM 微处理器及技术也应用到许多其他的领域，并会在将来取得更加广泛的应用。

2.1.2 ARM 微处理器的应用选型

鉴于 ARM 微处理器的众多优点，随着国内外嵌入式应用领域的逐步发展，ARM 微处理器必然会获得广泛的重视和应用。但是，由于 ARM 微处理器有多达十几种的内核结构，几十个芯片生产厂家以及千变万化的内部功能配置组合，给开发人员在选择方案时带来一定的困难。因此，对 ARM 芯片做一些对比研究是十分必要的。

以下从应用的角度出发，对在选择 ARM 微处理器时所应考虑的主要问题做一些简要的探讨。

(1) ARM 微处理器内核的选择

从前面所介绍的内容可知，有不同系列的 ARM 微处理器内核结构以适应不同的应用领域，因此，在设计嵌入式系统时需要选择合适的 ARM 微处理器内核。例如，如果希望使用 WinCE 或标准 Linux 等操作系统以减少软件开发时间，就需要选择 ARM720T 以上带有 MMU（Memory Management Unit）功能的 ARM 芯片。ARM720T、ARM920T、ARM922T、ARM946T、Strong-ARM 都带有 MMU 功能，而 ARM7TDMI 则没有 MMU，不支持 Windows CE 和标准 Linux。不过，目前有 μCLinux 等不需要 MMU 支持的操作系统还是可运行在 ARM7TDMI 硬件平台之上。事实上，μCLinux 已经成功移植到多种不带 MMU 的微处理器平台上，并在稳定性和其他方面都有上佳表现。如果是对成本和功耗敏感的 MCU 和终端应用的混合信号设备，则可以考虑 Cortex-M 系列，因为 Cortex-M 系列对这类设备进行过优化。如果嵌入式系统有较高的计算性能要求，则可以考虑使用 Cortex-R 系列。如果是能效的可伸缩性比较重要的设备或是高效低功耗的移动平台，则可从 Cortex-A 系列中选择。

(2) 系统工作频率的选择

系统的工作频率在很大程度上决定了 ARM 微处理器的处理能力。ARM7 系列微处理器的典型处理速度为 0.9 MIPS/MHz，常见的 ARM7 芯片系统主时钟为 20 MHz～133 MHz，ARM9 系列微处理器的典型处理速度为 1.1 MIPS/MHz，常见的 ARM9 的系统主时钟频率为 100 MHz～233 MHz，ARM10 最高可以达到 700 MHz。不同芯片对时钟的处理不同，有的芯片只需要一个主时钟频率，有的芯片内部时钟控制器可以分别为 ARM 核和 USB、UART、DSP、音频等功能部件提供不同频率的时钟。

(3) 芯片内存储器容量的选择

大多数的 ARM 微处理器芯片内部（以下简称片内或片上）存储器的容量都不太大，很多时候需要用户在设计系统时连接外部存储器以满足存储空间的需求。但是，也有部分芯片具有相对较大的片内存储空间，如 ATMEL 的 AT91F40162 就具有高达 2 MB 的片内程序存储空间，用户在设计时可考虑选用这种类型，以简化系统的设计。

(4) 片内外围电路的选择

除 ARM 微处理器核以外，几乎所有的 ARM 芯片均根据各自不同的应用领域扩展了相关功能模块，并集成在芯片之中，称之为片内外围电路，如 USB 接口、IIS 接口、LCD 控制器、键盘接口、RTC、ADC 和 DAC、DSP 协处理器等。嵌入式系统的设计者应分析系统的需求，尽可能采用片内外围电路完成所需的功能，这样既可简化系统的设计，又可提高系统的可靠性。

2.1.3　ARM 体系结构的存储器格式

ARM 体系结构将存储器看做是从零地址开始的字节的线性组合。不过，要注意 32 位处理器很多情况下是以字为单位进行处理的，一个字的长度为 4 个字节。因此，在 ARM 的存储系统中，从第 0 字节到第 3 字节放置第 1 个字数据，从第 4 个字节到第 7 个字节放置第 2 个字数据，依次类推。作为 32 位的微处理器，ARM 体系结构所支持的最大寻址空间为 4 GB(2^{32}个字节)。

假如有一个字数据 W1 为 0x12345678，定义 W1_3、W1_2、W1_1、W1_0 分别为该字数据从高到低的 4 个字节，则有 W1_3、W1_2、W1_1、W1_0 的值分别是 0x12、0x34、0x56、0x78。然而，在整个存储器中数据是一个字接一个字依次存储的，对于该字数据的 4 个字节，它们在存储器中按照什么样的顺序存放呢？

ARM 体系结构支持用两种方法存储字数据，称之为大端格式和小端格式。对于字数据，大端格式和小端格式的具体存储规则如下：

(1) 大端格式

在大端格式中，字数据的高字节存储在低地址中，而字数据的低字节则存放在高地址中，如图 2-1 所示。

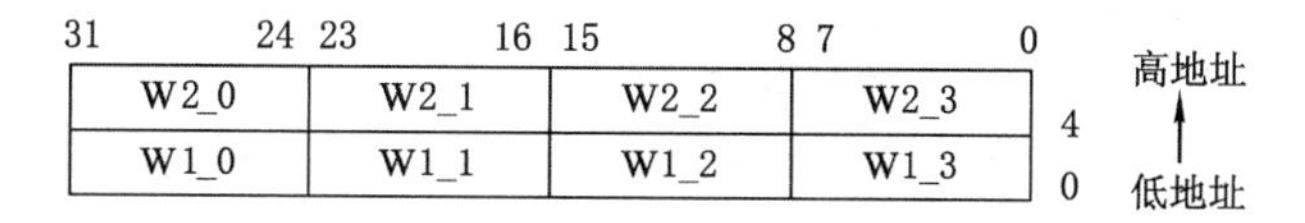

图 2-1　以大端格式存储字数据

(2) 小端格式

与大端存储格式相反，在小端存储格式中，低地址中存放的是字数据的低字节，高地址存放的是字数据的高字节。如图 2-2 所示。

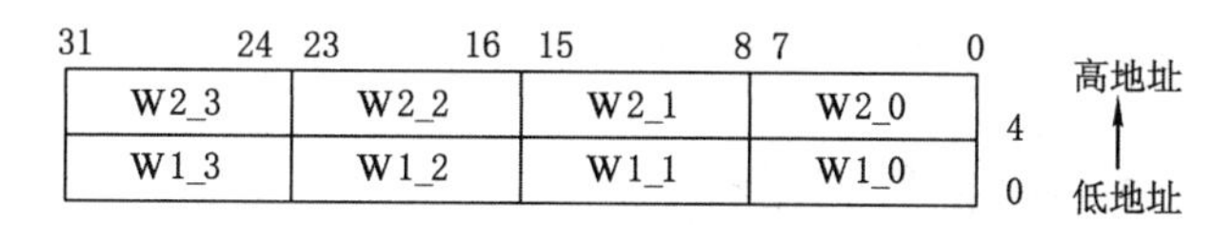

图 2-2　以小端格式存储字数据

2.2　ARM Cortex-M3 微控制器简介

ARM Cortex-M3 处理器是专门针对存储器和处理器的尺寸对产品成本影响很大的各种应用而开发设计的，是一种嵌入式微控制器(MCU)。完整的基于 ARM Cortex-M3 的 MCU 一般包括 ARM Cortex-M3 内核(处理器)和一些其他组件。基于 ARM Cortex-M3 的 MCU 中各部分的关系如图 2-3 所示。

ARM Cortex-M3 处理器整合了多种技术，减少了内存使用，在极小的 RISC 内核上实现了低功耗和高性能的结合，可将以往的代码向 32 位微控制器快速移植。ARM Cortex-M3 处理器是使用最少门数的 ARM CPU，相对于过去的设计大大减小了芯片面积，可减小装置的体积或采用更低成本的工艺进行生产，仅 33000 门的内核的性能可达 1.2 DMIPS/

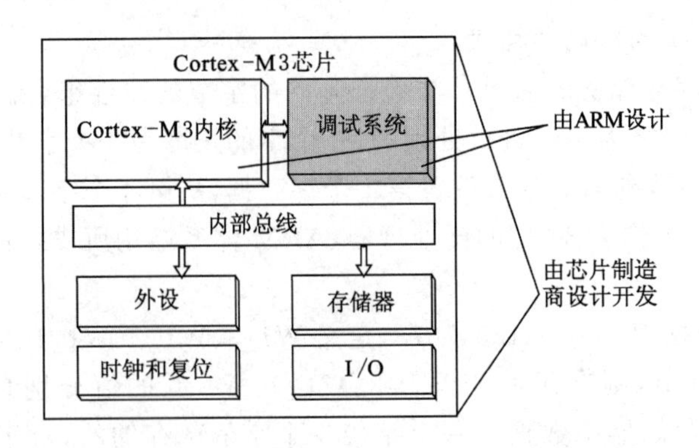

图 2-3　基于 ARM Cortex-M3 的 MCU 结构

MHz。此外，基本系统外设还具备高度集成化特点，集成了许多紧耦合系统外设，合理利用了芯片空间，使系统满足下一代产品的控制要求。

ARM Cortex-M3 处理器采用 ARMv7-M 架构，它包括所有的 16 位 Thumb 指令集和基本的 32 位 Thumb-2 指令集架构，具有存储器保护单元(MPU)和嵌套中断向量控制器(NVIC)。但要注意的是，ARM Cortex-M3 处理器不能执行 ARM 指令集中的指令，只能执行 Thumb 指令集和 Thumb-2 指令集中的指令。

ARM Cortex-M3 处理器支持两种工作模式：线程模式和处理模式。在复位时处理器进入线程模式，异常返回时也会进入该模式，特权模式和用户(非特权)模式代码能够在线程模式下运行。出现异常时处理器进入处理模式，在处理模式下，所有代码都是特权访问的。

ARM Cortex-M3 处理器有两种工作状态，它们分别是：Thumb 状态和调试状态。Thumb 状态是 16 位和 32 位“半字对齐”的 Thumb 和 Thumb-2 指令的执行状态。调试状态是处理器停止并进行调试时所进入的状态。

2.3　ARM Cortex-M3 处理器组件

ARM Cortex-M3 处理器系统的主要模块包括：

① 处理器内核(Cortex-M3 Core)；

② 嵌套向量中断控制器 NVIC；

③ 总线矩阵；

④ 存储器保护单元 MPU；

⑤ 系统调试组件和调度端口；

⑥ 唤醒中断控制器 WIC。

ARM Cortex-M3 处理器模块结构如图 2-4 所示。

在 ARM Cortex-M3 处理器中，CPU 内核、NVIC 和一系列调试模块是紧密耦合的。图 2-4 中，ARM Cortex-M3 Core 是 ARM Cortex-M3 的中央处理核心，嵌套向量中断控制器(NVIC)是一个在 ARM Cortex-M3 中内建的中断控制器。中断的具体路数由芯片厂商定义。NVIC 是与 CPU 紧耦合的，它还包含了若干个系统控制寄存器。因为 NVIC 支持中断

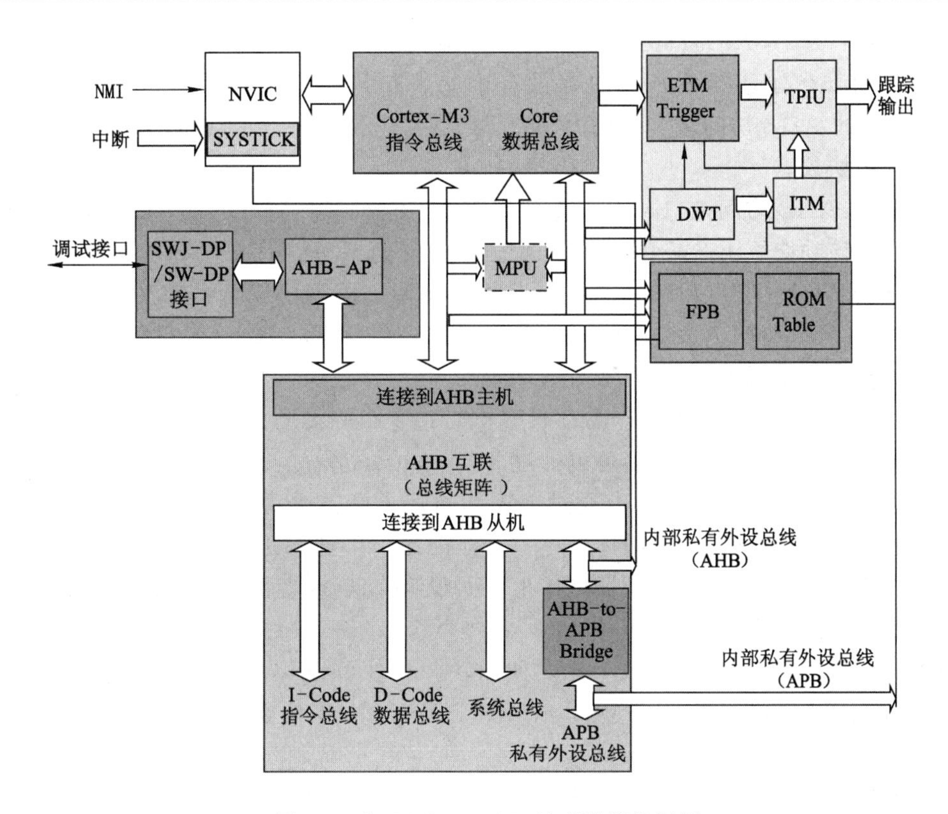

图 2-4　ARM Cortex-M3 处理器模块框图

嵌套，所以在 ARM Cortex-M3 上处理嵌套中断时过程清晰。NVIC 还采用了向量中断的机制。在中断发生时，它会自动取出对应的服务例程入口地址，并且直接进入相应的服务例程，无需软件判定中断源，为缩短中断迟延做出了非常重要的贡献。

SysTick 定时器：系统嘀答定时器是一个基本的倒计时定时器，用于在每隔一定的时间产生一个中断，即使是系统在睡眠模式下也能工作。它使得操作系统(OS)在各 ARM Cortex-M3 器件之间的移植中不必修改系统定时器的代码，从而让软件移植工作变得更容易。SysTick 定时器也是包含在 NVIC 的内部。

存储器保护单元：MPU 是一个选配的单元，有些 ARM Cortex-M3 芯片可能没有配备此组件。如果有，则它可以把存储器分成一些区域(region)，并分别予以保护。例如，它可以让某些区域在用户级下变成只读，从而阻止了一些用户程序破坏关键数据。

总线矩阵(BusMatrix)：BusMatrix 是 ARM Cortex-M3 内部总线系统的核心。它是一个 AHB 互联的网络，通过它可以让数据在不同的总线之间并行传送——只要两个总线主机不试图访问同一块内存区域。BusMatrix 还提供了附加的数据传送管理设施，包括一个写缓冲以及一个按位操作的逻辑(bit-band，位带)。

总线桥(AHB to APB Bridge)：总线桥用于把若干个 APB 设备连接到 ARM Cortex-M3 处理器的私有外设总线上(内部的和外部的)。这些 APB 设备常见于调试组件。ARM Cortex-M3 还允许芯片厂商把附加的 APB 设备挂在这条 APB 总线上，并通过 APB 接入其外部私有外设总线。

SW-DP/SWJ-DP：串行线调试端口(SW-DP)/串口线 JTAG 调试端口(SWJ-DP)都与

AHB 访问端口(AHB-AP)协同工作,以使外部调试器可以发起 AHB 上的数据传送,从而执行调试活动。在处理器核心的内部没有 JTAG 扫描链,大多数调试功能都是通过在 NVIC 控制下的 AHB 访问来实现的。SWJ-DP 支持串行线协议和 JTAG 协议,而 SW-DP 只支持串行线协议。

AHB-AP:AHB 访问端口通过少量的寄存器,提供了对 ARM Cortex-M3 所有存储器的访问机能。该功能块由 SW-DP/SWJ-DP 通过一个通用调试接口(DAP 是 SW-DP/SWJ-DP 与 AHB-AP 之间的总线接口)来控制。当外部调试器需要执行动作的时候,就要通过 SW-DP/SWJ-DP 来访问 AHB-AP,再由 AHB-AP 产生所需的 AHB 数据传送。

嵌入式跟踪宏单元 ETM:ETM 用于实现实时指令跟踪。由于它是一个可选配件,所以不是所有的 ARM Cortex-M3 产品都具有实时指令跟踪能力。ETM 的控制寄存器是映射到主地址空间上的,因此调试器可以通过 DAP 来控制它。

数据观察点及跟踪单元 DWT:通过 DWT,可以设置数据观察点。当一个数据地址或数据的值匹配了观察点时,就说明产生了一次匹配命中事件。匹配命中事件可以用于产生一个观察点事件,后者能激活调试器以产生数据跟踪信息,或者让 ETM 联动以跟踪在哪条指令上发生了匹配命中事件。

仪器化跟踪宏单元 ITM:ITM 有多种用法。软件可以控制该模块直接把消息送给 TPIU(类似 printf 风格的调试);还可以让 DWT 匹配命中事件通过 ITM 产生数据跟踪包,并把它输出到一个跟踪数据流中。

跟踪端口的接口单元 TPIU:TIPU 用于和外部的跟踪硬件(如跟踪端口分析仪)交互。在 ARM Cortex-M3 的内部,跟踪信息都被格式化成"高级跟踪总线(ATB)包",TPIU 重新格式化这些数据,从而让外部设备能够捕捉到它们。

FPB:FPB 提供 Flash 地址重载和断点功能。Flash 地址重载是指当 CPU 访问某条指令时,若该地址在 FPB 中"挂了号",则将把该地址重映射到另一个地址,后者亦在编程 FPB 时指出。结果,实际上是从映射过的地址处取指(通常,映射前的地址是 Flash 中的地址,映射后的地址是 SRAM 中的地址,所以才是 Flash 地址重载)。此外,匹配的地址还能用来触发断点事件。Flash 地址重载功能对于测试工作非常有用。例如,通过使用 FPB 来改变程序流程,就可以给那些不能在普通情形下使用的设备添加诊断程序代码。

ROM 表:它是一个简单的查找表或"注册表",提供了存储器的"注册"信息。这些信息指出,在这块 ARM Cortex-M3 芯片中包括了哪些系统设备和调试组件,以及它们的位置。当调试系统定位各调试组件时,它需要找出相关寄存器在存储器中的地址,这些信息由此表给出。在绝大多数情况下,因为 ARM Cortex-M3 有固定的存储器映射,所以各组件都对号入座——拥有一致的起始地址。但是因为有些组件是可选的,还有些组件是可以由制造商另行添加的(各芯片制造商可能需要定制他们的芯片的调试功能)。将来,ARM Cortex-M3 芯片可能还会有越来越多的品牌和型号,如果确有厂商增加了特别的组件或模块,他们就必须在 ROM 表中给出特别部分的信息,这样调试软件才能判定正确的存储器映射,进而可以检测可用的调试组件是何种类型。

2.3.1 内核结构

ARM Cortex-M3 处理器内核采用 ARMv7-M 框架,建立在一个高性能哈佛结构的三级流水线基础上,实现了 Thumb-2 指令集,既获得了传统 32 位代码的性能,又具有 16 位的高代码密度。其主要特性如下：

① 采用 Thumb-2 指令集架构(ISA)的子集；

② 采用哈佛处理器架构；

③ 采用三级流水线＋分支预测；

④ 可实现 32 位单周期乘法；

⑤ 可实现 2～12 周期硬件除法；

⑥ 具有 Thumb 状态和调试状态；

⑦ 具有处理模式和线程模式；

⑧ 可实现 ISR 的低延迟进入和退出；

⑨ 具有可中断-继续的 LDM/STM、PUSH/POP 指令；

⑩ 具有 ARMv6 类型 BE8/LE(字节不变大端/小端)支持；

⑪ 可实现 ARMv6 非对齐访问。

2.3.2　嵌套向量中断控制器

中断是指正在执行的程序流程被某个事件打断、处理器转而去执行与事件有关的处理程序，这就要求系统能够提供中断机制来对中断进行处理。对中断处理包括硬件处理和软件处理两个方面，在硬件方面需要处理器的支持。在许多情况下，嵌入式设备都要基于中断机制来工作，相应的嵌入式处理器一般都有相应的中断处理部分。

嵌套向量中断控制器(NVIC)是 ARM Cortex-M3 处理器中一个完整的部分。ARM Cortex-M3 的所有中断机制都由 NVIC 实现。NVIC 可以被高度配置，为处理器提供出色的中断处理能力。在 NVIC 的标准执行中，它提供了一个非屏蔽中断(NMI)和 32 个通用物理中断，这些中断带有 8 级的抢占优先权。NVIC 可以通过综合选择配置为 1 到 240 个物理中断中的任何一个，并带有多达 256 个优先级。

为了支持中断，ARM Cortex-M3 处理器使用一个可以重定位的向量表，表中包含处理各个中断将要执行的函数的入口地址，可供具体的中断处理器使用。中断被接受之后，处理器通过指令总线接口从向量表中获取地址。在复位时向量表指向零，通过编程控制寄存器可以使向量表重新定位到指定的地址。

在程序执行过程中，当异常发生时，程序计数器、程序状态寄存器、链接寄存器和 R0-R3、R12 等通用寄存器将被压进堆栈。在数据总线对寄存器压栈的同时，指令总线从向量表中识别出异常向量，并获取异常代码的第一条指令。一旦压栈和取指完成，中断服务程序或错误处理程序就开始执行。它们执行完毕后，被压入堆栈的寄存器值自动恢复到相应的寄存器，被中断了的程序也因此恢复正常的执行。

NVIC 支持中断嵌套，允许通过提高中断的优先级对某个中断进行提前处理。它还支持中断的动态优先级重置。优先级的值可以在运行期间通过软件进行修改。正在处理的中断会防止被进一步激活，直到中断服务程序完成，所以在改变它们的优先级的同时，也避免了意外重新进入中断的风险。

在背对背中断情况(即一次中断处理完成后紧接着又产生了一次中断)下，传统的系统将重复状态保存和状态恢复的过程两次，导致了延迟的增加。ARM Cortex-M3 处理器使用末尾连锁(tail-chaining)技术简化了激活的和未决的中断之间的切换。末尾连锁技术把需要用时 42 个时钟周期才能完成的连续的堆栈弹出和压入操作替换为 6 个周期就能完成的指令取指,实现了延迟的降低。ARM Cortex-M3 处理器的末尾连锁技术如图 2-5 所示。

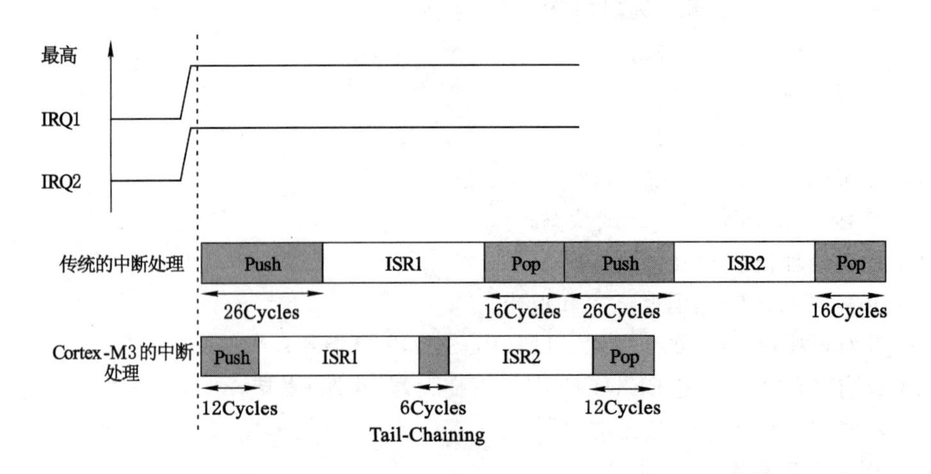

图 2-5　NVIC 中的末尾连锁技术

NVIC 集成了 24 位系统嘀答定时器(SysTick)。它是一个递减计数的计数器,能够定时产生中断,提供理想的时钟来驱动实时操作系统或其他预定的任务。

NVIC 还采用了支持内置睡眠模式的 Cortex-M3 处理器的电源管理方案。睡眠模式被等待中断(WFI)或等待事件(WFE)两个指令中的一个启动。根据 ARM Cortex-M3 系统控制寄存器中的 SLEEPONEXIT 位的值,有两种用于进入睡眠模式的机制:① 如果 SLEEPONEXIT 位的值被清除,上述指令可以使内核立即进入低功耗模式,异常被挂起;② 如果 SLEEPONEXIT 位的值被置位,上述指令可以使得系统从最低优先级的中断处理程序中退出后立即进入睡眠模式。进入睡眠模式后,所有的 I/O 引脚都保持它们在运行模式时的状态,内核保持睡眠状态直到遇上一个被嵌套向量中断控制器响应的外设中断。这样,通过恰当地使用睡眠模式,程序可以控制内核以及其他系统部件,以获得最理想的节电方案。

2.3.3　总线矩阵

ARM Cortex-M3 处理器集成了一个基于先进的微控制器总线架构(AMBA)的 AHB-Lite(AHB 协议规范的子集)ICode、DCode 和系统接口的总线来连接系统外设,并降低系统集成的复杂性。总线矩阵支持不对齐的数据访问,使不同的数据类型可以在存储器中紧密衔接,可显著降低 SRAM 的需求和系统成本。

总线矩阵用来将处理器和调试接口与外部总线相连。

① ICode 总线。该总线用于从代码空间取指令和向量,是 32 位 AHB-Lite 总线。

② DCode 总线。该总线用于对代码空间进行数据加载/存储以及调试访问,是 32 位 AHB-Lite 总线。

③ 系统总线。该总线用于对系统空间执行取指令和数据加载/存储以及调试访问,是 32 位 AHB-Lite 总线。

④ PPB 总线。该总线用于对 PPB 空间进行数据加载/存储以及调试访问,是 32 位 APB 总线。

总线矩阵还对以下方面进行控制：

①非对齐访问。总线矩阵将非对齐的处理器访问转换为对齐访问。

② Bit-banding。总线矩阵将对位带别名的访问转换为对位带区的访问。

③ 写缓冲。总线矩阵包含一个单入口写缓冲区，该缓冲区使处理器内核不受总线延迟的影响。

2.3.4　存储器保护单元

存储器保护单元(MPU)是 ARM Cortex-M3 处理器中一个可选的部分，它通过保护用户应用程序中操作系统所使用的重要数据，分离处理任务(禁止访问各自的数据)，禁止访问存储器区域，将存储器区域定义为只读以及对有可能破坏系统的未知的存储器访问进行检测等手段来改善嵌入式系统的可靠性。

MPU 使应用程序可以拆分为多个进程。每个进程不仅有指定的存储器(代码、数据、栈和堆)和器件，而且还可以访问共享的存储器和器件。MPU 还会增强用户和特权访问规则。这包括以正确的优先级别执行代码以及加强享有特权的代码和用户代码对存储器和器件的使用权的控制。

MPU 将存储器分成不同的区域，并通过防止无授权的访问来对存储器实施保护。MPU 支持多达 8 个区域，每个区域又可以分为 8 个子区域。所支持的区域大小从 32 字节开始，以 2 为倍数递增，最大可达到 4 GB 可寻址空间。每个区域都对应一个区域号码(从 0 开始的索引)，该区域号码用于对区域进行寻址。另外，也可以为享有特权的地址定义一个默认的背景存储器映射。对未在 MPU 区域中定义的或在区域设置中被禁止的存储器位置进行访问将会导致存储器管理错误(Memory Management Fault)异常的产生。

区域的保护是根据规则来执行的，这些规则以处理的类型(读、写和执行)和执行访问的代码的优先级为基础进行制定，每个区域都包含一组影响访问的允许类型的位以及一组影响所允许的总线操作的位。MPU 还支持重叠的区域(覆盖同一地址的区域)。由于区域大小是乘 2 所得的结果，所以重叠意味着一个区域有可能完全包含在另一个区域里面。因此，有可能出现多个区域包含在单个区域中以及嵌套重叠的情况。当寻址重叠区域中的位置时，返回的将是拥有最高区域号码的区域。

2.3.5　系统调试组件和调试端口

2.3.5.1　系统调试组件

对 ARM Cortex-M3 处理器系统的调试访问是通过调试访问端口(Debug Access Port)来实现的。该端口可以作为串行线调试端口(SW-DP)(构成一个两脚(时钟和数据)接口)或串行线 JTAG 调试端口(SWJ-DP)(使能 JTAG 或 SW 协议)使用。SWJ-DP 在上电复位时默认为 JTAG 模式，并且可以通过外部调试硬件所提供的控制序列进行协议的切换。

调试操作可以通过断点、观察点、出错条件或外部调试请求等各种事件进行触发。当调试事件发生时，ARM Cortex-M3 处理器可以进入挂起模式或者调试监控模式，在挂起模式期间，处理器将完全停止程序的执行，挂起模式支持单步操作。中断可以暂停，也可以在单步运行期间进行调用，如果对其屏蔽，外部中断将在单步运行期间被忽略。在调试监控模式中，处理器通过执行异常处理程序来完成各种调试任务，同时允许享有更高优先权的异常发生。该模式同样支持单步操作。

(1) 数据观察点和跟踪单元(DWT)

DWT 包含 4 个比较器,每一个比较器都可以配置为硬件观察点。当比较器被配置为观察点使用时,它既可以比较数据地址,也可以比较程序计数器。DWT 比较器还可以被配置为用来触发 PC 采样事件和数据地址采样事件以及通过配置使嵌入式跟踪宏单元(ETM)发出指令跟踪流中的触发数据包。

(2) 仪表跟踪宏单元(ITM)

ITM 是应用导向的跟踪源,它支持 Printf 类型调试,用于跟踪操作系统和应用事件并发出系统诊断信息。跟踪信息作为信息包从 ITM 发出,信息包能够由 3 个跟踪源产生。

(3) 嵌入式跟踪宏单元(ETM)

ETM 是只支持指令跟踪的低成本跟踪单元。ETM 是可选的调试元件,它可以重构程序执行。ARM Cortex-M3 系统使用数据观察点和跟踪单元 DWT 以及仪表跟踪宏单元 ITM 元件,可以执行低带宽数据跟踪。ETM 是高速低功耗的调试工具,为了使用较少的引脚实现指令跟踪,仅支持指令跟踪,不包含数据跟踪。因为这样可以简化触发资源,从而大大节省 ETM 所需的门数。当处理器包含 ETM 时,两个跟踪源 ITM 和 ETM 都将数据馈送到跟踪端口接口单元 TPIU,在 TPIU 那里它们联合在一起,然后通过跟踪端口输出。DWT 可以提供聚焦的数据跟踪或者全局数据跟踪。

(4) 跟踪端口的接口单元(TPIU)

TPIU 充当嵌入式跟踪宏单元 ETM 和仪表跟踪宏单元 ITM 与跟踪端口分析仪 TPA 之间传输 ARM Cortex-M3 跟踪数据的桥梁。跟踪数据从 ETM 和 ITM 流入 TPIU,并从 TPIU 流向跟踪端口。ETM 和 ITM 具有独立的 ID,并在需要的地方将 ID 封包,然后由跟踪端口分析仪 TPA 捕获。

(5) AHB 跟踪单元 HTM 接口

AHB 跟踪单元 HTM 接口可使能一个 AHB 跟踪宏单元到处理器的简单连接。它提供一个到 HTM 的数据跟踪通道,在实现系统时可以配置包括 AHB 跟踪宏单元(HTM)接口。在实现时如果不启用此选项,则不包括所需要的逻辑,HTM 接口也就不起作用。

要使用该 HTM 接口,跟踪级别在实现前就必须设置成 Level 3。TRCENA 页必须设置为 1,然后再启用 HTM,使 HTM 端口提供跟踪数据。

(6) Flash 修补和断点单元(FPB)

FPB 单元实现硬件断点以及从代码空间到系统空间的修补访问。Flash 修补技术使器件和系统开发者在调试或运行过程中可以修补从 ROM 到 SRAM 或 Flash 的代码错误,可避免代价较高的重定制。ARM Cortex-M3 支持 8 个硬件断点,可以减少断点调试在代码执行时的影响,保证仿真、调试的时序准确性。FPB 执行 6 个程序断点和 2 个常量数据取指断点,或者执行块操作指令,或者执行位于代码存储空间和系统存储空间的常量数据。该单元包括 6 个指令比较器,用于匹配代码空间的指令取指。这 6 个指令比较器能够单独配置,实现将代码空间的指令取指重新映射到系统空间,或实现硬件断点。通过向处理器返回一个断点指令,每个比较器都可以把代码重新映射到系统空间的某个区域或执行一个硬件断点。另外 2 个是 Literal 比较器,包含 2 个常量比较器,用于匹配从代码空间加载的常量以及将代码重新映射到系统空间的某个区域。

2.3.5.2 调试端口 SW/SWJ-DP

ARM Cortex-M3 处理器可设置成有 SW-DP 或 SWJ-DP 调试端口,或者两者都有。调试端口提供对系统中所有的外设寄存器、存储器、处理器寄存器的调试访问。SW/SWJ-DP 的实现选项包括：

① 系统中可以含有 SW-DP 或 SWJ-DP 中的任一个或者两者都有；

② ARM SW-DP 可以被兼容的 SW-DP 的指定合作伙伴的 CoreSight 取代；

③ ARM SWJ-DP 可以被兼容的 SWJ-DP 的指定合作伙伴的 CoreSight 取代；

④ SW-DP 或 SWJ-DP 可以与指定合作伙伴的测试接口并行连接。

ARM 处理器一般都使用 JTAG 调试接口，使得仿真、调试工具统一而廉价，方便用户开发。但 JTAG 调试接口至少占用芯片的 5～6 个引脚，这对于一些引脚较少的 MCU 来说，有时会对仿真调试和 I/O 使用带来麻烦。

ARM Cortex-M3 在保持原来 JTAG 调试接口的基础上，还支持串行调试 SWD。使用 SWD 时，只占用 2 个引脚就可以进行所有的仿真调试，节省了调试需要使用的引脚数量，用户就可以有更多的引脚可以使用。

2.3.6　唤醒中断控制器 WIC

ARM Cortex-M3 的 NVIC 具有优先逻辑，专门用于确定在任意时间点上一个新接收的中断的优先级是否高于当前优先级，据此接管当前的执行上下文或优先级。这个优先级方案还运行在 WFE、WFI 和退出睡眠状态下，并且决定内核何时必须恢复执行指令。

对超低功耗应用来说，此类应用非常希望能够工作在深度睡眠模式而显著降低处理器的动态和静态功耗。这样就可以实现时钟停止或使处理器掉电，或两者兼而有之。掉电时，NVIC 不能检测中断，这意味着系统将不知何时从深度睡眠中醒来。唤醒中断控制器 WIC 提供门数相当少的中断检测逻辑，可以接管和模拟全部的 NVIC 行为，正确启动进入深度睡眠模式的 NVIC。体积小的 WIC 在确保其功耗要求的前提下，适合在深度睡眠模式时的可用预算，使得它始终保持供电。

与 NVIC 不同，WIC 没有优先逻辑。它只是实现了一个基本的中断屏蔽系统，只要检测到一个不可屏蔽的中断就作为唤醒信号。WIC 不包含编程模型可视状态，因此对设备的终端用户是不可见的，然而它更彻底地降低了睡眠时的功耗。

2.4　总线结构与流水线

ARM Cortex-M3 处理器总线矩阵把处理器和调试接口连接到外部总线，也就是把基于 32 位 AMBA AHB-Lite 的 ICode、DCode 和系统接口连接到基于 32 位 AMBA APB 的专用外设总线(Private Peripheral Bus，PPB)。总线矩阵也采用非对齐数据访问方式以及位带技术。

32 位 ICode 接口用于获取代码空间中的指令，只有 ARM Cortex-M3 Core 可以对其访问，负责在 0x0000_0000～0x1FFF_FFFF 之间的取指操作。每次取指的宽度都是一个字(ARM Cortex-M3 的一个字为 32 位)，每个字里面的指令数目取决于所执行代码的类型及其在存储器中的对齐方式。CPU 内核可以一次取出两条 16 位 Thumb 指令。

32 位 DCode 接口用于访问代码存储空间中的数据，ARM Cortex-M3 Core 和 DAP 都可以对其访问，负责在 0x0000_0000～0x1FFF_FFFF 之间的数据和调试访问操作。

32 位系统接口分别获取和访问系统存储空间中的指令和数据，与 DCode 相似，可以被 ARM Cortex-M3 Core 和 DAP 访问，负责在 0x2000_0000～0xDFFF_FFFF 之间的取指、数据和调试访问操作。PPB 可以访问 ARM Cortex-M3 处理器系统外部的部件。

此外，ARM Cortex-M3 还有外部私有外设总线。这是一条基于 APB 总线协议的 32 位总线，负责对 0xE004_0000～0xE00F_FFFF 之间的私有外设访问。但是，由于 APB 存储空间的一部分已经被 TPIU、ETM 以及 ROM 表占用了，所以只留下 0xE004_2000～E00F_F000 这个区间用于配接附加的(私有)外设。

采用哈佛总线体系结构的芯片内部程序空间和数据空间是分开的，这就允许同时取指令和取操作数。由于取指令和存取数据分别经由不同的存储空间和不同的总线，使得各条指令可以重叠执行实现流水线操作。

ARM Cortex-M3 内核采用三级流水线结构，每条指令的执行分取指、译码和执行 3 个阶段，可实现多条指令并行执行，在不提高系统时钟频率的条件下可减少每条指令的执行时间。

当遇到分支指令时，译码阶段也包含预测的指令取指，这提高了执行速度。处理器在译码阶段自行对分支目的地指令进行取指。在稍后的执行过程中，处理完分支指令后便知道下一条要执行的指令。如果分支不跳转，那么紧跟着的下一条指令随时可供使用。如果分支跳转，那么在跳转的同时分支指令可供使用，空闲时间限制为下一周期。

2.5 寄存器组织

ARM Cortex-M3 拥有通用寄存器 R0～R15 以及一些特殊功能寄存器。其中 R0～R12 是 32 位的通用目的寄存器，它们都可以被 32 位指令访问，但是绝大多数的 16 位指令只能访问 R0～R7，而 32 位的 Thumb-2 指令则可以访问所有通用寄存器。特殊功能寄存器有预定义的功能，而且必须通过专用的指令来访问。特殊功能寄存器包括 1 个程序状态寄存器(xPSR)，3 个中断屏蔽寄存器(PRIMASK、FAULTMASK、BASEPRI)以及 1 个控制寄存器(CONTROL)。本节对这些寄存器分别进行介绍。

2.5.1 通用寄存器

通用寄存器 R0～R12 没有在结构上定义特殊用法。大多数指定通用寄存器的指令都能够使用 R0～R12，如图 2-6 所示。

下面对图 2-6 中的各项内容分别进行说明。

① 低寄存器。寄存器 R0～R7 可以被指定通用寄存器的所有指令访问，复位后的初始值是不可预知的。

② 高寄存器。寄存器 R8～R12 可以被指定通用寄存器的所有 32 位指令访问，但不能被 16 位指令访问，复位后的初始值是不可预知的。

③ 堆栈指针。寄存器 R13 用做堆栈指针(SP)。由于 SP 忽略了写入位[1：0]的值，因此它自动与字(即 4 字节边界)对齐。堆栈指针对应两个物理寄存器 SP_main 和 SP_process，处理模式始终使用 SP_main，而线程模式可配置为 SP_main 或 SP_process。尽管有两个 SP，但在某个时刻只能看到其中的一个，这也就是所谓的“banked”寄存器。

④ 链接寄存器。寄存器 R14 是子程序的链接寄存器(LR)。在执行分支(branch)和链接(BL)指令或带有交换的分支和链接指令(BLX)时，LR 用于接收来自 PC 的返回地址。LR 也用于异常返回。其他任何时候都可以将 R14 看做一个通用寄存器。

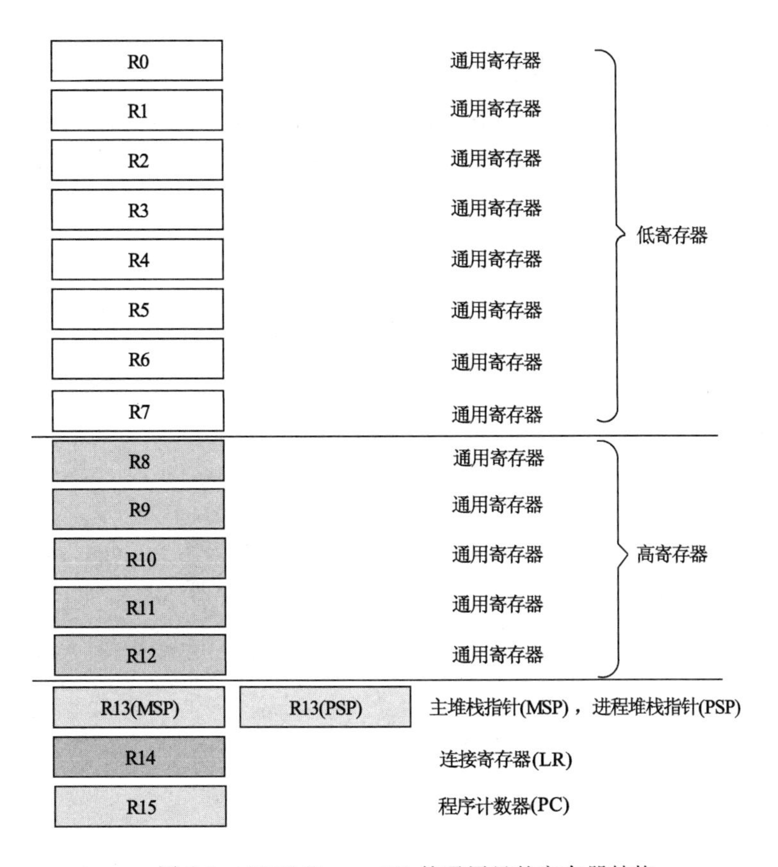

图 2-6　ARM Cortex-M3 的通用目的寄存器结构

⑤ 程序计数器。寄存器 R15 为程序计数器 PC，指向当前的程序地址。该寄存器的位 0 始终为 0，因此，指令始终与字或半字边界对齐。如果修改它的值，就能达到改变程序执行流程的目的。

2.5.2　特殊功能寄存器

ARM Cortex-M3 还有一些起特定作用的寄存器，称为特殊功能寄存器，如图 2-7 所示。下面分别进行说明。

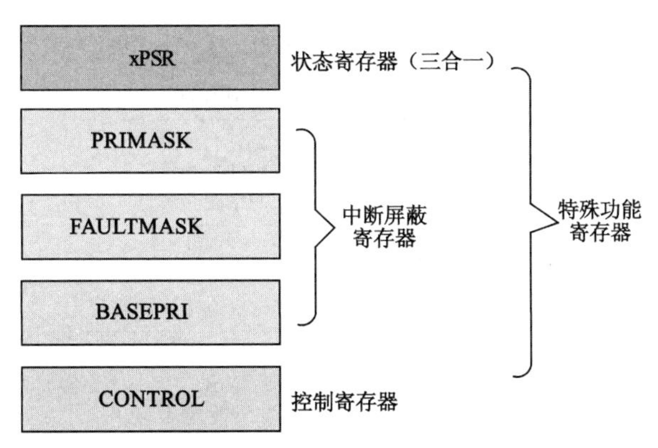

图 2-7　ARM Cortex-M3 的特殊功能寄存器结构

2.5.2.1 程序状态寄存器

系统的处理器状态可分为3类，因为每个处理器状态需要一个程序状态寄存器，所以共有3个程序状态寄存器。对程序状态寄存器的访问使用MRS和MSR指令，在访问时可以把它们作为单独的寄存器，将三个中的任意两个进行组合，或三个一起进行组合成为程序状态字寄存器组xPSR。这个程序状态寄存器组包括应用程序PSR(APSR)，中断号PSR(IPSR)，执行PSR(EPSR)。ARM Cortex-M3中的程序状态寄存器(xPSR)如图2-8所示。

	31	30	29	28	27	26:25	24	23:20	19:16	15:10	9	8	7	6	5	4:0
APSR	N	Z	C	V	Q											
IPSR												Exception Number				
EPSR						ICI/IT	T			ICI/IT						

图2-8 ARM Cortex-M3中的程序状态寄存器

这3个程序状态寄存器都可以单独访问，也可以2个或3个组合访问。当使用三合一的方式访问时，应使用名字“xPSR”或者“PSRs”。合成的程序状态寄存器(xPSR)如图2-9所示。

	31	30	29	28	27	26:25	24	23:20	19:16	15:10	9	8	7	6	5	4:0
xPSR	N	Z	C	V	Q	ICI/IT	T			ICI/IT		Exception Number				

图2-9 合成的程序状态寄存器(xPSR)

(1) 应用PSR

应用PSR(APSR)包含条件代码标志。在进入异常之前，ARM Cortex-M3处理器将条件代码标志保存在堆栈内。用户可以使用MSR(2)和MRS(2)指令来访问APSR。

APSR的位分配详见表2-1。该寄存器共有5个标志位，其中N、Z、C、V可以作为程序条件跳转的依据。

表2-1 应用程序状态寄存器的位分配

位	名称	定义
[31]	N	负数或小于标志 1:结果为负数或小于 0:结果为整数或大于
[30]	Z	零标志： 1:结果为0 0:结果为非0
[29]	C	进位/借位标志： 1:进位或借位 0:没有进位或借位
[28]	V	溢出标志： 1:溢出 0:没有溢出
[27]	Q	黏着饱和(sticky saturation)标志
[26:0]	—	保留

(2) 中断 PSR(IPSR)

包含当前激活的异常的 ISR 标号。IPSR 的位分配详见表 2-2。

(3) 执行 PSR(EPSR)

包含两个重叠的区域和状态位：

① 可中断—可继续(Interruptible-continuable)指令(ICI)区。是用于被打断的多寄存器加载和存储指令。多寄存器加载(LDM)和存储(STM)操作是可中断的，EPSR 的 ICI 区用来保存从产生中断的点继续执行多寄存器加载和存储操作所必需的信息。

表 2-2　　IPSR 的位分配

位	名称	定义
[31：9]	—	保留
[8：0]	ISR NUMBER	占先异常的编号： 基础级别=0 NMI=2 SVCall=11 INTISR[0]=16 INTISR[1]=17 — — — INTISR[15]=31 — — INTISR[239]=255

② 用于 If-Then(IT)指令的执行状态区。EPSR 的 IT 区包含 If-Then 指令的执行状态位。

③ T 位(Thumb 状态位)。

ICI 区和 IT 区是重叠的，因此，If-Then 模块内的多寄存器加载或存储操作不具有可中断、可继续功能。EPSR 是不能直接访问的，若想修改 EPSR，必须发生在执行 LDM 或 STM 指令时产生一次中断或执行 If-Then 指令。

EPSR 的位功能详见表 2-3。

表 2-3　　执行 EPSR 的位功能

位	名　称	定　义
[31：27]	—	保留
[15：10]：[26：25]	ICI	可中断—可继续的指令位。如果在执行 LDM 或 STM 操作时产生一次中断，则 LDM 或 STM 操作暂停。EPSR 使用位[15：12]来保存该操作中下一个寄存器操作数的编号。在中断响应之后，处理器返回由[15：12]指向的寄存器并恢复操作。如果 ICI 区指向的寄存器不在指令的寄存器列表中，则处理器对列表中的下一个寄存器继续执行 LDM/STM 操作

续表 2-3

位	名 称	定 义
[15:10]:[26:25]	IT	If-Then 位。它们是 If-Then 指令的执行状态位,包含 if-then 模块的指令数目和它们的执行条件
[24]	T	Thumb 状态位,总是 1
[23:16]	—	保留
[9:0]	—	保留

2.5.2.2 中断屏蔽寄存器组

中断屏蔽寄存器组包括 PRIMASK、FAULTMASK 和 BASEPRI 三个寄存器,用于控制异常的使能和禁止。ARM Cortex-M3 的中断屏蔽寄存器组中的各寄存器功能描述如下:

① PRIMASK:屏蔽除 NMI(不可屏蔽中断)外的所有中断。

② BASEPRI:屏蔽所有优先级不高于某个具体数值的中断。

③ FAULTMASK:屏蔽所有的错误,但 NMI 依然不受影响。FAULTMASK 可以被操作系统用于暂时关闭错误处理机能,在某个任务崩溃时可能需要这种处理。因为在任务崩溃时,常常伴随着一大堆错误。在系统忙于处理崩溃的任务时,通常不再需要响应这些错误。FAULTMASK 是专门留给操作系统用的。

对于关键任务而言,适当地使用 PRIMASK 和 BASEPRI 来暂时关闭一些中断是非常重要的。此外,只有在特权级下,才允许访问这 3 个寄存器。

2.5.2.3 控制寄存器

控制寄存器 CONTROL 有两个用途,用于定义特权级别和堆栈指针的选择,由两个比特来行使这两个职能。ARM Cortex-M3 的控制寄存器 CONTROL 位功能见详表 2-4。

表 2-4 ARM Cortex-M3 的 CONTROL 寄存器位功能

位	功 能
CONTROL[1]	堆栈指针选择 0=选择主堆栈指针 MSP 1=选择进程堆栈指针 PSP 在线程模式或用户级模式(没有在响应异常)时,可以使用 PSP。在 Handler 模式下,只允许使用 MSP,所以此时不得向该位写 1
CONTROL[0]	特权级别定义 0=特权级的线程模式 1=用户级的线程模式 Handler 模式永远都是特权级的

在 ARM Cortex-M3 的 Handler 模式中,CONTROL[1]总是 0。在线程模式中则可以是 0 或 1。因此,仅当处于特权的线程模式下,此位才可以写,其他场合下禁止写此位。改

变处理器的模式也有其他方式。在异常返回时，通过修改 LR 的位 2，也能实现模式切换。这是 LR 在异常返回时的特殊用法，颠覆了对 LR 的传统使用方式。仅当在特权级下操作时才允许写 CONTROL[0]。一旦进入了用户级，唯一返回特权级的途径就是触发一个（软）中断，再由服务例程改写该位。

2.6 指令系统

ARM Cortex-M3 处理器基于 ARMv7-M 构架，是 ARMv7 构架的微控制器部分，它和早期的 ARM 构架不同，不支持 ARM 指令，只单独支持 Thumb-2 指令。Thumb-2 技术是 16 位和 32 位指令的结合，实现了 32 位 ARM 指令性能，匹配原始的 16 位 Thumb 指令集并与之向后兼容。ARM Cortex-M3 处理器的指令分为数据传送指令（包括存储器数据传送指令）、数据处理指令、跳转指令等几类。本节介绍一些在 ARM 汇编代码中常用的指令及其语法。

2.6.1 数据传送指令

处理器的基本功能之一就是数据传送，ARM Cortex-M3 中的数据传送类型包括：

① 在两个寄存器间传递数据；

② 在寄存器与存储器间传递数据；

③ 在寄存器与特殊功能寄存器间传递数据；

④ 把一个立即数加载到寄存器。

用于在寄存器间传递数据的指令是 MOV，比如要把 R3 的数据传送给 R8，则写作：

```
MOV     R8,R3
```

MOV 的一个衍生指令是 MVN，它把寄存器的内容取反后再传送。

用于访问存储器的基本操作是“加载”和“存储”。加载指令 LDR 把存储器中的内容加载到寄存器中，存储指令 STR 则把寄存器的内容存储至存储器中。传送过程中的数据类型也可以变通，最常用的格式如表 2-5 所示。

表 2-5　　常用的存储器访问指令

示　例	功能描述
LDRB Rd, [Rn, #offset]	从地址 Rn+offset 处读取一个字节送到 Rd
LDRH　Rd, [Rn, #offset]	从地址 Rn+offset 处读取一个半字送到 Rd
LDR　Rd, [Rn, #offset]	从地址 Rn+offset 处读取一个字送到 Rd
LDRD　Rd1, Rd2, [Rn, #offset]	从地址 Rn+offset 处读取一个双字送到 Rd1(低 32 位)和 Rd2(高 32 位)中
STRB　Rd, [Rn, #offset]	把 Rd 中的低字节存储到地址 Rn+offset 处
STRH　Rd, [Rn, #offset]	把 Rd 中的低半字存储到地址 Rn+offset 处
STR　Rd, [Rn, #offset]	把 Rd 中的低字存储到地址 Rn+offset 处
STRD　Rd1, Rd2 [Rn, #offset]	把 Rd1(低 32 位)和 Rd2(高 32 位)中的双字存储到地址 Rn+offset 处

专门用来对特殊功能寄存器进行访问的数据传送指令还包括 MRS 和 MSR 指令。由于这些特殊功能寄存器是维系系统正常工作的重要部分，因此，它们是不允许被随意访问

的。然而，在 ARM Cortex-M3 上，它们在特权级下是允许被访问的，这样就可以避免因误操作或恶意破坏而导致的功能紊乱。如果在用户级下对它们进行访问则会产生错误(Fault)。但是 APSR 却允许在用户级下进行访问，这是为了提高寄存器使用的灵活性。当使用 MRS 访问 APSR 时，是把各个标志位按照它们在 xPSR 中占用的位序号，直接复制到寄存器中的。

特殊功能寄存器只能被专用的 MSR 和 MRS 指令访问。例如：

MRS <gp_reg>, <special_reg>　　功能：读特殊功能寄存器的值到通用寄存器。

MSR <special_reg>, <gp_reg>　　功能：写通用寄存器的值到特殊功能寄存器。

在程序中经常会用到立即数，当需要访问某个地址处的数据时，必须先把该地址加载到一个寄存器中，这就包含了一个 32 位的立即数加载操作。在 ARM Cortex-M3 中由 MOV/MVN 类指令负责加载立即数。要注意的是，这类指令中的各条具体指令支持的立即数的位数是不同的。例如，16 位指令 MOV 支持 8 位立即数加载。如：

```
MOV   R0,  #0x12
```

32 位指令 MOVW 和 MOVT 可以支持 16 位立即数加载。

如果要加载 32 位立即数，可以通过组合使用 MOVW 和 MOVT 就能产生 32 位立即数，但是要注意，必须先使用 MOVW，再使用 MOVT。这种顺序不能颠倒，因为 MOVW 会清零高 16 位。

如果某指令需要 32 位立即数，也可以在该指令地址的附近定义一个 32 位的整数数组，把这个立即数放到该数组中。然后使用一条 LDR 指令来查表：

```
LDR   Rd,[PC,  #offset]
```

在这条指令中，offset 的值需要计算，它是 LDR 指令的地址与该数组元素地址的距离。LDR 伪指令能让汇编器产生这种数组，并且负责计算 offset。这种数组被广泛使用，它的学名叫“文字池”(Literal pool)。通常由汇编器自动布设，汇编程序很大时可能也需要手工布设。

2.6.2 数据处理指令

处理器不仅要进行数据传递，还要进行数据的各种运算处理。ARM Cortex-M3 在数据处理上的功能非常强大，它提供了非常多的数据处理相关指令，每条指令的用法也非常灵活。ARM Cortex-M3 的数据处理指令分为如下几类：算术运算指令、逻辑运算指令、位运算指令。

ARM Cortex-M3 中包含了 ADD、SUB、MUL、UDIV/SDIV 等用于算术四则运算的指令，如表 2-6 所示。下面以加法运算为例说明数据处理指令的一些常见用法：

```
ADD      R0,R1; R0 = R0+R1
ADD      R0,#0x12; R0 = R0+12
ADD.W       R0,R1, R2; R0 = R1+R2
```

注意：虽然助记符都是“ADD”，但是二进制机器码是不同的。

当使用 16 位加法时，会自动更新 APSR 中的标志位。然而，在使用了“.W”显式指定了 32 位指令后，就可以通过“S”后缀手工控制对 APSR 的更新，如：

```
ADD.W R0, R2; 不更新 APSR 中与运算相关的标志位
ADDS.W  R0, R2; 更新 APSR 中与运算相关的标志位
```

表 2-6　**常见的算术四则运算指令**

示　例	功能描述
ADD　Rd, Rn, Rm; Rd = Rn+Rm ADD　Rd, Rm; Rd += Rm ADD　Rd, #imm; Rd += imm	常规加法 imm 的范围是 im8(16 位指令)或 im12(32 位指令)
ADC　Rd, Rn, Rm; Rd = Rn+Rm+C ADC　Rd, Rm; Rd += Rm+C ADC　Rd, #imm; Rd += imm+C	带进位的加法 imm 的范围是 im8(16 位指令)或 im12 (32 位指令)
ADDW　Rd, #imm12; Rd += imm12	带 12 位立即数的常规加法
SUB　Rd, Rn; Rd -= Rn SUB　Rd, Rn, #imm3; Rd =Rn-imm3 SUB　Rd, #imm8; Rd -= imm8 SUB　Rd, Rn, Rm; Rd =Rm-Rm	常规减法
SBC　Rd, Rm; Rd -= Rm+C SBC. W　Rd, Rn, #imm12; Rd=Rn-imm12-C SBC. W　Rd, Rn, Rm; Rd =Rn-Rm-C	带借位的减法
RSB. W　Rd, Rn, #imm12; Rd = imm12-Rn RSB. W　Rd, Rn, Rm; Rd =Rm-Rn	反向减法
MUL　Rd, Rm; Rd×= Rm MUL. W　Rd, Rn, Rm; Rd =Rn×Rm	常规乘法
MLA　Rd, Rm, Rn, Ra; Rd = Ra+Rm×Rn MLS　Rd, Rm, Rn, Ra; Rd = Ra-Rm×Rn	乘加与乘减 (译者添加)
UDIV　Rd, Rn, Rm; Rd = Rn/Rm 无符号除法 SDIV　Rd, Rn, Rm; Rd = Rn/Rm 带符号除法	硬件支持的除法

ARM Cortex-M3 还带有硬件乘法器，支持乘加/乘减指令，并且能产生 64 位的积。如表 2-7 所示。

表 2-7　**64 位乘法指令**

示　例	功能描述
SMULL　RL, RH, Rm, Rn;[RH : RL] = Rm * Rn SMLAL　RL, RH, Rm, Rn;[RH : RL] += Rm * Rn	带符号的 64 位乘法
UMULL　RL, RH, Rm, Rn;[RH : RL] = Rm * Rn SMLAL　RL, RH, Rm, Rn;[RH : RL] += Rm * Rn	无符号的 64 位乘法

逻辑运算以及唯一运算也是基本的数据操作。表 2-8 列出了 ARM Cortex-M3 在这方面的指令。

表 2-8 常用逻辑操作指令

示 例	功能描述
AND Rd, Rn; Rd &= Rn AND.W Rd, Rn, #imm12; Rd = Rn & imm12 AND.W Rd, Rm, Rn; Rd = Rm & Rn	按位与
ORR Rd, Rn; Rd |= Rn ORR.W Rd, Rn, #imm12; Rd =Rn | imm12 ORR.W Rd, Rm, Rn; Rd =Rm | Rn	按位或
BIC Rd, Rn; Rd &= ~Rn BIC.W Rd, Rn, #imm1; Rd = Rn & ~imm12 BIC.W Rd, Rm, Rn; Rd = Rm & ~Rn	位段清零
ORN.W Rd, Rn, #imm12; Rd =Rn | ~imm12 ORN.W Rd, Rm, Rn; Rd =Rm | ~Rn	按位或反码
EOR Rd, Rn; Rd ^= Rn EOR.W Rd, Rn, #imm12; Rd =Rn ^ imm12 EOR.W Rd, Rm, Rn; Rd =Rm ^ Rn	(按位)异或,异或总是按位的

ARM Cortex-M3 还支持许多的位移运算,位移运算既可以与其他指令组合使用,也可以独立使用。关于位移指令,请参考指令集手册,这里不做赘述。

2.6.3 子程序调用与无条件跳转指令

最基本的无条件跳转指令有两条:

B Lable ;跳转到 Lable 处对应的地址

BX reg ;跳转到由寄存器 reg 给出的地址

在 BX 中,reg 的最低位指示出在转移后将进入的状态。既然 ARM Cortex-M3 只在 Thumb 中运行,就必须保证 reg 的 LSB=1,否则就会产生错误。

调用子程序时,需要保存返回地址,使用的指令助记符为 BL,如:

BL Lable;跳转到 Lable 对应的地址,并且将跳转前的下条指令地址保存到 LR

BLX reg;跳转到由寄存器 reg 给出的地址,并根据 reg 的 LSB 切换处理器状态,还要将跳转前的下条指令地址保存到 LR

执行这些指令后,就把返回地址存储到 LR(R14)中了,从而才能使用"BX LR"等形式返回。使用 BLX 时要小心,因为它还带有改变状态的功能。因此,reg 的 LSB 必须是 1,以确保不会试图进入 ARM 状态,否则会出现错误。

本节仅对 ARM Cortex-M3 的指令系统进行了简单的描述。如果读者想获取更详细的指令集信息和每条指令的使用方法信息,请参考 ARM Cortex-M3 的指令集手册。

2.7 存储系统

2.7.1 基本特征

ARM Cortex-M3 的存储器系统与传统的 ARM 架构相比,有非常大的变化:ARM Cortex-M3 的存储器映射是预定义的,并且规定了哪个位置使用哪条总线。它的存储器系统支持位带(Bit-band)操作,实现了在特殊的存储器区域对单一比特的原子操作。ARM Cortex-M3 的存储器系统支持非对齐访问和互斥访问,并支持小端配置和大端配置。

ARM Cortex-M3 系统中,0 地址处是 MSP 的初始值,随后是向量表,并且向量表中的数值是 32 位的地址(指令的地址)。在该系统中,堆栈总是 4 字节对齐的。

2.7.2. 存储器映射

ARM Cortex-M3 只有一个单一固定的存储器映射,这一点极大地方便了软件在各种 ARM Cortex-M3 单片机间的移植。举个简单的例子,各款 ARM Cortex-M3 的 NVIC 和 MPU 都在相同的位置布设寄存器,使得它们变得与具体器件无关。尽管如此,ARM Cortex-M3 定出的条条框框是粗略的,它依然允许芯片制造商灵活精细地分配存储空间,以制造出各具特色的单片机产品。

ARM Cortex-M3 支持 4 GB 存储空间,并将这个存储空间划分成若干区域。程序可以在代码区、内部 SRAM 区以及外部 RAM 区中执行。但因为指令总线与数据总线是分开的,最理想的做法是把程序放到代码区,从而使取指和数据访问各自使用自己的总线。固定的 ARM Cortex-M3 存储器映射关系如图 2-10 所示。

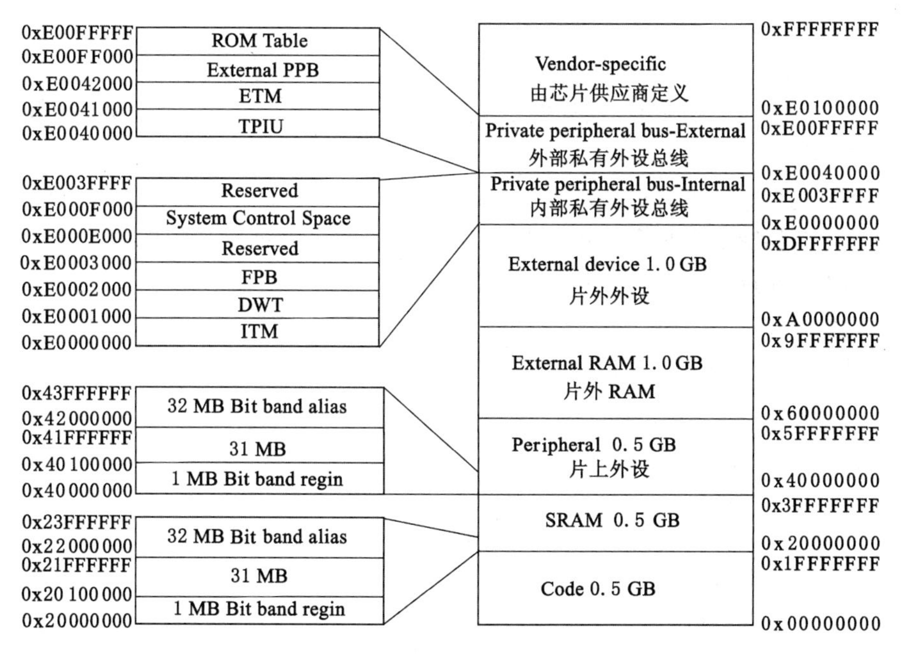

图 2-10　ARM Cortex-M3 存储器映射

(1) 代码区

代码区的大小是 512 MB,用于让芯片制造商连接片上的 Flash 存储器,指令取指在 I-Code总线上执行,数据访问在 D-Code 总线上执行。

(2) 片上 SRAM 区

内部 SRAM 区的大小是 512 MB,用于让芯片制造商连接片上的 SRAM,这个区通过系统总线来访问。在这个区的底部,有一个 1 MB 的区间,被称为位带区。该位带区还有一个对应的 32 MB 的位带别名区,容纳了 8 M 个位变量(对比 8051 的只有 128 个位变量)。位带区对应的最低的 1 MB 地址范围,而位带别名区里面的每个字对应位带区的一个比特。位带操作只适用于数据访问，不适用于取指。借助位带的功能，可以把多个布尔型数据打包在单一的字中，却依然可以从位带别名区中像访问普通内存一样地使用它们。在使用时，真正起作用的是位带区中的位，但对该位的读写操作都可以变成对该位的对应的字的操作。例如，如果需要设置位带区的第 0 位为 1，按传统的做法需要把 0x20000000 处的那个字读入寄存器，然后把它与 0x1 进行按位或操作，然后再把结果写回到 0x20000000。有了位带和位带别名区之后，直接向 0x22000000 写 0x1 即可。因此，这简化了传统的“读一改一写”三步工作。

(3) 片上外设区

地址空间的另一个 512 MB 区域由片上外设（寄存器）使用。这个区中也有一块 1 MB 的位带区和一块 32 MB 的位带别名区，以便于快捷地访问寄存器，用法与内部 SRAM 区中的位带相同。

(4) 片外 RAM 区和片外外设区

片外 RAM 区和片外外设区分别是两个 1 GB 的区域，分别用于连接外部 RAM 和外部设备，不支持位带访问。两者的区别在于外部 RAM 区可用于存储可执行的指令，而外部设备区不行。

(5) 私有外设区

私有外设区的大小是 1 MB，ARM Cortex-M3 内核的系统控制空间（SCS）就在这里面，包括系统级组件、内部私有外设总线、外部私有外设总线以及由芯片制造商定义的系统外设。

(6) 芯片商指定区

芯片制造商指定区也通过系统总线来访问，但是不允许在其中有可执行的指令。

上述的存储器映射只是个大致的框架，半导体厂家会提供展开的图示来表明芯片中片上外设的具体分布以及 RAM 与 ROM 的容量和位置信息。

需要注意的是，对于片上外设区中的位带区，其中的一部分用做片上外设的相关寄存器。此区域的存储空间分配如表 2-9 所示。

表 2-9　位带区中 STM32F10 中片上外设相关寄存器地址范围

<table>
<tr><th>地址范围</th><th>外设</th><th>总线</th></tr>
<tr><td>0x4003 0000～0x4FFF FFFF</td><td></td><td rowspan="3">AHB</td></tr>
<tr><td>0x4002 8000～0x4002 9FFF</td><td>以太网</td></tr>
<tr><td>0x4002 3400～0x4002 3FFF</td><td>保留</td></tr>
<tr><td>0x4002 3000～0x4002 33FF</td><td>CRC</td><td rowspan="9">AHB</td></tr>
<tr><td>0x4002 2000～0x4002 23FF</td><td>闪存存储器接口</td></tr>
<tr><td>0x4002 1400～0x4002 1FFF</td><td>保留</td></tr>
<tr><td>0x4002 1000～0x4002 13FF</td><td>复位和时钟控制（RCC）</td></tr>
<tr><td>0x4002 0800～0x4002 0FFF</td><td>保留</td></tr>
<tr><td>0x4002 0400～0x4002 07FF</td><td>DMA2</td></tr>
<tr><td>0x4002 0000～0x4002 03FF</td><td>DMA1</td></tr>
<tr><td>0x4001 8400～0x4001 7FFF</td><td>保留</td></tr>
<tr><td>0x4001 8000～0x4001 83FF</td><td>SDIO</td></tr>
</table>

续表 2-9

地址范围	外设	总线
0x4001 4000～0x4001 7FFF	保留	
0x4001 3C00～0x4001 3FFF	ADC3	
0x4001 3800～0x4001 3BFF	USART1	
0x4001 3400～0x4001 37FF	TIM8 定时器	
0x4001 3000～0x4001 33FF	SPI1	
0x4001 2C00～0x4001 2FFF	TIM1 定时器	
0x4001 2800～0x4001 2BFF	ADC2	
0x4001 2400～0x4001 27FF	ADC1	
0x4001 2000～0x4001 23FF	GPIO 端口 G	APB2
0x4001 2000～0x4001 23FF	GPIO 端口 F	
0x4001 1800～0x4001 1BFF	GPIO 端口 E	
0x4001 1400～0x4001 17FF	GPIO 端口 D	
0x4001 1000～0x4001 13FF	GPIO 端口 C	
0x4001 0C00～0x4001 0FFF	GPIO 端口 B	
0x4001 0800～0x4001 0BFF	GPIO 端口 A	
0x4001 0400～0x4001 07FF	EXTI	
0x4001 0000～0x4001 03FF	AFIO	
0x4000 7800～0x4000 FFFF	保留	
0x4000 7400～0x4000 77FF	DAC	
0x4000 7000～0x4000 73FF	电源控制(PWR)	
0x4000 6C00～0x4000 6FFF	后备寄存器(BKP)	
0x4000 6800～0x4000 6BFF	bxCAN2	
0x4000 6400～0x4000 67FF	bxCAN1	
0x4000 6000～0x4000 63FF	USB/CAN 共享的 512 字节 SRAM	
0x4000 5C00～0x4000 5FFF	USB 全速设备寄存器	
0x4000 5800～0x4000 5BFF	I2C2	
0x4000 5400～0x4000 57FF	I2C1	APB1
0x4000 5000～0x4000 53FF	UART5	
0x4000 4C00～0x4000 4FFF	UART4	
0x4000 4800～0x4000 4BFF	USART3	
0x4000 4400～0x4000 47FF	USART2	
0x4000 4000～0x4000 3FFF	保留	
0x4000 3C00～0x4000 3FFF	SPI3/I2S3	
0x4000 3800～0x4000 3BFF	SPI2/I2S3	
0x4000 3400～0x4000 37FF	保留	
0x4000 3000～0x4000 33FF	独立看门狗(IWDG)	

续表 2-9

地 址 范 围	外 设	总 线
0x4000 2C00～0x4000 2FFF	窗口看门狗(WWDG)	APB1
0x4000 2800～0x4000 2BFF	RTC	
0x4000 1800～0x4000 27FF	保留	
0x4000 1400～0x4000 17FF	TIM7 定时器	
0x4000 1000～0x4000 13FF	TIM6 定时器	
0x4000 0C00～0x4000 0FFF	TIM5 定时器	
0x4000 0800～0x4000 0BFF	TIM4 定时器	
0x4000 0400～0x4000 07FF	TIM3 定时器	
0x4000 0000～0x4000 03FF	TIM2 定时器	

2.7.3 位带操作

嵌入式处理器中一般集成了大量的片上资源，例如定时器、计数器、通信单元等。一般需要先对这些模块进行配置才能让它们按要求工作，它们在工作过程中也有一些状态信息可以被程序访问。许多情况下，某种工作模式或状态只需要通过 1 个二进制位来表示即可。ARM Cortex-M3 中把这种位操作对应的存储单元集中起来，构成了所谓的位带。

另一方面，当需要访问位带区位时，往往希望只是对所需要的访问的某 1 位进行读或写操作，但程序的访存指令在执行时往往是按字(至少是字节)为单位进行操作，从而导致读或写了许多不需要的位，处理起来也麻烦。为了解决这个问题、简化操作，ARM Cortex-M3 在存储器中设置了位带别名区，该区中的一个字(32 位)映射到位带区中相应的一位。根据这个关系，位带区中有多少个二进制位，位带别名区中就有多少个与它们相对应的字。对于使用这种嵌入式处理器的应用系统设计者来说，实际有效的信息是位带区中的信息。在程序中，可以访问别名区或直接访问位带区来达到访存信息的目的，但一般通过前者来达到访问的目的。

从图 2-10 可以看出，ARM Cortex-M3 处理器的存储器映射中包括两个位带区，它们分别是：① SRAM 区域中的最低的 1 MB；② 外设存储区域中的最低的 1 MB。这两个位带区的起始地址分别是 0x20000000 和 0x40000000。与这两个位带区域相对应，ARM Cortex-M3 存储器映射中有两个 32 MB 的位带别名区。这两个位带别名区的起始地址分别是 0x22000000 和 0x42000000，它们被映射到前述的两个 1 MB 位带区。对 32 MB SRAM 位带别名区的访问映射为对 1 MB SRAM 位带区的访问；对 32 MB 外设别名区的访问映射为(等效为)对 1 MB 外设位带区的访问。

位带区与位带别名区的对应关系如图 2-11 所示。

2.7.3.1 映射公式

位带别名区中的字与位带区中的位是一一对应的。这导致有两种映射过程：一是将位带中的某个位映射到位带别名区中的某个字；二是将位带别名区中的某个字映射到位带区中的某个位。对于位带别名区中的字，只需要知道其相对于位带别名区的首地址的偏移量即可。对于位带中的位，要知道其在位带区中所在的那个字(或字节)及其在字(或字节)内

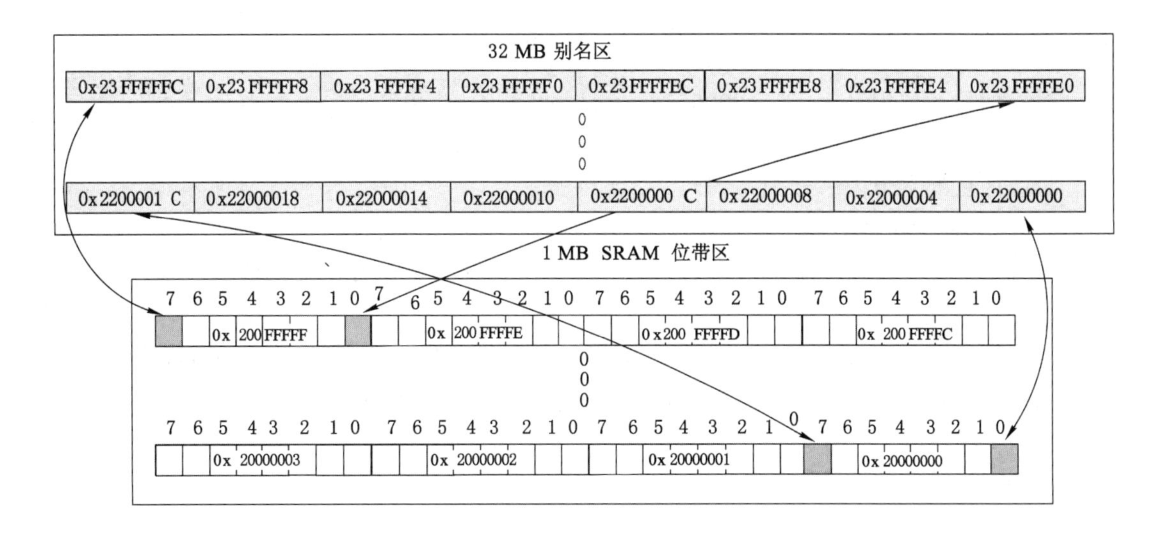

图 2-11　位带区与位带别名区的对应关系

是哪个位。

(1) 根据位带中的位计算其在位带别名区中的字的地址

需要根据位带中位的编号计算出位带别名区中相应的字的偏移量：

位带别名区中相应的字的字节偏移量 ＝［(所在字节在位带区中的地址－位带区的首地址)×8＋位在该字节中的编号］×4。这是因为一个字是 4 个字节。

定义如下变量：

① Bit_word_addr：别名存储区中映射为目标位的字的地址；

② Bit_word_offset：位带存储区中目标位的位置；

③ Bit_band_base：别名区的开始地址；

④ Byte_offset：位带区中包含目标位的字节编号；

⑤ Bit_number：目标位在其所在字节内的位置，取值范围为 0～7。

这样，上面文字描述的公式成为：

$$\text{Bit\_word\_offset} = [(\text{Byte\_offset} \times 8) + \text{Bit\_number}] \times 4$$

计算位带别名区中的相应的字的绝对地址的公式为：

$$\text{Bit\_word\_addr} = \text{Bit\_band\_base} + \text{Bit\_word\_offset}$$

例：对于 0x200FFFFF 字节的第 0 位，因为该字节在位带内，其相对于位带的首地址的偏移量为 0xFFFFF，所以它在别名区中对应的字的地址为：0x23FFFFE0 ＝ 0x22000000 ＋ (0xFFFFF×32) ＋ 0×4。

(2) 根据别名区中的字的地址计算位带中的位的位置

这需要计算位所在的字节的地址和位在该字节中的编号。方法是：

先计算出位带中的位的编号：位编号 ＝ (字的地址－位带别名区首地址)/ 4。

再根据位编号计算位带中的字节偏移量：字节偏移量 ＝ 取整(位编号/8)。

最后计算位带中的位在字节中的序号：字节内序号 ＝ 位编号－字节偏移量×8。

如果需要得到对应的位带中的字节的绝对地址，则：字节绝对地址 ＝ 字节偏移量＋位带首地址。

例:对于位于 0x42000518 处的位带别名区中的字,

对应的位的位编号为:(0x42000518－0x42000000)/4 = 326。

对应的位的字节偏移量为:326/8 = 40,注意这是除法取整的结果。

对应的位的字节内序号为:326－40×8 = 6。

2.7.3.2　直接访问别名区

向位带别名区写入一个字与对位带区相应的位所在的字执行读—修改—写操作具有相同的作用。

写入别名区的字的第 0 位决定了写入位带区的目标位的值。将第 0 位为 1 的值写入别名区表示向 Bit_band 位写 1,将第 0 位为 0 的值写入别名区表示向 Bit_band 位写 0。

别名字的位[31 : 1]在 Bit_band 位上不起作用,写 0x01 与写 0xFF 的效果相同,写 0x00 与写 0x0E 的效果相同。

读别名区的一个字返回 0x01 或 0x00。0x01 表示位带区中的目标位置位,0x00 表示目标位清零,位[31 : 1]将为 0。

采用大端格式时,对位带别名区的访问必须以字节方式,否则访问所得的值是不可预知的。

2.7.3.3　直接访问位带区

对于位带区,能够使用常规的读和写操作对该区域进行访问。

2.7.4　向量表

在默认情况下,ARM Cortex-M3 地址空间中从 0 地址开始的 256 个字是有特殊作用的,它保存用于支持 ARM Cortex-M3 的向量中断机制的“向量表”的内容。向量表是一个 WORD(32 位整数)数组,它保存的是对 ARM Cortex-M3 所支持的各种异常对应的处理程序的入口地址,每个入口地址是一个 32 位的整数。异常及其对应的入口的编号都是从 0 开始增长。要注意的是 0 号异常是个特例,它对应的存储单元保存的并不是异常处理程序的入口,而是给出了复位后 MSP 的初值。在复位后,程序计数器寄存器的值为 0,地址 0 处的向量表用于初始时的异常分配。

向量表的结构如表 2-10 所示。举例来说:如果发生了异常 11(SVC),则 NVIC 会计算出偏移量是 11x4=0x2C,然后从那里取出服务程序的入口地址并跳转到相应的服务程序。

表 2-10　向量表结构

异常类型编号	表项地址偏移量	异常向量
0	0x00	MSP 的初始值
1	0x04	复位
2	0x08	NMI
3	0x0C	硬错误
4	0x10	存储器管理错误
5	0x14	总线错误
6	0x18	用法错误

续表 2-10

异常类型编号	表项地址偏移量	异常向量
7～10	0x1c～0x28	保留
11	0x2c	SVC
12	0x30	调试监视器
13	0x34	保留
14	0x38	PendSV
15	0x3c	SysTick
16	0x40	IRQ＃0
17	0x44	IRQ＃1
18～255	0x48～0x3FF	IRQ＃2～＃239

2.8　异常及其处理

当正常的程序执行流程发生暂时的停止时，称之为异常，例如处理一个外部的中断请求。在处理异常之前，当前处理器的状态必须保留，这样当异常处理完成之后，当前程序可以继续执行。处理器允许多个异常同时发生，它们将会按固定的优先级进行处理。ARM 体系结构中的异常，与 8 位/16 位体系结构的中断有很大的相似之处，但异常与中断的概念并不完全等同。

广义的异常包括 ARM Cortex-M3 内核活动产生的异常和(在硬件支持下)外部事件导致的程序流程中断。在本书中，前者称为内部异常(或系统异常，内核异常)，后者称为外部中断，而异常或中断则是对它们的统称。对于内核异常，它在指令执行或访问存储器时产生，是可预知的，所以对于 ARM Cortex-M3 内核来说是同步的。对于外部中断，相应事件的发生是不可预知的，所以对于 ARM Cortex-M3 内核来说是异步的。

ARM Cortex-M3 的所有中断机制都由 NVIC 实现。NVIC 除了支持 240 个外部中断之外，还支持 11 个内部异常源。ARM Cortex-M3 处理器和嵌套向量中断控制器(NVIC)对所有异常按优先级进行排序并处理。所有异常都在处理模式中操作。出现异常时，自动将处理器状态保存到堆栈中(该状态在中断服务程序(ISR)结束时自动从堆栈中恢复)，并且在状态保存的同时取出相应的异常向量快速地进入相应的异常处理。处理器支持末尾连锁中断技术，它能够在没有多余的状态保存和恢复指令的情况下执行背对背中断。要注意的是，虽然 ARM Cortex-M3 是支持 240 个外部中断的，但具体使用了多少个是由芯片生产商决定。

以下特性使得 ARM Cortex-M3 能够高效且低延迟地对异常进行处理：

① 自动的状态保存和恢复。处理器在进入 ISR 之前将状态寄存器压栈，退出 ISR 之后将它们出栈，实现上述操作时不需要多余的指令。

② 优先级屏蔽支持临界区。

③ 自动读取代码存储器或 SRAM 中包含 ISR 地址的向量表入口。该操作与状态保存

同时执行。

④ 支持末尾连锁，在末尾连锁中，处理器在两个 ISR 之间没有对寄存器进行出栈和压栈操作的情况下处理背对背中断。

⑤ 中断优先级可动态重新设置。

⑥ ARM Cortex-M3 与 NVIC 之间采用紧耦合接口，通过该接口可以尽早地对中断和高优先级的迟来中断进行处理。

⑦ 中断数目可配置为 1～240。

⑧ 中断优先级的数目可配置为 1～8 位(1～256 级)。

⑨ 处理模式和线程模式具有独立的堆栈和特权等级。

⑩ 使用 C/C++标准的调用规范：ARM 架构的过程调用标准(PCSAA)执行 ISR 控制传输。

2.8.1 异常类型

ARM Cortex-M3 处理器中的异常类型见表 2-11。表中的编号是指异常入口相对于向量表起始处以字为单位的偏移量。在优先级列表中，数字越小表示优先级越高。0～15 号异常中有 5 个是保留的。此外，1～15 号为系统异常的编号，从 16 开始的所有编号为外部中断对应的异常的编号。表中所提及的优先级的准确含义和使用见后文对异常优先级的专门介绍。

表 2-11　　异常类型说明表

编　号	类　型	优先级	简　　介
0	N/A	N/A	没有异常在运行
1	复位	−3(最高)	复位
2	NMI	−2	不可屏蔽中断(来自外部 NMI 输入脚)
3	硬错误 (Hard Fault)	−1	所有被除能的错误，都将“上访”(escalation)成硬错误。只要 FAULTMASK 没有置位，硬错误服务例程就被强制执行。错误被除能的原因包括被禁用，或者被 PRIMASK/BASEPRI 屏蔽。若 FAULTMASK 也置位，则硬错误也被除能，此时彻底“关中断”
4	Mem Manage 错误	可编程	存储器管理错误，MPU 访问违例以及访问非法位置均可引发。企图在“非执行区”取指也会引发此错误
5	总线错误	可编程	从总线系统收到了错误响应，原因可以是预取中止(Abort)或数据中止，企图访问协处理器也会引发此错误
6	用法错误	可编程	由于程序错误导致的异常。通常是使用了一条无效指令，或者是非法的状态转换，例如尝试切换到 ARM 状态
7～10	保留	N/A	N/A
11	SVCall	可编程	执行系统服务调用指令(SVC)引发的异常
12	调试监视器	可编程	调试监视器(断点，数据观察点，或者是外部调试请求)
13	保留	N/A	N/A
14	PendSV	可编程	为系统设备而设的“可悬挂请求”(pendable request)
15	SysTick	可编程	系统嘀嗒定时器(也就是周期性溢出的时基定时器)

续表 2-11

编　号	类　型	优先级	简　　介
16	IRQ ＃0	可编程	外中断＃0
17	IRQ ＃1	可编程	外中断＃1
…	…	…	…
255	IRQ ＃239	可编程	外中断＃239

2.8.2　异常相关的特别寄存器

ARM Cortex-M3 的异常及异常处理所涉及的主要特殊寄存器如表 2-12 所示。

表 2-12　　异常相关的主要特殊寄存器

寄存器名称	地址或地址范围	说　　明
向量表偏移量寄存器(SCB_VTOR)	0xE000ED08	1 个字。保存重定位的向量表相对于 0 地址的偏移量
应用程序中断及复位控制寄存器(SCB_AIRCR)	0xE000ED0C	1 个字
NVIC 的配置和控制寄存器(SCB_CCR)	0xE000ED14	1 个字。把比特 1(USERSETMPEND)置位，才能允许用户级下访问 NVIC 的软件触发中断寄存器 STIR
外部中断悬起寄存器(NVIC_ISPR)	0xE000E200～0xE000E21C	8 个字
外部中断解悬寄存器(NVIC_ICPR)	0xE000E280～0xE000E29C	8 个字
外部中断使能寄存器(NVIC_ISER)	0xE000E100～0xE000E11C	8 个字
外部中断除能寄存器(NVIC_ICER)	0xE000E180～0xE000E19C	8 个字
外部中断优先级寄存器(SCB_IPR)	0xE000E400～0xE000E4EF	240 字节
系统异常优先级寄存器阵列(SCB_SHPR)	0xE000ED18～0xE000ED23	12 字节
外部中断活动状态寄存器(NVIC_IABR)	0xE000E300～0xE000E31C	8 个字。能按字/半字/字节访问
软件触发中断寄存器(NVIC_STIR)	0xE000EF00	1 个字

2.8.2.1　应用程序中断及复位控制寄存器

应用程序中断及复位控制寄存器各位的作用及其说明如表 2-13 所示。

表 2-13　　应用程序中断及复位控制寄存器说明

位　段	名　称	类　型	复位值	描　　述
31：16	VECTKEY	RW	—	访问钥匙：任何对该寄存器的写操作，都必须同时把 0x05FA 写入此段，否则写操作被忽略。若读取此半字，则为 0xFA05
15	ENDIANESS	R	—	指示端设置。1＝大端(BE8)，0＝小端。此值是在复位时确定的，不能更改
10：8	PRIGROUP	R/W	0	优先级分组
2	SYSRESETREQ	W	—	请求芯片控制逻辑产生一次复位

续表 2-13

位 段	名 称	类 型	复位值	描 述
1	VECTCLRACTIVE	W	—	清零所有异常的活动状态信息。通常只在调试时用，或者在 OS 从错误中恢复时用
0	VECTRESET	W	—	复位 ARM Cortex-M3 内核（调试逻辑除外），但是此复位不影响芯片上在内核以外的电路

2.8.2.2 外部中断优先级寄存器

外部中断优先级寄存器阵列用于保存各外部中断的优先级值。每一个外部中断有一个优先级值（因为共有 240 个，每个优先级用 8 位来表示），所以该阵列由 240 个连续的字节构成，地址范围是 0xE000E400～0xE000E4EF。

表 2-14 外部中断优先级寄存器阵列说明

名 称	类 型	地 址	复位值	描 述
PRI_000	R/W	0xE000_E400	0(8 位)	外中断＃0 的优先级
PRI_001	R/W	0xE000_E401	0(8 位)	外中断＃1 的优先级
…	…	…	…	…
PRI_239	R/W	0xE000_E4EF	0(8 位)	外中断＃239 的优先级

2.8.2.3 系统异常优先级寄存器

中断向量表的前 16 个为内核级中断（系统异常），之后的为外部中断，而内核级中断和外部中断的优先级则是由两套不同的寄存器组来控制的，系统异常优先级寄存器阵列用于保存系统的各个可配置的内部异常的优先级，从第一个可配置的内部异常开始共 12 个（含预留内部异常），所以该阵列由 12 个连续的字节构成，地址范围是 0xE000ED18～0xE000ED23。

表 2-15 系统异常优先级寄存器阵列说明

地 址	名 称	描 述
0xE000_ED18	PRI_4	存储器管理错误的优先级
0xE000_ED19	PRI_5	总线错误的优先级
0xE000_ED1A	PRI_6	用法错误的优先级
0xE000_ED1B	—	—
0xE000_ED1C	—	—
0xE000_ED1D	—	—
0xE000_ED1E	—	—
0xE000_ED1F	PRI_11	SVC 优先级
0xE000_ED20	PRI_12	调试监视器的优先级
0xE000_ED21	—	—
0xE000_ED22	PRI_14	PendSV 的优先级
0xE000_ED23	PRI_15	SysTick 的优先级

2.8.2.4　外部中断使能与除能寄存器

中断的使能与除能分别使用各自的寄存器来控制。ARM Cortex-M3 中可以有最多 240 对使能位/除能位(SETENA 位/CLRENA 位)，每一对对应一种外部中断。这 240 个对分布在 8 对 32 位寄存器中(最后一对没有用完)。想要使能一个中断，需要写 1 到对应 SETENA 的位中；想要除能一个中断，需要写 1 到对应的 CLRENA 位中。如果往它们中写 0，则不会有任何效果。对于 8 对 32 位寄存器，使用数字后缀来区分它们，如 SETENA0，SETENA1…SETENA7，如表 2-16 所示。SETENA/CLRENA 可以按字/半字/字节的方式来访问。因为前 16 个异常已经分配给系统异常，故而外部中断 0 在表中的异常号是 16。在特定的芯片中，只有该芯片实现的中断，其对应的位才有意义。因此，如果某个芯片支持 32 个中断，则只有 SETENA0/CLRENA0 才需要使用。

表 2-16　　SETENA/CLRENA 寄存器簇说明

名　称	类　型	地　址	复位值	描　述
SETENA0	R/W	0xE000_E100	0	中断 0～31 的使能寄存器，共 32 个使能位[n]，中断 # n 使能(异常号 16+n)
SETENA1	R/W	0xE000_E104	0	中断 32～63 的使能寄存器，共 32 个使能位
…	…	…	…	…
SETENA7	R/W	0xE000_E11C	0	中断 224～239 的使能寄存器，共 16 个使能位
CLRENA0	R/W	0xE000_E180	0	中断 0～31 的除能寄存器，共 32 个除能位。位[n]，中断 # n 除能(异常号 16+n)
CLRENA1	R/W	0xE000_E184	0	中断 32～63 的除能寄存器，共 32 个除能位
…	…	…	…	…
CLRENA7	R/W	0xE000_E19C	0	中断 224～239 的除能寄存器，共 16 个除能位

2.8.2.5　外部中断悬起与解悬寄存器

ARM Cortex-M3 允许对任意外部中断设置为屏蔽。因此，如果某个外部中断发生时，处理器正在处理同级或高优先级异常，或者此外部中断被屏蔽，那么该外部中断不能立即得到响应。此时，该外部中断处于被悬起(也称挂起)状态。悬起状态可以通过“中断悬起寄存器(SETPEND)”和“中断悬起清除寄存器(CLRPEND)”来读取。此外，可以通过代码中写这些寄存器来手工悬起中断。外部中断悬起寄存器和外部中断解悬寄存器也可以有 8 对(见表 2-17)，其用法和硬件特定中断数量下的用量都与前面介绍的使能/除能寄存器完全相同。

表 2-17　　SETPEND/CLRPEND 寄存器簇说明

名　称	类　型	地　址	复位值	描　述
SETPEND0	R/W	0xE000_E200	0	中断 0～31 的悬起寄存器，共 32 个悬起位，位[n]，中断 # n 悬起(异常号 16+n)
SETPEND1	R/W	0xE000_E204	0	中断 32～63 的悬起寄存器，共 32 个悬起位

续表 2-17

名　称	类　型	地　址	复位值	描　述
…	…	…	…	…
SETPEND7	R/W	0xE000_E21C	0	中断 224～239 的悬起寄存器，共 16 个悬起位
CLRPEND0	R/W	0xE000_E280	0	中断 0～31 的解悬寄存器，共 32 个解悬位。 位[n]，中断 #n 解悬(异常号 16+n)
CLRPEND1	R/W	0xE000_E284	0	中断 32～63 的解悬寄存器，共 32 个解悬位
…	…	…	…	…
CLRPEND7	R/W	0xE000_E29C	0	中断 224～239 的解悬寄存器，共 16 个解悬位

2.8.2.6 外部中断活动状态寄存器

每个外部中断都有一个活动状态位。在处理器执行了其 ISR 的第一条指令后，它的活动位就被置 1，并且直到 ISR 返回时才由硬件清零。由于支持嵌套，允许高优先级异常抢占某个 ISR。因此，即使中断被抢占，其活动状态位的值仍然为 1。它们是只读的，共占 8 个字(地址范围 0xE000E300～0xE000E31C)，能按字、半字或字节访问。

表 2-18　　外部中断活动状态寄存器阵列说明

名　称	类　型	地　址	复位值	描　述
ACTIVE0	RO	0xE000_E300	0	中断 0～31 的活动状态寄存器，共 32 个状态位， 位[n]，中断 #n 活动状态(异常号 16+n)
ACTIVE1	RO	0xE000_E304	0	中断 32～63 的活动状态寄存器，共 32 个状态位
…	…	…	…	…
ACTIVE7	RO	0xE000_E31C	0	中断 224～239 的活动状态寄存器，共 16 个状态位

2.8.3 异常优先级

在 ARM Cortex-M3 中，优先级对于异常来说很关键，它会决定一个异常是否被屏蔽，以及在未屏蔽的情况下何时可以响应。异常的优先级的数值越小，则优先级越高。ARM Cortex-M3 支持中断嵌套，使得高优先级异常会抢占低优先级异常占用的 CPU 资源。ARM Cortex-M3 存在 3 个系统异常：复位、NMI 和硬错误。它们因优先级值固定而都是不可编程的，其他异常的优先级都是可编程的，但不能设置为负数。

原则上，ARM Cortex-M3 支持 3 个固定的高优先级和多达 256 级的可编程优先级，并且支持 128 级抢占。但是，绝大多数 ARM Cortex-M3 芯片都会精简设计，以致实际上支持的优先级数会更少，如 8 级、16 级、32 级等。它们在设计时会裁掉表达优先级的几个低端有效位，以减少优先级的级数。

ARM Cortex-M3 通过优先级配置寄存器来确定能够支持的异常优先级的数量。该配置寄存器最多有 8 位。ARM Cortex-M3 允许的最少使用位数为 3 位(即至少要支持 8 级优先级)，最多使用全部 8 位(即支持 256 级优先级)。举例来说，如果只使用了 3 位来表达优先级，则优先级配置寄存器的结构会如图 2-12 所示。

在图 2-12 中，[4：0]这 5 位没有被实现，所以它们被读取时总是返回零，写它们则忽略

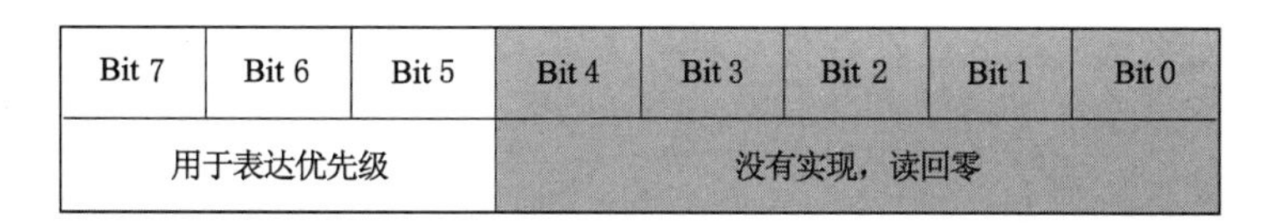

图 2-12　使用 3 个位来表达优先级时优先级配置寄存器的结构

写入的值。因此，对于用 3 位表达优先级值的情况，程序中能够使用的 8 个优先级为：0x00（最高），0x20，0x40，0x60，0x80，0xA0，0xC0 以及 0xE0。如果使用更多的位来表达优先级，则可以使用的值也更多，同时硬件中需要的门也更多，从而带来更多的成本和消耗。

在处理器异常模型中，优先级决定了处理器何时以及怎样处理异常，因此可实现：

① 指定中断的软件优先级；

② 将优先级分组，分为占先优先级（Pre-emption priorities）和次优先级（Subpriorities）。

（1）优先级

ARM Cortex-M3 处理器中异常的优先级分为硬件优先级和软件优先级。NVIC 支持由软件指定的优先级。通过对中断优先级寄存器的 8 位 PRI_N 区执行写操作，来将中断的优先级指定为 0～255。硬件优先级随着中断号的增加而降低，但指定软件优先级后硬件优先级就无效了。例如，将 INTISR[0]指定为优先级 1，INTISR[31]指定为优先级 0，则 INTISR[31]的优先级比 INTISR[0]高。软件优先级的设置对复位、NMI、和硬错误无效，因为它们的优先级始终比外部中断要高。

如果两个或更多的中断指定了相同的优先级，则由它们的硬件优先级来决定处理器对它们进行处理时的顺序。例如，INTISR[0]和 INTISR[1]的优先级都为 1，则 INTISR[0]的优先级比 INTISR[1]要高。

（2）优先级寄存器的使用

不同的硬件芯片中用于表达优先级的寄存器所使用的位的数量不同，表 2-19 中列举了 3 位、5 位和 8 位表达优先级时优先级寄存器所表示的优先级值的情况。

表 2-19　　3 位、5 位和 8 位表达优先级时优先级寄存器的使用情况

优先级	异常类型	3 个位表达	5 个位表达	8 个位表达
−3（最高）	复位	−3	−3	−3
−2	NMI	−2	−2	−2
−1	硬错误	−1	−1	−1
0 1 … 0xFF	所有其他优先级可编程的异常	0x00， 0x20 … 0xE0	0x00 0x08 … 0xF8	0x00，0x01 0x02，0x03 … 0xFE，0xFF

注意，为了对具有大量中断的系统加强优先级控制，NVIC 支持优先级分组机制。因此 ARM Cortex-M3 有“主优先级”（有些资料中也称抢占优先级）与“子优先级”（或称响应优先级）的区分。一个外部中断的优先级值由主优先级值和子优先级值构成。优先级值的构成有多种模式，由应用程序中断及复位控制寄存器（SCB_AIRCR）的第“10：8”这三位来决

定，共有 8 种优先级构成模式。在任何一种优先级构成模式下，一个优先级值对应的二进制代码中，有一部分表示优先级所在的分组（主优先级），剩下的部分表示优先级所在的分组中的编号（子优先级）。

如果有多个挂起异常共用相同的主优先级，则需使用子优先级区来决定同组中的异常优先级。如果两个挂起异常具有相同的优先级，则挂起异常的编号越低优先级越高。这与优先级机制是一致的。

不同的优先级构成模式下，主优先级和子优先级所占的位数见表 2-20。根据此表，表示优先级分组的位段最多占 7 位，表示子优先级的位段至少占一位。因此，所有可能的优先级可以不被分组，如果要分组则最多可以被分成 128 组。

表 2-20　　优先级寄存器的位段分配情况

分组位置	表达主优先级的位段	表达子优先级的位段
0	[7：1]	[0：0]
1	[7：2]	[1：0]
2	[7：3]	[2：0]
3	[7：4]	[3：0]
4	[7：5]	[4：0]
5	[7：6]	[5：0]
6	[7：7]	[6：0]
7	无	[7：0]

综上所述，对于任意两个可配置异常，ARM Cortex-M3 决定先处理哪个时遵循以下规则：软件优先级中主优先级更高的先被处理；主优先级相同时，软件优先级中子优先级更高的先被处理；软件主优先级和子优先级相同时，硬件优先级更高的先被处理。

2.8.4　异常处理

为了减少门数并增强系统灵活性，ARM Cortex-M3 处理器使用一个基于堆栈的异常模型。出现异常时，系统会将关键通用寄存器推送到堆栈上。完成入栈和指令提取后，将执行中断服务例程或错误处理程序，然后自动还原寄存器以使中断的程序恢复正常执行。使用此方法，无需编写汇编器包装器（而这是对基于 C 语言的传统中断服务例程执行堆栈操作所必需的），从而使得应用程序的开发变得非常容易。

NVIC 是 ARM Cortex-M3 处理器不可或缺的部分，它为处理器提供了卓越的中断处理能力。NVIC 支持中断嵌套，从而允许通过运用较高的优先级来较早地为某个中断提供服务。

ARM Cortex-M3 处理器使用一个向量表，其中包含要为特定中断处理程序执行的函数的地址。接收到一个中断时，处理器会从该向量表中提取相应的地址。

ARM Cortex-M3 系列处理器的中断响应是从发出中断信号到执行中断服务例程的过程。它包括：

① 检测中断；

② 对背对背或迟到中断进行最佳的处理；

③ 提取向量地址；

④ 将需要保护的寄存器入栈；

⑤ 跳转到中断处理程序。

这些任务在硬件中执行，并且包含在为ARM Cortex-M3处理器报出的中断响应周期时间中。在其他许多体系结构中，这些任务必须在软件的中断处理程序中执行，从而引起延迟并使得过程十分复杂。

ARM Cortex-M3还有一个NMI输入脚。当它被置为有效时，NMI服务程序会无条件地执行。NMI究竟被拿去做什么？这要视处理器的设计而定。在多数情况下，NMI会被连接到一个看门狗定时器，有时也会是电压监视功能模块，以便在电压低至危险级别后警告处理器。NMI可以在任何时间被激活。

2.8.5 处理外部中断的基本过程

在嵌入式系统中，如果要对某个外部中断进行处理，可以按照如下基本的过程进行软件设计：

① 在系统启动代码中，先设置优先级组寄存器。缺省情况下使用组0(7位抢占优先级，1位子优先级)。

② 如果需要重定位向量表，先把硬错误和NMI服务例程的入口地址写到新表项所在的地址中。

③ 如果对向量表进行了重定位，则配置向量表偏移量寄存器，使之指向新的向量表。

④ 如果不使用ROM中的向量表，则为该中断建立中断向量。因为这时向量表已经重定位了，为了保险起见需要先读取向量表偏移量寄存器的值，再根据该中断在表中的位置计算出对应的地址，再在该地址处添加转到服务例程入口地址的跳转指令。

⑤ 为该中断设置优先级。

⑥ 使能该中断。

2.9 SysTick定时器

NVIC内部的系统嘀嗒定时器SysTick是一个基本的倒计时定时器，用于在每隔一定的时间产生一个中断，即使是系统在睡眠模式下也能工作。它是一个24位的倒计数定时器，当倒计数到0时，将从RELOAD寄存器中自动重装载定时初值。只要不把它在SysTick控制及状态寄存器中的使能位清除就永不停上。

ARM Cortex-M3允许为SysTick提供两个时钟源以供选择。第一个是内核的“自由运行时钟”FCLK。“自由”表现在它不来自系统时钟HCLK，因此在系统时钟停止时FCLK也继续运行。第二个是一个外部的参考时钟。但是使用外部时钟时，因为它在内部是通过FCLK来采样的，因此其周期必须至少是FCLK的两倍(采样定理)。很多情况下芯片厂商都会忽略此外部参考时钟，因此通常不可用。通过检查校准寄存器的位[31](NOREF)，可以判定是否有可用的外部时钟源，而芯片厂商则必须把该引线连接至正确的电平。

SysTick定时器相关的寄存器如图2-13所示。当SysTick定时器从1计到0时，它将把控制与状态寄存器STCSR中的COUNTFLAG位置位。通过下述方法可以把该位清零：

① 读取 SysTick 控制及状态寄存器(STCSR);

② 往 SysTick 当前值寄存器(STCVR)中写任何数据。

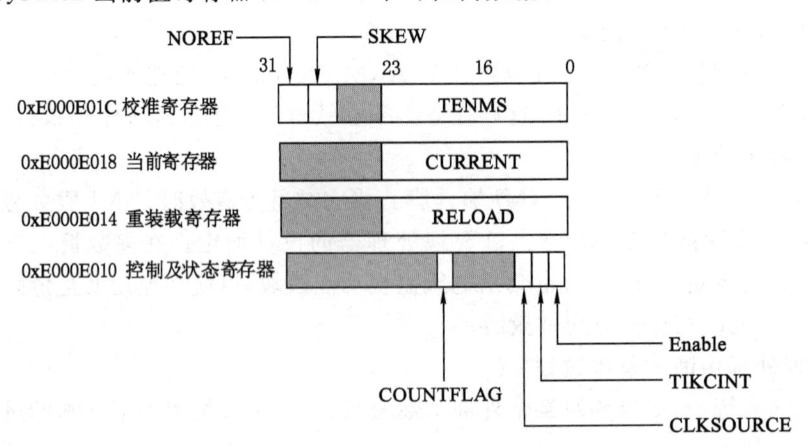

图 2-13 SysTick 相关寄存器

SysTick 的最大使命就是定期地产生异常请求,这种周期性的异常请求可以作为系统的时间基准。操作系统都需要这种"嘀嗒"来推动任务和时间的管理。如想要使能 SysTick 异常,则把 STCSR. TICKINT 置位。另外,如果把向量表重定位到了 SRAM 中,还需要为 SysTick 异常建立向量,提供其服务例程的入口地址。

2.10 STM32F103VBT6 处理器基础

STM32F103VBT6 是 STM32F103xx 系列 ARM Cortex-M3 处理器中的一种,是本书对应的实验开发板所采用的处理器。本节将介绍该型号处理器的相关内容。

2.10.1 STM32F103xx 增强型微控制器简介

STM32F103xx 增强型系列使用高性能的 ARM Cortex-M3 32 位的 RISC 内核,工作频率为 72 MHz,内置高速存储器(高达 512 KB 的闪存和 20 KB 的 SRAM),丰富的增强 I/O 端口和连接到两条 APB 总线的外设。所有型号的器件都包含 2 个 12 位的 ADC、3 个通用 16 位定时器和 1 个 PWM 定时器,还包含标准和先进的通信接口。它有 2 个 I^2C 和 2 个 SPI(串行外设接口)、3 个 USART、1 个 USB 和 1 个 CAN。此外,它内嵌 ARM 的 SWJ-DP 接口和 JTAG 接口。

STM32F103xx 增强型系列的处理器工作于 -40 ℃～105 ℃的温度范围,供电电压 2.0～3.6 V。一系列的省电模式保证低功耗应用的要求。STM32F103xx 增强型系列拥有内置的 ARM 核心,因此它与所有的 ARM 工具和软件兼容。

完整的 STM32F103xx 增强型系列产品包括从 36 脚至 144 脚的五种不同封装形式。根据不同的封装形式,器件中的外设配置有一定的差异。

STM32F103xx 增强型微控制器有丰富的外设配置。这使得它适合于多种应用场合:

① 电机驱动和应用控制;

② 医疗和手持设备;

③ PC 外设和 GPS 平台；

④ 工业应用：可编程控制器、变频器、打印机和扫描仪；

⑤ 警报系统，视频对讲和暖气通风空调系统。

STM32F103xx 增强型系列的 RTC（实时时钟）和后备寄存器通过一个开关供电，在 VDD 有效时该开关选择 VDD 供电，否则由 VBAT 管脚供电。后备寄存器（10 个 16 位的寄存器）可以用于在 VDD 消失时保存数据。实时时钟具有一组连续运行的计数器，可以通过适当的软件提供日历时钟功能，还具有闹钟中断和阶段性中断功能。RTC 的驱动时钟可以是一个使用外部晶体的 32.768 kHz 的振荡器、内部低功耗 RC 振荡器或高速的外部时钟经 128 分频后的时钟。内部低功耗 RC 振荡器的典型频率为 32 kHz。为补偿天然晶体的偏差，RTC 的校准是通过输出一个 512 Hz 的信号进行。RTC 具有一个 32 位的可编程计数器，使用比较寄存器可以产生闹钟信号，还有一个 20 位的预分频器用于时基时钟，默认情况下时钟为 32.768 kHz 时它将产生一个 1 s 时间基准。

2.10.2　STM32F103VBT6 微控制器

STM32F103VBT6 微控制器属于 STM32F103xx 增强系列。STM32F103VBT6 这个名字中的字母“V”表示 100 脚封装、字母“B”表示带有 128 KB 的闪存存储器，“6”表示工业级温度范围（－40℃～85℃）。STM32F103VBT6 微处理器结构如图 2-14 所示。

STM32F103VBT6 处理器的 LQFP100 封装形式为薄型四侧引脚扁平封装，有 100 个引脚。芯片的各引脚如图 2-15 所示，不同封装下各引脚的名称、功能如表 2-21 所示。关于表中的引脚需要注意以下情况：

① I＝输入，O＝输出，S＝电源，HiZ＝高阻

② FT：容忍 5 V

③ 可以使用的功能依选定的型号而定。对于具有较少外设模块的型号，始终是包含较小编号的功能模块。例如，某个型号只有 1 个 SPI 和 2 个 USART 时，它们即是 SPI1 和 USART1 及 USART2。

④ PC13，PC14 和 PC15 引脚通过电源开关进行供电，而这个电源开关只能够吸收有限的电流（3 mA）。因此这三个引脚作为输出引脚时有以下限制：在同一时间只有一个引脚能作为输出，作为输出脚时只能工作在 2 MHz 模式下，最大驱动负载为 30 pF，并且不能作为电流源（如驱动 LED）。

⑤ 这些引脚在备份区域第一次上电时处于主功能状态下，之后即使复位，这些引脚的状态由备份区域寄存器控制（这些寄存器不会被主复位系统所复位）。关于如何控制这些 IO 口的具体信息，请参考 STM32F10xxx 参考手册的电池备份区域和 BKP 寄存器的相关章节。

⑥ 此类复用功能能够由软件配置到其他引脚上（如果相应的封装型号有此引脚），详细信息请参考 STM32F10xxx 参考手册的复用功能 I/O 章节和调试设置章节。

⑦ VFQFPN36 封装的引脚 2 和引脚 3、LQFP48 和 LQFP64 封装的引脚 5 和引脚 6、和 TFBGA64 封装的 C1 和 C2，在芯片复位后默认配置为 OSC_IN 和 OSC_OUT 功能脚。软件可以重新设置这两个引脚为 PD0 和 PD1 功能。但对于 LQFP100/BGA100 封装，由于 PD0 和 PD1 为固有的功能引脚，因此没有必要再由软件进行重映像设置。更多详细信息请参考 STM32F10xxx 参考手册的复用功能 I/O 章节和调试设置章节。在输出模式下，PD0 和 PD1 只能配置为 50 MHz 输出模式。

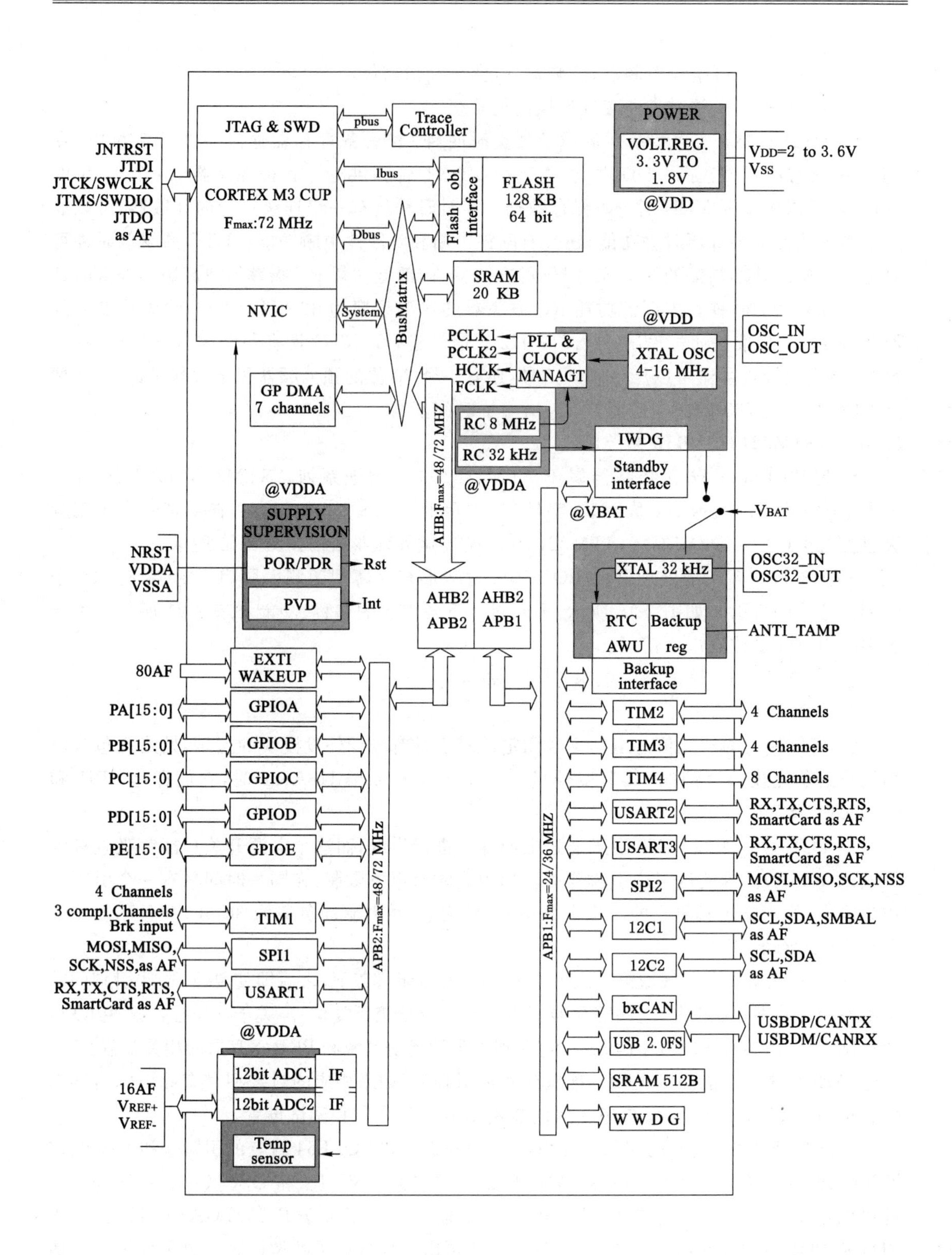

图 2-14 STM32F103VBT6 微处理器结构框图

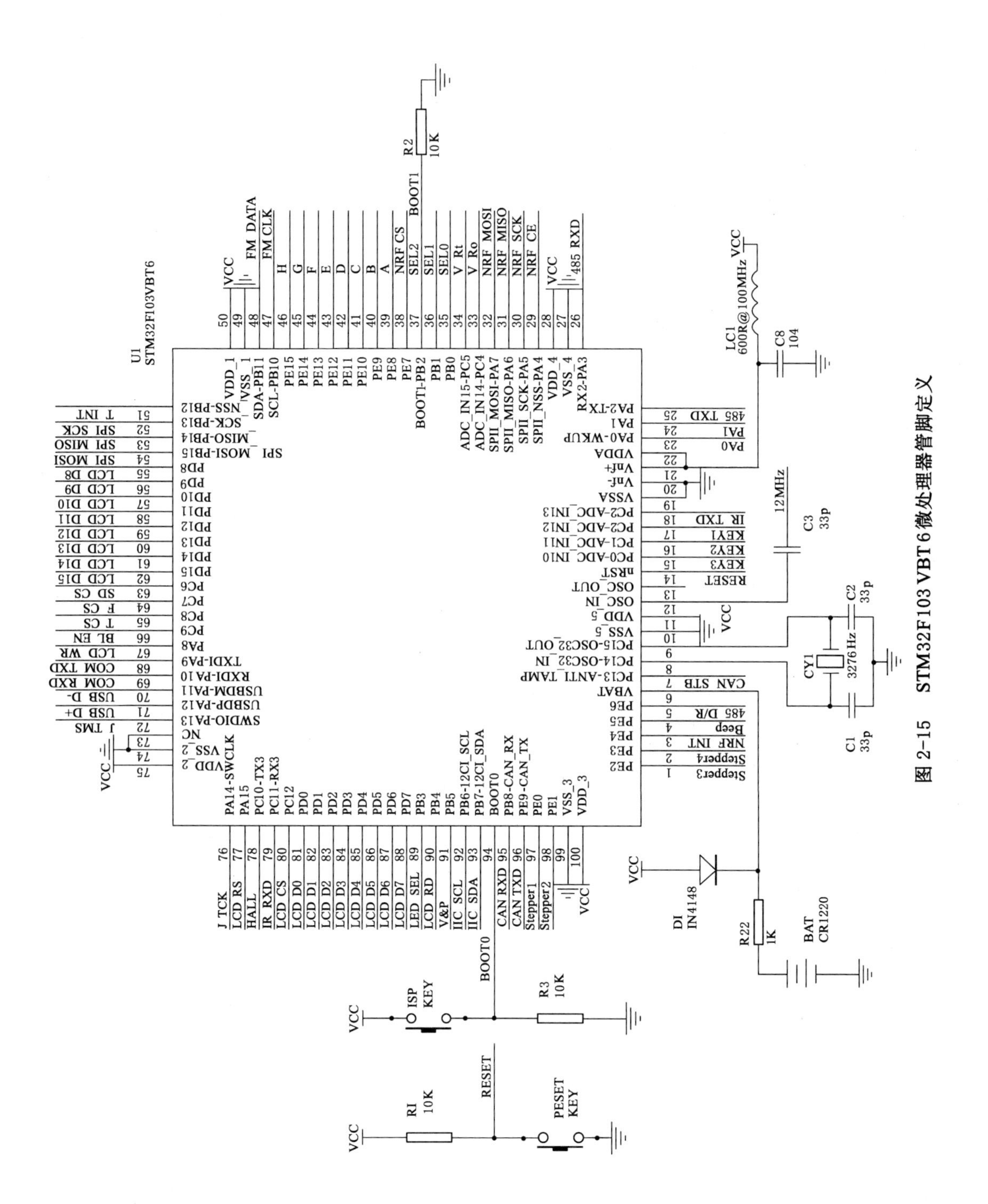

图 2-15　STM32F103VBT6 微处理器管脚定义

表 2-21　　STM32F103VBT6 管脚说明表

脚位				引脚名称	类型	IO电平	复位后主功能	默认的其他功能
BGA100	LQFP48	LQFP64	LQFP100					
A3			1	PE2/TRACECK	I/O	FT	PE2	TRACECK
B3			2	PE3/TRACED0	I/O	FT	PE3	TRACED0
C3			3	PE4/TRACED1	I/O	FT	PE4	TRACED1
D3			4	PE5/TRACED2	I/O	FT	PE5	TRACED2
E3			5	PE6/TRACED3	I/O	FT	PE6	TRACED3
B2	1	1	6	V_{BAT}	S		V_{BAT}	
A2	2	2	7	PC13−ANTI_TAMP(4)	I/O		PC13(5)	ANTI_TAMP
A1	3	3	8	PC14−OSC32_IN(4)	I/O		PC14(5)	OSC32_IN
B1	4	4	9	PC15−OSC32_OUT(4)	I/O		PC15(5)	OSC32_OUT
C2			10	V_{SS_5}	S		V_{SS_5}	
D2			11	V_{DD_5}	S		V_{DD_5}	
C1	5	5	12	OSC_IN	I		OSC_IN	
D1	6	6	13	OSC_OUT	O		OSC_OUT	
E1	7	7	14	NRST	I/O		NRST	
F1		8	15	PC0/ADC_IN10	I/O		PC0	ADC_IN10
F2		9	16	PC1/ADC_IN1 1	I/O		PC1	ADC_IN11
E2		10	17	PC2/ADC_IN12	I/O		PC2	ADC_IN12
F3		11	18	PC3/ADC_IN13	I/O		PC3	ADC_IN13
G1	8	12	19	V_{SSA}	S		V_{SSA}	
H1			20	V_{REF-}	S		V_{REF-}	
J1			21	V_{REF+}	S		V_{REF+}	
K1	9	13	22	V_{DDA}	S		V_{DDA}	
G2	10	14	23	PA0-WKUP /USART2 _ CTS / ADC_IN0/TIM2_CH1_ETR	I/O		PA0	WKUP/USART2_CTS(6)/ ADC _ IN0/TIM2 _ CH1 _ETR(6)
H2	11	15	24	PA1/ USART2 _ RTS/ ADC _ IN1/TIM2_CH2	I/O		PA1	USART2_RTS(6)/ADC_ IN1/TIM2_CH2(6)
	12	16	25	PA2/USART2 _ TX/ADC _ IN2/ TIM2_CH3	I/O		PA2	USART2 _ TX(6)/ADC _ IN2/TIM2_CH3(6)

续表 2-21

脚位				引脚名称	类型	IO 电平	复位后主功能	默认的其他功能
BGA100	LQFP48	LQFP64	LQFP100					
K2	13	17	26	PA3/USART2_RX/ADC_IN3/TIM2_CH4	I/O		PA3	USART2_RX(6)/ADC_IN3/TIM2_CH4(6)
E4		18	27	V_{SS_4}			V_{SS_4}	
F4		19	28	V_{DD_4}			V_{DD_4}	
G3	14	20	29	PA4/SPI1_NSS/USART2_CK/ADC_IN4	I/O		PA4	SPI1_NSS(6)/USART2_CK(6)/ADC_IN4
H3	15	21	30	PA5/SPI1_SCK/ADC_IN5	I/O		PA5	SPI1 SCK(6)/ADC IN5
J3	16	22	31	PA6/SPI1_MISO/ADC_IN6/TIM3_CH1	I/O		PA6	SPI1_MISO(6)/ADC_IN6/TIM3_CH1(6)
K3	17	23	32	PA7/SPI1_MOSI/ADC_IN7/TIM3_CH2	I/O		PA7	SPI1_MOSI(6)/ADC_IN7/TIM3_CH2(6)
G4		24	33	PC4/ADC_IN14	I/O		PC4	ADC_IN14
H4		25	34	PC5/ADC_IN15	I/O		PC5	ADC_IN15
J4	18	26	35	PB0/ADC_IN8/TIM3_CH3	I/O		PB0	ADC_IN8/TIM3_CH3(6)
K4	19	27	36	PB1/ADC_IN9/TIM3_CH4	I/O		PB1	ADC_IN9/TIM3_CH4(6)
G5	20	28	37	PB2/BOOT1	I/O	FT	PB2/BOOT1	
H5			38	PE7	I/O	FT	PE7	
J5			39	PE8	I/O	FT	PE8	
K5			40	PE9	I/O	FT	PE9	
G6			41	PE10	I/O	FT	PE10	
H6			42	PE11	I/O	FT	PE11	
J6			43	PE12	I/O	FT	PE12	
K6			44	PE13	I/O	FT	PE13	
G7			45	PE14	I/O	FT	PE14	
H7			46	PE15	I/O	FT	PE15	
J7	21	29	47	PB10/I2C2_SCL/USART3_TX	I/O	FT	PB10	I2C2_SCL/USART3_TX(6)
K7	22	30	48	PB11/I2C2_SDA/USART3_RX	I/O	FT	PB11	I2C2_SDA/USART3_RX(6)
E7	23	31	49	V_{SS_1}	S		V_{SS_1}	
F7	24	32	50	V_{DD_1}	S		V_{DD_1}	

续表 2-21

脚位				引脚名称	类型	IO电平	复位后主功能	默认的其他功能
BGA100	LQFP48	LQFP64	LQFP100					
K8	25	33	51	PB12/SPI2_NSS/I2C2_SMBAI/USART3_CK/TIM1_BKIN	I/O	FT	PB12	SPI2_NSS/I2C2_SMBAI/USART3_CK(6)/TIM1_BKIN(6)
J8	26	34	52	PB13/SPI2_SCK/USART3_CTS/TIM1_CH1N	I/O	FT	PB13	SPI2_SCK/USART3_CTS(6)/TIM1_CH1N(6)
H8	27	35	53	PB14/SPI2_MISO/USART3_RTS/TIM1_CH2N	I/O	FT	PB14	SPI2_MISO/USART3_RTS(6)/TIM1_CH2N(6)
G8	28	36	54	PB15/SPI2_MOSI/TIM1_CH3N	I/O	FT	PB15	SPI2_MOSI/TIM1_CH3N(6)
K9			55	PD8	I/O	FT	PD8	
J9			56	PD9	I/O	FT	PD9	
H9			57	PD10	I/O	FT	PD10	
G9			58	PD11	I/O	FT	PD11	
K10			59	PD12	I/O	FT	PD12	
J1o			60	PD13	I/O	FT	PD13	
110			61	PD14	I/O	FT	PD14	
110			62	PD15	I/O	FT	PD15	
F10		37	63	PC6	I/O	FT	PC6	
E10		38	64	PC7	I/O	FT	PC7	
F9		39	65	PC8	I/O	FT	PC8	
E9		40	66	PC9	I/O	FT	PC9	
D9	29	41	67	PA8/USART1_CK/TIM1_CH1/MCO	I/O	FT	PA8	USART1_CK/TIM1_CH1/MC0
C9	30	42	68	PA9/USART1_TX/TIM1_CH2	I/O	FT	PA9	USART1_TX(6)/TIM1_CH2(6)
D10	31	43	69	PA10/USART1_RX/TIM1_CH3	I/O	FT	PA10	USAKT1_KX(6)
C10	32	44	70	PA11/USART1_CTX/CANRX/USBDM/TIM1_CH4	I/O	FT	PA11	USART1_CTX(6)/CANRX(6)/TIM1_CH4(6)/USBDM
B10	33	45	71	PA12/USART1_RTS/CANTX/USBDP/TIM1_ETR	I/O	FT	PA12	USART1_RTS/CANTX(6)/TIM1_ETR(6)/USBDP
A10	34	46	72	PA13/JTMS/SWD10	I/O	FT	JTMS/SWDI0	PA13
F8			73	Not connected				

续表 2-21

脚位				引脚名称	类型	IO电平	复位后主功能	默认的其他功能
BGA100	LQFP48	LQFP64	LQFP100					
E6	35	47	74	V_{SS_2}	S		V_{SS_2}	
F6	36	48	75	V_{DD_2}	S		V_{DD_2}	
A9	37	49	76	PA14/JTCK/SWCLK	I/O	FT	JTCK/SWCLK	PA14
A8	38	50	77	PA15/JTDI	I/O	FT	JTDI	PA15
B9		51	78	PC10	I/O	FT	PC10	
B8		52	79	PC11	I/O	FT	PC11	
C8		53	80	PC12	I/O	FT	PC12	
D8	5	5	81	PD0	I/O	FT	OSC_IN(7)	
E8	6	6	82	PD1	I/O	FT	OSC_OUT(7)	
B7		54	83	PD2/TIM3_ETR	I/O	FT	PD2	TIM3_ETR
C7			84	PD3	I/O	FT	PD3	
D7			85	PD4	I/O	FT	PD4	
B6			86	PD5	I/O	FT	PD5	
C6			87	PD6	I/O	FT	PD6	
D6			88	PD7	I/O	FT	PD7	
A7	39	55	89	PB3/JTD0/TRACESW0	I/O	FT	JTD0	PB3/TRACESW0
A6	40	56	90	PB4/JNTRST	I/O	FT	JNTRST	PB4
C5	41	57	91	PB5/I2C1_SMBAI	I/O		PB5	I2C1_SMBAI
B5	42	58	92	PB6	I/O	FT	PB6	I2C1_SCL(6)/TIM4_CH1(6)
A5	43	59	93	PB7	I/O	FT	PB7	I2C1_SDA(6)/TIM4_CH2(6)
D5	44	60	94	BOOT0	I		BOOT0	
B4	45	61	95	PB8/TIM4_CH3	I/O	FT	PB8	TIM4_CH3(6)
A4	46	62	96	PB9/TIM4_CH4	I/O	FT	PB9	TIM4_CH4(6)
D4			97	PE0/TIM4_ETR	I/O	FT	PE0	TIM4_ETR
C4			98	PE1	I/O	FT	PE1	
E5	47	63	99	V_{SS_3}	S		V_{SS_3}	
F5	48	64	100	V_{DD_3}	S		V_{DD_3}	

STM32F103VBT6 处理器的存储器映射如图 2-16 所示。其片内 Flash 存储器大小为 128 KB,SRAM 存储器大小为 20 KB。

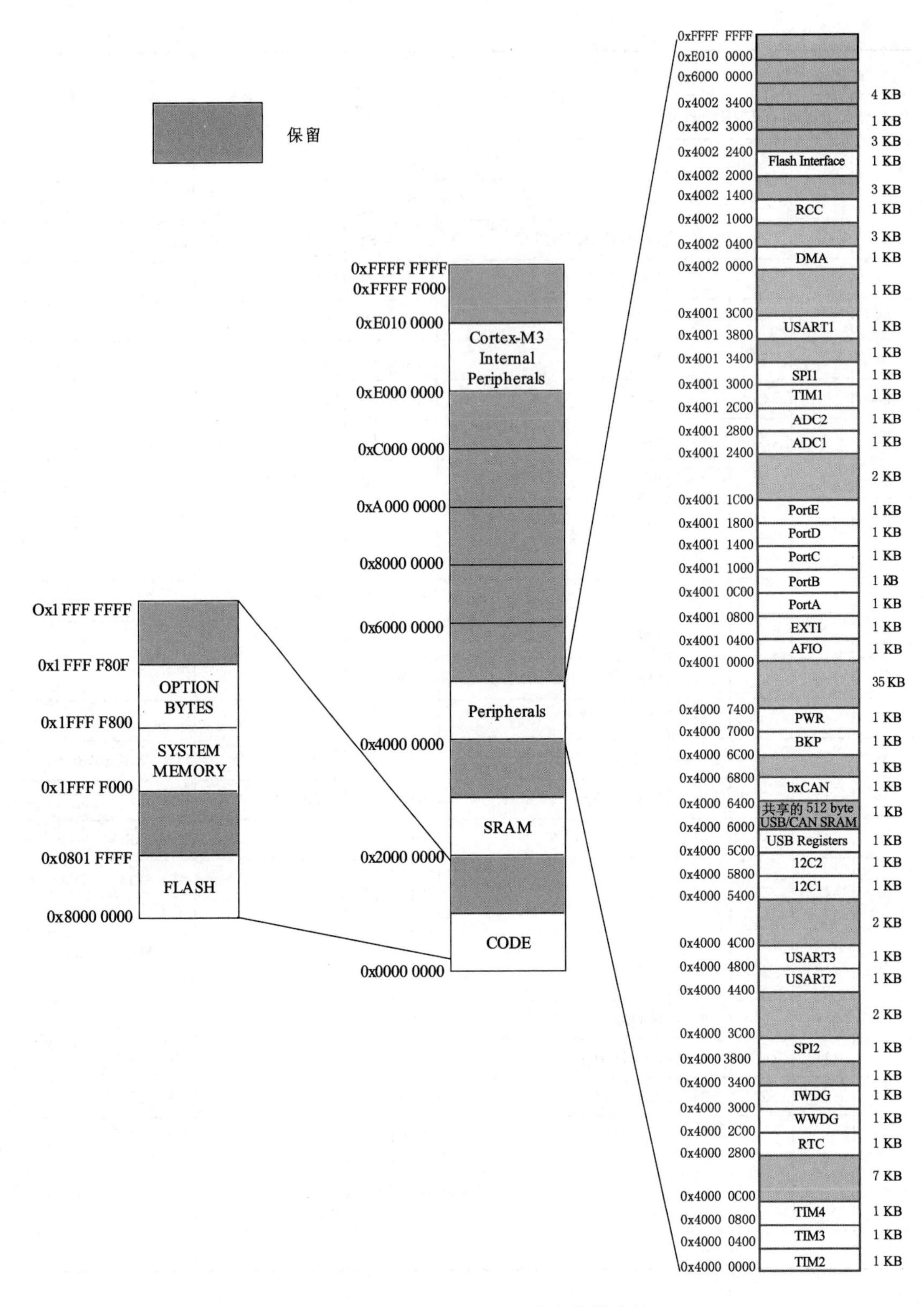

图 2-16　STM32F103VBT6 的存储器映射

2.11　STM32 的时钟源和时钟树

处理器需要时钟才能工作,不同片内外设也工作在不同的频率。STM32 支持多种内部和外部时钟源,如表 2-22 所示。表中的这些时钟源中的任何一个都可以独立地开启或关闭,以优化芯片的功耗。表 2-22 的时钟源中,HSE 和 HSI 可以作为 PLL 的输入,形成 PLL 时钟源的输入。

表 2-22　　时钟源简表

简称	名称	频率	作　用	来　源	相关的重要寄存器(位)	特　点
HSE	高速外部时钟	4～16 MHz	驱动系统时钟	外部晶体/陶瓷振荡器,或用户外部时钟	RCC_ CR 中的 HSEON、HSERDY、HSEBYP 位	时钟频率精度高
LSE	低速外部时钟	32.768 kHz	驱动 RTC	外部晶体或陶瓷振荡器,或外部时钟	RCC_BDCR 中的 LSEON、LSERDY、LSEBYP 位	为实时时钟或者其他定时功能提供低功耗且精确的时钟源
HSI	高速内部时钟	8MHz	驱动系统时钟	内部 8 MHz 的 RC 振荡器	RCC_ CR 中的 HSION、HSIRDY、HSITRIM[4：0]位。	启动时间比 HSE 晶体振荡器短,但时钟频率精度较差。可在 HSE 晶体振荡器失效时作为备用时钟源
LSI	低速内部时钟	约 40kHz (30kHz～60kHz)	为独立看门狗、RTC 和自动唤醒单元提供时钟	内部 RC 振荡器	RCC_CSR 中的 LSION、LSIRDY	可以在停机和待机模式下保持运行
PLL	锁相环时钟	≤72 MHz	驱动系统时钟	HIS 或 HSE		

对于表 2-22 中所示的时钟源,相关的寄存器位于片上外设存储区,对应的地址范围是 0x4002_1000～0x4002_13FF,这些寄存器有:

① 时钟控制寄存器(RCC_CR)。复位值:0x000 XX83,X 代表未定义。偏移量 0x0。

② 时钟配置寄存器(RCC_CFGR)。复位值:0x0000 0000。偏移量 0x4。

③ 时钟中断寄存器(RCC_CIR)。复位值:0x0000 0000。偏移量 0x8。

④ 备份域控制寄存器(RCC_BDCR)。复位值:0x0000 0000。偏移量 0x20。

⑤ 控制/状态寄存器(RCC_CSR)。复位值:0x0C00 0000。偏移量 0x24。

上面的偏移地址是指相对于前述地址范围首地址的字节偏移量。因为这些寄存器在片上外设存储区的位段内,所以可以通过相应的位带别名区来对这些寄存器进行位操作。这里对时钟控制寄存器(RCC_CR)进行简要说明,其他寄存器请参见后面章节中的介绍或查阅参考手册。RCC_CR 的内容如图 2-17 所示。

图 2-17 中各项的取值及其含义如下:

① PLLRDY:PLL 时钟就绪标志 (PLL clock ready flag)。

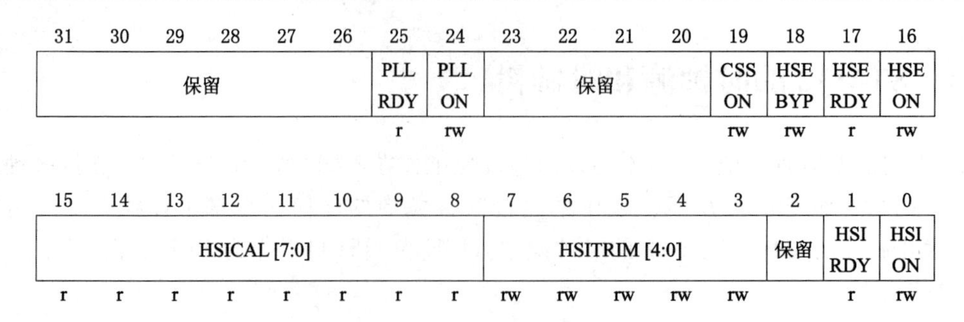

图 2-17　时钟控制寄存器 RCC_CR

② PLLON:PLL 使能（PLL enable）。当进入待机和停止模式时，该位由硬件清零。当 PLL 时钟被用做或被选择将要作为系统时钟时，该位不能被清零。

③ CSSON:时钟安全系统使能（Clock security system enable）。

④ HSEBYP:外部高速时钟旁路（External high-speed clock bypass）。

⑤ HSERDY:外部高速时钟就绪标志（External high-speed clock ready flag）。

⑥ HSEON:外部高速时钟使能（External high-speed clock enable）。当进入待机和停止模式时，该位由硬件清零，关闭 4～16MHz 外部振荡器。当外部 4～16MHz 振荡器被用做或被选择将要作为系统时钟时，该位不能被清零。

⑦ HSICAL[7：0]:内部高速时钟校准（Internal high-speed clock calibration）。在系统启动时，这些位被自动初始化。

⑧ HSITRIM[4：0]:内部高速时钟调整（Internal high-speed clock trimming）。这些位在 HSICAL[7：0]的基础上，让用户可以输入一个调整数值，根据电压和温度的变化调整内部 HSI RC 振荡器的频率。

⑨ HSIRDY:内部高速时钟就绪标志（Internal high-speed clock ready flag）。

⑩ HSION:内部高速时钟使能（Internal high-speed clock enable）。

STM32 的时钟结构逻辑框图(时钟树)如图 2-18 所示。从图中可以看出，可以选择不同的时钟源作为图中右边所示硬件的时钟源，所选择的时钟源经过不同的分频电路可以得到不同的时钟来驱动相应外设的工作。此外，不同的片上外设的时钟源也可以不同，例如看门狗、RTC。与该图中的时钟电路相关时钟配置寄存器有：

① APB1 外设时钟使能寄存器(RCC_APB1ENR）。其复位值为 0x0000 0000，偏移量为 0x1C。

② APB2 外设时钟使能寄存器(RCC_APB2ENR)。其复位值为 0x0000 0000，偏移量为 0x18。

③ APB1 外设复位寄存器(RCC_APB1RSTR)。其复位值为 0x0000 0000，偏移量为 0x10。

④ APB2 外设复位寄存器(RCC_APB2RSTR)。其复位值为 0x0000 0000，偏移量为 0x0C。

⑤ AHB 外设时钟使能寄存器(RCC_AHBENR)。其复位值为 0x0000 0014，偏移量为 0x14。

这些寄存器中，RCC_AHBENR、RCC_APB1ENR 和 RCC_APB2ENR 用来开关各个外

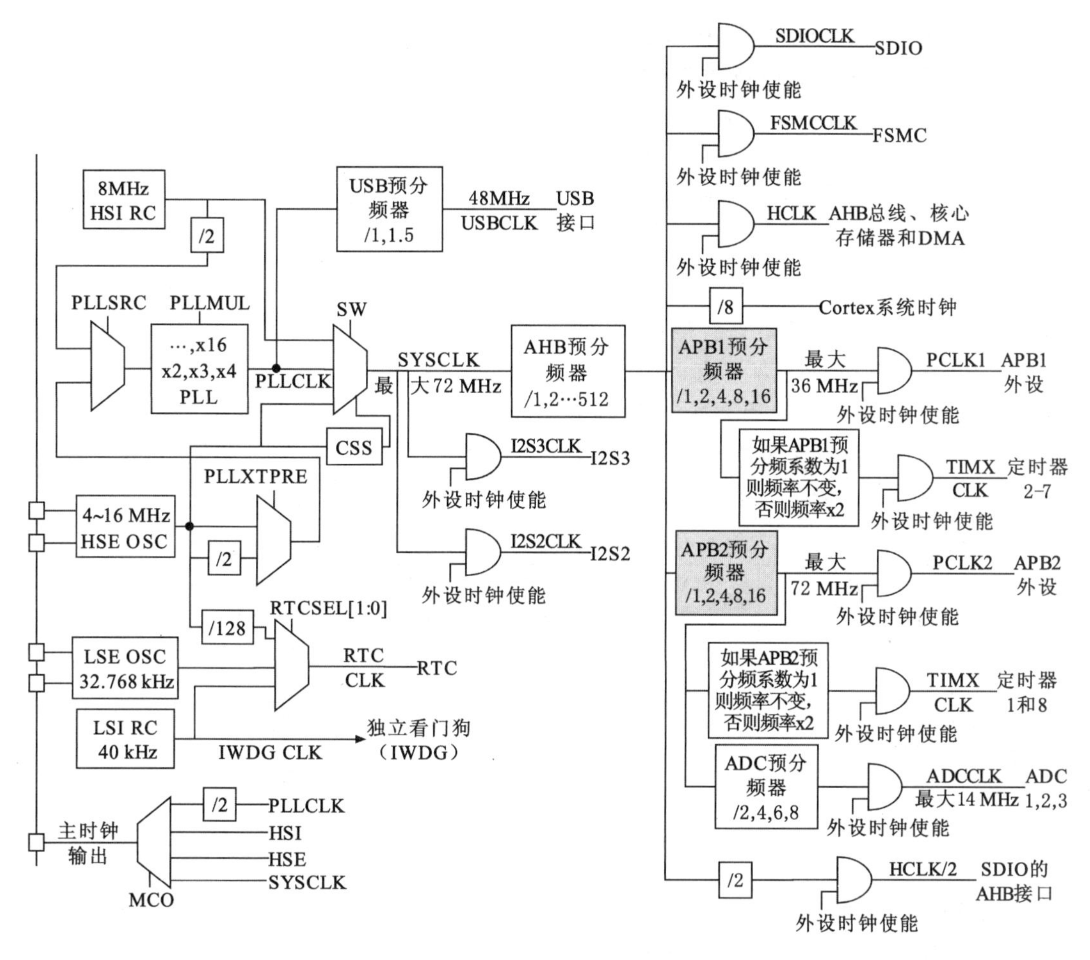

图 2-18　STM32 的时钟树

设模块的时钟。每一个外设模块在这些寄存器中有相应的时钟使能位，当该位为 1 时对应的时钟开启且相应的外设开始工作，当该位为 0 时对应的时钟关闭从而相应的外设停止工作。在运行模式下，任何时候都可以通过停止为外设和内存提供时钟来减少功耗。当外设时钟没有启用时，软件不能读出外设寄存器的数值，返回的数值始终是 0x0。

2.11.1　AHB 外设时钟使能寄存器简介

AHB 外设时钟使能寄存器 RCC_AHBENR 的作用是控制连接到 AHB 总线上的各个片上外设时钟的开关状态。每一个相关的片上外设的时钟由该寄存器中的某一个位来使能。该寄存器的第 11～31 位保留，其他位的安排如图 2-19 所示。

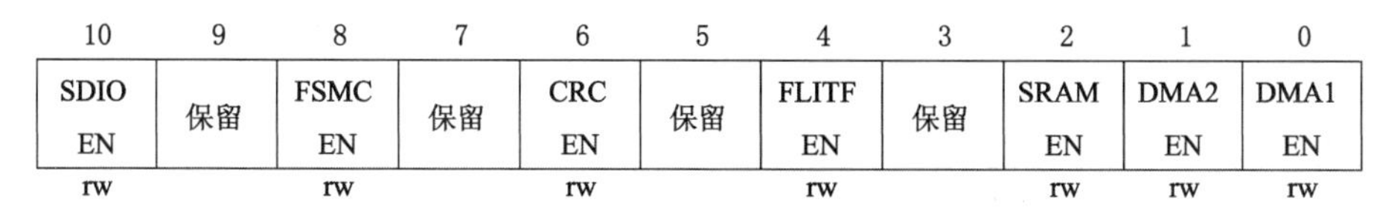

10	9	8	7	6	5	4	3	2	1	0
SDIO EN	保留	FSMC EN	保留	CRC EN	保留	FLITF EN	保留	SRAM EN	DMA2 EN	DMA1 EN
rw		rw		rw		rw		rw	rw	rw

图 2-19　AHB 外设时钟使能寄存器

图 2-19 中各位的作用如下：

① SDIOEN:SDIO 时钟使能（SDIO clock enable）。

② FSMCEN:FSMC 时钟使能（FSMC clock enable）。

③ CRCEN:CRC 时钟使能（CRC clock enable）。

④ FLITFEN:闪存接口电路时钟使能（FLITF clock enable）。

⑤ SRAMEN:SRAM 时钟使能（SRAM interface clock enable）。

⑥ DMA2EN:DMA2 时钟使能（DMA2 clock enable）。

⑦ DMA1EN:DMA1 时钟使能（DMA1 clock enable）。

2.11.2 APB 外设时钟使能寄存器简介

APB 外设时钟使能寄存器有两个：RCC_APB1ENR 和 RCC_APB2ENR。它们的作用是控制各个 APB 总线上的片上外设的时钟的开启/关闭状态。每一个相关的片上外设的时钟由该寄存器中的某一个位来开启或关闭，当这个位为 0 时相应的时钟关闭，当这个位为 1 时相应的时钟开启。RCC_APB1ENR 中各位的安排如图 2-20 所示。

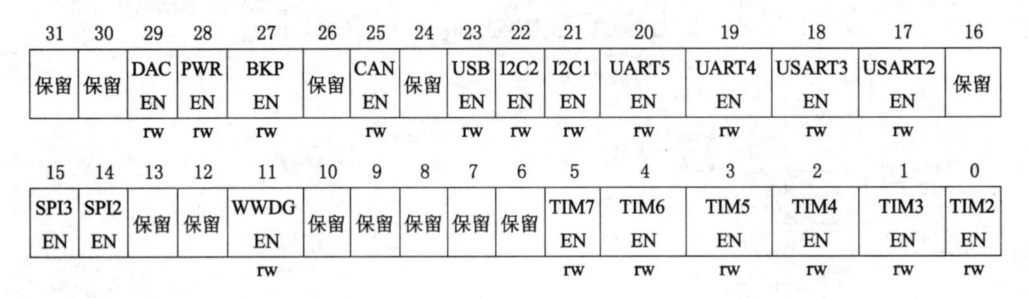

31	30	29	28	27	26	25	24	23	22	21	20	19	18	17	16
保留	保留	DAC EN	PWR EN	BKP EN	保留	CAN EN	保留	USB EN	I2C2 EN	I2C1 EN	UART5 EN	UART4 EN	USART3 EN	USART2 EN	保留
		rw	rw	rw		rw		rw	rw	rw	rw	rw	rw	rw	

15	14	13	12	11	10	9	8	7	6	5	4	3	2	1	0
SPI3 EN	SPI2 EN	保留	保留	WWDG EN	保留	保留	保留	保留	保留	TIM7 EN	TIM6 EN	TIM5 EN	TIM4 EN	TIM3 EN	TIM2 EN
				rw						rw	rw	rw	rw	rw	rw

图 2-20　APB1 外设时钟使能寄存器

图 2-20 中各位的作用如下：

① DACEN：DAC 接口时钟使能（DAC interface clock enable）。

② PWREN:电源接口时钟使能（Power interface clock enable）。

③ BKPEN:备份接口时钟使能（Backup interface clock enable）。

④ CANEN:CAN 时钟使能（CAN clock enable）。

⑤ USBEN:USB 时钟使能（USB clock enable）。

⑥ I2C2EN:I2C2 时钟使能（I2C 2 clock enable）。

⑦ I2C1EN:I2C1 时钟使能（I2C 1 clock enable）。

⑧ UART5EN:UART5 时钟使能（UART 5 clock enable）。

⑨ UART4EN:UART4 时钟使能（UART 4 clock enable）。

⑩ USART3EN:USART3 时钟使能（USART 3 clock enable）。

⑪ USART2EN:USART2 时钟使能（USART 2 clock enable）。

⑫ SPI3EN:SPI 3 时钟使能（SPI 3 clock enable）。

⑬ SPI2EN:SPI 2 时钟使能（SPI 2 clock enable）。

⑭ WWDGEN:窗口看门狗时钟使能（Window watchdog clock enable）。

⑮ TIM7EN:定时器 7 时钟使能（Timer 7 clock enable）。

⑯ TIM6EN:定时器 6 时钟使能（Timer 6 clock enable）。

⑰ TIM5EN:定时器 5 时钟使能（Timer 5 clock enable）。

⑱ TIM4EN:定时器 4 时钟使能 (Timer 4 clock enable)。

⑱ TIM3EN:定时器 3 时钟使能 (Timer 3 clock enable)。

⑳ TIM2EN:定时器 2 时钟使能 (Timer 2 clock enable)。

RCC_APB2ENR 的第 16～31 位保留,其余各位的安排如图 2-21 所示。

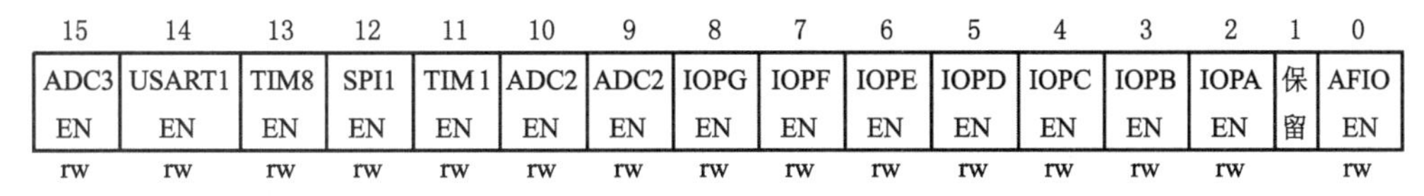

图 2-21　APB2 外设时钟使能寄存器

图 2-21 中各位的作用如下:

① ADC3EN:ADC3 接口时钟使能 (ADC 3 interface clock enable);

② USART1EN:USART1 时钟使能 (USART1 clock enable);

③ TIM8EN:TIM8 定时器时钟使能 (TIM8 Timer clock enable);

④ SPI1EN:SPI1 时钟使能 (SPI 1 clock enable);

⑤ TIM1EN:TIM1 定时器时钟使能 (TIM1 Timer clock enable);

⑥ ADC2EN:ADC2 接口时钟使能 (ADC 2 interface clock enable);

⑦ ADC1EN:ADC1 接口时钟使能 (ADC 1 interface clock enable);

⑧ IOPGEN:IO 端口 G 时钟使能 (I/O port G clock enable);

⑨ IOPFEN:IO 端口 F 时钟使能 (I/O port F clock enable);

⑩ IOPEEN:IO 端口 E 时钟使能 (I/O port E clock enable);

⑪ IOPDEN:IO 端口 D 时钟使能 (I/O port D clock enable);

⑫ IOPCEN:IO 端口 C 时钟使能 (I/O port C clock enable);

⑬ IOPBEN:IO 端口 B 时钟使能 (I/O port B clock enable);

⑭ IOPAEN:IO 端口 A 时钟使能 (I/O port A clock enable);

⑮ AFIOEN:辅助功能 I/O 时钟使能 (Alternate function I/O clock enable)。

与 APB1 外设时钟使能寄存器和 APB2 外设时钟使能寄存器相对应,有相应的外设复位寄存器 RCC_APB1RSTR 和 RCC_APB2RSTR。这两个复位寄存器的内容安排与相应的时钟使能寄存器是对应的,当向相应的位写 1 后相应的外设被复位。

2.12　STM32F10 系列处理器的定时器和看门狗

STM32F10 系列处理器最多可以有 8 个定时器(TIM1-TIM8),每个定时器是一个通过可编程预分频器驱动的 16 位自动装载计数器。这些定时器之间都是互相独立的,不共享任何资源。需要说明的是,不是所有的处理器都包含这里提到的所有定时器。一个处理器到底有哪些定时器取决于其具体的型号,需要参阅相关的数据手册。这 8 个定时器又分成通用定时器、基本定时器和高级控制定时器三类,下面分别说明。

2.12.1　通用定时器

通用定时器包括 TIM2、TIM3、TIM4 和 TIM5。它们可用于多种场合,包括测量输入信号的脉冲长度(输入捕获)或者产生输出波形(输出比较和PWM)。通过设置相应的定时器预分频器和RCC时钟控制器预分频器,脉冲长度和波形周期可以在几个微秒到几个毫秒间调整。

通用定时器的功能包括:

① 16位向上、向下、向上/向下自动装载计数器。

② 16位可编程(可以实时修改)预分频器,可取的值为0到65 535,实际上计数器时钟频率的分频系数为1~65 536之间的任意数值。

③ 4个独立通道:输入捕获,输出比较,PWM生成(边缘或中间对齐模式),单脉冲模式输出。

④ 使用外部信号控制定时器和定时器互连的同步电路。

⑤ 如下事件发生时产生中断/DMA:更新(计数器向上溢出/向下溢出,计数器初始化),触发事件(计数器启动、停止、初始化或者由内部/外部触发计数),输入捕获,输出比较。

⑥ 支持针对定位的增量(正交)编码器和霍尔传感器电路。

⑦ 触发输入作为外部时钟或者按周期的电流管理。

通用定时器的主要部分是一个16位计数器和与其相关的自动装载寄存器。这个计数器可以向上计数、向下计数或者向上向下双向计数。此计数器的时钟由预分频器将输入时钟信号分频后得到。通用定时器的时基单元包括计数器TIMx_CNT、自动装载寄存器TIMx_ARR和预分频器寄存器TIMx_PSC。它们可以由软件读写,并且在计数器运行时仍可以读写。自动装载寄存器是预先装载的,写或读自动重装载寄存器将访问预装载寄存器。预分频器可以将计数器的时钟频率按1到65 536之间的任意值分频。它是基于一个(在TIMx_PSC寄存器中的)16位寄存器控制的16位计数器。这个控制寄存器带有缓冲器,它能够在工作时被改变。新的预分频器参数在下一次更新事件到来时被采用。

2.12.2 基本定时器

基本定时器包括TIM6和TIM7。它们可以作为通用定时器提供时间基准,特别地,可以为数模转换器(DAC)提供时钟。实际上,它们在芯片内部直接连接到DAC并通过触发输出直接驱动DAC。

基本定时器的功能包括:

① 16位自动重装载累加计数器。

② 16位可编程(可实时修改)预分频器,用于对输入的时钟按系数为1~65 536之间的任意数值分频。

③ 触发DAC的同步电路。

④ 在更新事件(计数器溢出)时产生中断/DMA请求。

基本定时器的主要部分是一个带有自动重装载的16位累加计数器,计数器的时钟通过一个预分频器得到。基本定时器的时基单元构成和工作过程与通用定时器的相同。

2.12.3 高级控制定时器

高级控制定时器包括TIM1和TIM8。它们的作用包含测量输入信号的脉冲宽度(输入捕获),或者产生输出波形(输出比较、PWM、嵌入死区时间的互补PWM等)。使用定时器预分频器和RCC时钟控制预分频器,可以实现脉冲宽度和波形周期从几个微秒到几个毫秒的调节。

高级控制定时器的功能包括：

① 16 位自动重装载累加计数器。

② 16 位向上、向下、向上/向下自动装载计数器。

③ 16 位可编程(可以实时修改)预分频器，计数器时钟频率的分频系数为 1～65 535 之间的任意数值。

④ 多达 4 个独立通道：输入捕获，输出比较，PWM 生成(边缘或中间对齐模式)，单脉冲模式输出。

⑤ 死区时间可编程的互补输出。

⑥ 使用外部信号控制定时器和定时器互连的同步电路。

⑦ 允许在指定数目的计数器周期之后更新定时器寄存器的重复计数器。

⑧ 刹车输入信号可以将定时器输出信号置于复位状态或者一个已知状态。

⑨ 如下事件发生时产生中断/DMA：更新(计数器向上溢出/向下溢出、计数器初始化)，触发事件(计数器启动、停止、初始化或者由内部/外部触发计数)，输入捕获，输出比较，刹车信号输入。

⑩ 支持针对定位的增量(正交)编码器和霍尔传感器电路。

⑪ 触发输入作为外部时钟或者按周期的电流管理。

高级定时器的主要部分是一个 16 位计数器和与其相关的自动装载寄存器。这个计数器可以向上计数、向下计数或者向上向下双向计数。此计数器时钟由预分频器分频得到。高级定时器的时基单元包括计数器 TIMx_CNT、自动装载寄存器 TIMx_ARR、预分频器寄存器 TIMx_PSC 和重复次数寄存器 TIMx_RCR。前面三个可以由软件读写，并且在计数器运行时仍可以读写。

2.12.4　看门狗

为了检测和解决由软件错误引起的故障，嵌入式处理器通常具有一种叫做看门狗的模块。这种模块一般是倒计数器，其作用是以一定的周期产生复位信号使系统复位，产生复位信号的时刻一般是倒计数到某个值(例如 0)的时刻。在设计嵌入式系统软件时，通过在看门狗产生复位信号前执行喂狗操作(即让看门狗的倒计数值重新从某个设定的倒计数值开始)来避免看门狗倒计数到产生复位信号的值。如果在嵌入式系统中执行的软件正常运行，则该软件应该能够正常地执行喂狗操作，这样系统就不会被看门狗复位。

STM32F10xxx 内置两个看门狗：独立看门狗和窗口看门狗。这提供了更高的安全性、时间的精确性和使用的灵活性。对于窗口看门狗，它不仅能够产生复位信号，还能在产生复位信号前触发一个中断。如果程序在相应的中断服务程序中重新装载倒计数值，则能够避免窗口看门狗产生复位信号。

2.13　STM32F10 系列处理器的 GPIO

2.13.1　GPIO 概述

通用输入/输出口(GPIO)是一个灵活的由软件控制的数字信号，每个 GPIO 都代表一个连接到 CPU 特定引脚的一个位。STM32 的 GPIO 端口的每一位都可以由软件配置成多种模式：输入浮空、输入上拉、输入下拉、模拟输入、开漏输出、推挽式输出、推挽式复用功能、开漏复用功能。

STM32 的每个 I/O 可以自由编程，然而必须按照 32 位字访问 I/O 端口寄存器（不允许半字或字节访问）。每个 I/O 端口有两个 32 位配置寄存器（GPIOx_CRL，GPIOx_CRH），两个 32 位数据寄存器（GPIOx_IDR 和 GPIOx_ODR），一个 32 位置位/复位寄存器（GPIOx_BSRR），一个 16 位复位寄存器（GPIOx_BRR）和一个 32 位锁定寄存器（GPIOx_LCKR）。

专门的寄存器（GPIOx_BSRR 和 GPIOx_BRR）实现对 GPIO 口的原子操作，即回避了直接设置或清除 I/O 端口时的“读-修改-写”操作，使得设置或清除 I/O 端口的操作不会被中断处理打断而造成误动作。

STM32 的 I/O 端口的输出模式有 3 种速度可选，分别为 2 MHz、10 MHz 和 50 MHz，这有利于噪声控制。这个速度是指 I/O 端口驱动电路的响应速度而不是输出信号的速度，输出信号的速度与程序有关。用户可以根据自己的需要选择合适的驱动电路，通过选择速度来选择不同的输出驱动模块（芯片内部在 I/O 口的输出部分安排了多个响应速度不同的输出驱动电路）达到最佳的噪声控制和降低功耗的目的。高频的驱动电路噪声较高，当不需要高的输出频率时，应选用低频驱动电路，这样非常有利于提高系统的抗电磁干扰（EMI）能力，当然如果要输出较高频率的信号的但却选用了较低频率的驱动模块，很可能会得到失真的输出信号。

GPIO 端口设为输入时，输出驱动电路与端口是断开，所以输出速度配置无意义。

在复位期间和刚复位后，复用功能未开启，I/O 端口被配置成浮空输入模式。

所有 I/O 端口都有外部中断能力，可以作为外部中断的输入，便于系统灵活设计，为了使用外部中断线，端口必须配置成输入模式。

GPIO 端口的配置具有上锁功能，当配置好 GPIO 端口后，可以通过程序锁住配置组合，直到下次芯片复位才能解锁。此功能非常有利于在程序跑飞的情况下保护系统中其他的设备，不会因为某些 I/O 端口的配置被改变而损坏，如一个输入端口变成输出端口并输出电流。

所有 I/O 端口兼容 CMOS 和 TTL，多数 I/O 端口兼容 5 V 电平，这些 IO 端口在与 5 V 电平的外设连接的时候具有优势，具体哪些 I/O 端口是 5 V 兼容的，可以从表 2-21 或该芯片的数据手册管脚描述章节查到（I/O 电平标 FT 的就是 5 V 电平兼容的）。

很多 I/O 口的复用功能，可以重新映射。

2.13.2 端口复用和重映射

在 STM32 中，有许多通用 I/O 端口，同时也内置了许多外设，如 USART、CAN、SPI、ADC 等等，为了节约引出管脚，这些内置外设引出管脚是与通用 I/O 管脚共用的，当 I/O 管脚作为这些外设模块的功能引脚时就叫端口复用功能。同时，在 STM32 中，每个内置外设都有若干个输入输出引脚，一般这些外设的输出引脚都有默认 I/O 端口，为了让设计工程师拥有更大的灵活性以便可以更好地安排外设引脚功能，在 STM32 中引入了外设引脚重映射（Remap）的概念，即一个外设的引脚除了具有默认的引脚位外，还可以通过配置重映射寄存器的方式，把这个外设的引脚映射到其他的引脚位。例如，管脚 PB10 除了可以用作通用 I/O 功能外还可以复用作 I2C2_SCL 或 USART3_TX，还可以重映射为 TIM2_CH3，管脚 PB11 除了可以用作标准 I/O 功能外还可以复用作 I2C2_SDA 或 USART3_RX，还可以重映射为 TIM2_CH4。USART3_TX 的默认引出脚是 PB10，USART3_RX 的默认引出脚是 PB11,但经过重映射后,可以变更 USART3_TX 的引出脚为 PD8,变更 USART3_RX 的引出脚为 PD9。

一个外设的功能引脚不管是从默认的脚位引出还是从重映射的引脚引出,都需要通过 GPIO 端口实现,相应的 GPIO 端口必须配置为输入(对应模块的输入功能,如 USART 的 RX)或复用输出(对应模块的输出功能,如 USART 的 TX),对于输出引脚,可以按照需要配置为推挽复用输出或开漏复用输出。

配置为复用输出时,该端口对应的 GPIO 普通输出功能将不起作用,例如当配置 PB10 对应的引脚为复用输出功能时,操作 PB10 对应的输出寄存器将不影响引脚上的信号。通用 I/O 端口输入功能与复用的输入功能的配置方式没有区别,这意味着在使用引脚的复用输入功能时,可以在这个引脚的输入寄存器上读出引脚上的信号。例如在使能了 USART3 模块时,可以读 GPIOB_IDR 寄存器,得到 PB11 信号线上的当前状态。

在 STM32 中,有很多内置外设都具有重映射的功能,比如 USART、TIM、CAN、SPI、I2C 等,详细请看 STM32 参考手册和所选芯片的数据手册。有些内置外设的重映射功能还可以有多种选择,例如 USART3 的 TX 和 RX 的默认引脚时 PB10 和 PB11,但是可以根据重映射寄存器的配置,它们可以重映射到 PC10 和 PC11,还可以重映射到 PD8 和 PD9。

在 STM32 中,有不少引脚上可以作为多个模块的复用功能引出脚,如 PB10,默认复用功能就有 I2C2_SCL 和 USART3_TX 两个功能,TIM2 重映射后,TIM2_CH3 也使用 PB10 的复用功能。在使用引脚的复用功能时,需要注意,在软件上只可以使能一个外设模块,否则在引出脚上可能产生信号冲突。例如,如果使能了 USART3 模块,且没有对 USART3 进行重映射配置,则不可以使能 I2C2 模块;同理如果需要使用 I2C2 模块,则不能使能 USART3 模块。但是如果重映射 USART3,则 USART3 的 TX 和 RX 信号将从 PC10 和 PC11,或 PD8 和 PD9 引出,避开了 I2C2 使用的 PB10 和 PB11,这时就可以同时使用 I2C2 模块和 USART3 模块了。

在 STM32 中,重映射是对所有信号管脚同时有效。有的外设的部分信号引脚是可以独立开关的,例如 USART3 模块共有 5 个信号,分别为 TX、RX、CK、CTS 和 RTS,在这 5 个信号中,在使能了 USART3 模块后,只有 TX 和 RX 是始终与对应的引出脚相连,而其他 3 个信号分别有独立的控制位,控制它们是否与外部引脚相连,如果程序中不使用某个信号的功能,则可以关闭这个信号的功能,对应的引脚可以做为其他功能的引出脚,比如,当关闭了 USART3 的 CK、CTS 和 RTS 功能并且没有重映射 USART3 时,PB12、PB13 和 PB14 可以作为通用输入输出端口使用,也可以作为其他模块的复用功能引出脚。

2.14 编程模式

ARM Cortex-M3 处理器支持两种工作模式:线程模式(Thread mode)和处理模式(Handler mode)。在复位时处理器进入线程模式,异常返回时也会进入该模式。特权和用户代码能够在线程模式下运行,出现异常时处理器进入处理模式。在处理模式中,所有代码都是特权访问的。引入两个模式的本意是用于区别普通应用程序的代码和异常服务例程的代码,包括中断服务例程的代码。

ARM Cortex-M3 处理器有 Thumb 和调试两种工作状态,Thumb 状态是 16 位和 32 位半字对齐的 Thumb 和 Thumb-2 指令的正常状态;当处理器停机调试时就会进入调试状态。

2.14.1 特权访问和用户访问

ARM Cortex-M3 处理器支持两种特权分级——特权级和用户级,代码可以是特权执行或非特权执行。非特权执行时对有些资源的访问受到限制或不允许访问,特权执行可以访问所有资源。

处理模式始终是特权访问,线程模式可以是特权或非特权访问。这可以提供一种存储器访问的保护机制,使得普通的用户程序代码不能随意地甚至是恶意地执行涉及要害的操作,这也是一个基本的安全模型。

线程模式在复位之后为特权访问,但可通过 MSR 指令清零 CONTROL[0],将它配置为用户(非特权)访问。当线程模式从特权访问变为用户访问后,本身不能回到特权访问。处理模式始终是特权访问的,只有处理模式操作能够改变线程模式的访问特权。ARM Cortex-M3 下的操作模式和特权级别如图 2-22 所示。

	特权级	用户级
异常handler的代码	handler模式	错误用法
主应用程序的代码	线程模式	线程模式

图 2-22　ARM Cortex-M3 下的操作模式和特权级别

在 ARM Cortex-M3 运行主应用程序时(线程模式),既可以使用特权级,也可以使用用户级,但是异常服务例程必须在特权级下执行。复位后,处理器默认进入线程模式,为特权级访问。在特权级下,程序可以访问所有范围的存储器(如果有 MPU,还要在 MPU 规定的禁地之外),并且可以执行所有指令。

在特权级下的程序有比较大的权限,也可以切换到用户级。一旦进入用户级,用户级的程序不能简单地试图通过改写 CONTROL 寄存器回到特权级,它必须先执行一条系统调用指令 SVC。这会触发 SVC 异常,然后由异常服务例程(通常是操作系统的一部分)接管。如果批准进入,则异常服务例程修改 CONTROL 寄存器,才能在用户级的线程模式下重新进入特权级。

从用户级到特权级的唯一途径就是异常,如果在程序执行过程中触发一个异常,处理器总是先切换入特权级,并且在异常服务例程执行完毕退出时返回先前的状态,或者手工指定返回的状态。合法的操作模式转换流程如图 2-23 所示。

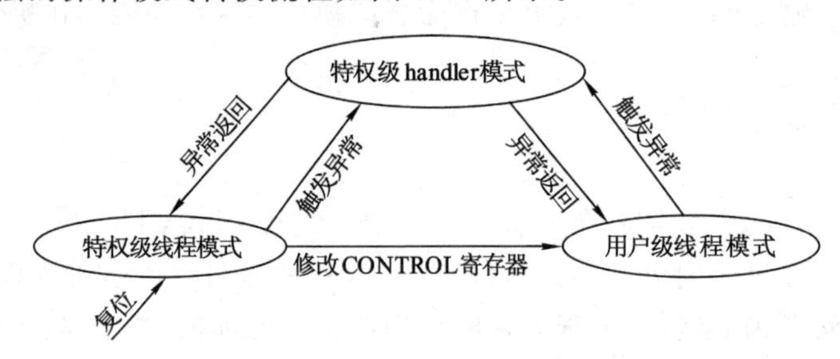

图 2-23　操作模式转换流程图

通过引入特权级和用户级，就能够在硬件水平上限制某些不受信任的或者还没有调试好的程序，不让它们随便地配置涉及要害的寄存器，因而系统的可靠性得到了提高。如果配了 MPU，它还可以作为特权机制的补充——保护关键的存储区域不被破坏，这些区域通常是操作系统的区域。

操作系统的内核通常都在特权级下执行，所有没有被 MPU 禁止的存储器区域都可以访问。在操作系统开启了一个用户程序后，通常都会让它在用户级下执行，从而使系统不会因某个程序的崩溃或恶意破坏而受损。

2.14.2　主堆栈和进程堆栈

ARM Cortex-M3 处理器内核拥有两个堆栈指针，分别是主堆栈指针（MSP）和进程堆栈指针（PSP）。要注意的是，它们属于分组寄存器，任意时刻只能使用其中一个。当使用 SP 时，用到的是当前正在使用的那一个，另一个必须用特殊的指令来访问（MRS 和 MSR 指令）。

主堆栈指针 MSP 还可以写作 SP_main，该指针是复位后默认使用的堆栈指针，用于操作系统内核以及异常处理例程（包括中断服务例程）。

进程堆栈指针 PSP 还可以写作 SP_process，由用户的应用程序代码使用（不处于异常服务例程中时）。

结束复位后，所有代码都使用主堆栈。异常处理程序（例如 SVC）可以通过改变其在退出时使用的 EXE_RETURE 值来改变线程模式使用的堆栈。所有异常继续使用主堆栈，堆栈指针 R13 是分组寄存器，在 SP_main 和 SP_process 之间切换。在任何时候，进程堆栈和主堆栈中只有一个是可见的，由 R13 指示。

除了使用从处理模式退出时的 EXE_RETURE 的值外，在线程模式中，使用 MSR 指令对控制寄存器 CONTROL[1]执行写操作也可以从主堆栈切换到进程堆栈。

当 CONTROL[1]=0 时，只使用 MSP，此时用户程序和异常 Handler 共享同一个堆栈，这也是复位后的默认使用方式。CONTROL[1]=0 时的堆栈使用情况如图 2-24 所示。

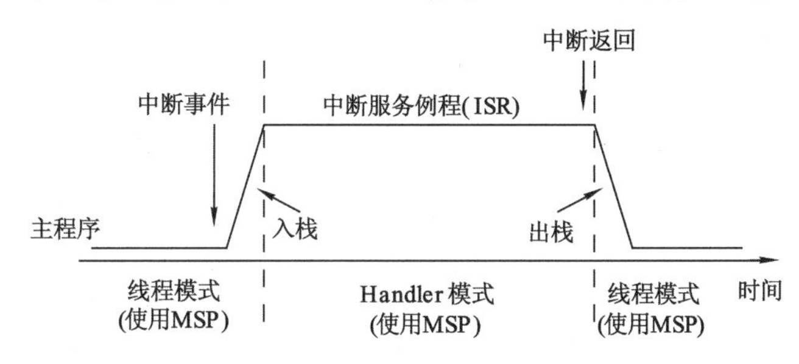

图 2-24　CONTROL 寄存器的第 1 位为 0 时的堆栈使用情况示意图

当 CONTROL[1]=1 时，线程模式将不再使用 MSP，而改用 PSP（Handler 模式永远使用 MSP）。在使用操作系统的环境下，只要操作系统内核仅在 Handler 模式下执行，用户应用程序仅在用户模式下执行，这种双堆栈机制就可以防止用户程序的堆栈错误破坏操作系统使用的堆栈。此时，进入异常时的自动压栈使用的是进程堆栈，进入异常 Handler 后才自动改为 MSP，退出异常时切换回 PSP，并且从进程堆栈上弹出数据。CONTROL[1]=1 时的堆栈切换情况如图 2-25 所示。

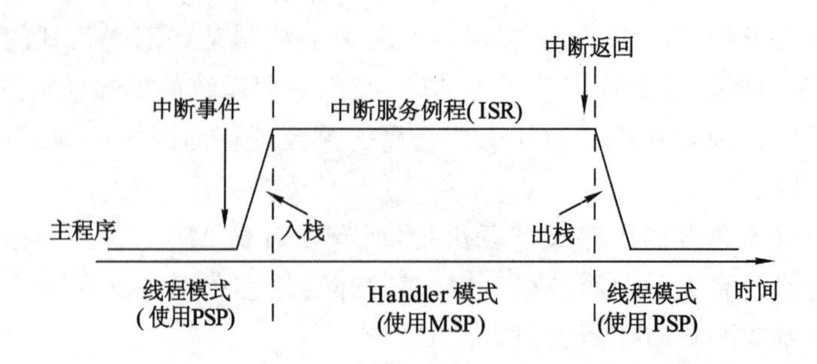

图 2-25　CONTROL[1] 寄存器的第 1 位为 1 时的堆栈使用情况示意图

在特权级下,可以指定具体的堆栈指针,而不受当前使用堆栈的限制,示例代码如下:

```
MRS   r0, MSP;读取主堆栈指针到 r0
MSR   MSP, r0;写 r0 的值到主堆栈中
MRS   r0, PSP;读取进程堆栈指针到 r0
MSR   PSP, r0;写 r0 的值到进程堆栈中
```

通过读取 PSP 的值,操作系统就能够获取用户应用程序使用的堆栈,进一步就知道在发生异常时被压入寄存器的内容,而且还可以把其他寄存器进一步压栈(使用 STMDB 和 LDMIA 的书写形式)。操作系统还可以修改 PSP,用于实现多任务中的任务上下文切换。

2.15 习　题

1. ARM 微处理器有什么特点? ARM 微处理器常用于哪些领域?
2. ARM Cortex-M3 是如何处理异常的?
3. 说明 ARM Cortex-M3 处理器的存储器系统特点及映射分区。
4. 简述 ARM Cortex-M3 的通用寄存器组织。
5. 什么是 MSP 和 PSP,对它们的使用有什么要求?
6. ARM Cortex-M3 为什么能够高效且低延迟地对异常进行处理?
7. 当任意两个可配置异常同时产生时,ARM Cortex-M3 决定先处理哪个异常的规则是什么?
8. ARM Cortex-M3 中的数据传送包括哪些类型,所使用的基本数据传送指令是什么?
9. 什么是 ARM Cortex-M3 的位带? 怎样进行位带操作?
10. 0x200FFF1F 地址中的第 5 位在位带别名区中对应的字地址是多少?
11. 0x22000328 地址处的字对应的是位带中的哪一位?
12. 简述 ARM Cortex-M3 的向量表及其结构。
13. ARM Cortex-M3 的指令集有哪几类指令,分别用于进行什么处理?
14. 处理外部中断时的编程步骤是什么?
15. STM32 有哪几种时钟源,它们的来源和作用分别是什么?
16. 简述 STM32F10 系列 ARM Cortex-M3 处理器的定时器系统。
17. STM32F103VBT6 这个名字有什么含义?
18. 看门狗的作用是什么? STM32F10 系列处理器中有哪两种看门狗,它们有什么不同?

2.16 参考文献

[1] 张会福,徐建波. 嵌入式系统设计与开发[M]. 长沙:国防科技大学出版社,2010.
[2] 张永辉,沈重,陈褒丹. ARM Cortex-M3 微控制器原理与应用[M]. 北京:电子工业出版社,2013.
[3] 刘同法,肖志刚,彭继卫. ARM Cortex-M3 内核微控制器快速入门与应用[M]. 北京:北京航空航天大学出版社,2009.
[4] JOSEPH YIU. Cortex-M3 权威指南[M]. 宋岩,译. 北京:北京航空航天大学出版社,2009.
[5] STM32F103 系列中文手册[EB/OL]. [2015-7-20]. http://www.docin.com/p-669724398.html.
[6] 意法半导体(中国)投资有限公司. STM32F10xxx 参考手册[EB/OL]. [2015-8-15]. http://www.docin.com/p-53082482.html.
[7] STMICROELECTRONICS. STM32F103VBT6 Datasheet[EB/OL]. [2015-6-10]. http://www.st.com/web/cn/catalog/mmc/FM141/SC1169/SS1031/LN1565/PF164493.
[8] SHYAM SADASIVAN. ARM 白皮书-ARM Cortex-M3 处理器简介[EB/OL]. [2015-7-6]. http://wenku.baidu.com/view/652bb31e650e52ea5518986e.html.

第3章　嵌入式开发环境

ARM应用软件的开发工具根据功能不同，分别有编译软件、汇编软件、链接软件、调试软件、嵌入式实时操作系统、函数库、评估板、JTAG仿真器、在线仿真器等。目前世界上有多家公司提供以上不同类别的产品。用户选用ARM处理器开发嵌入式系统时，选择合适的开发工具可以加快开发进度，节省开发成本。因此一套含有编辑软件、编译软件、汇编软件、链接软件、调试软件、工程管理及函数库的集成开发环境（IDE）一般来说是必不可少的。至于嵌入式实时操作系统、评估板等其他开发工具则可以根据应用软件规模和开发计划选用。本章先介绍常用的嵌入式系统开发工具，然后重点介绍Keil μVision及其针对ARM Cortex-M3的配置和使用方法。

3.1　嵌入式开发环境概述

3.1.1　交叉编译

交叉编译（cross-compilation）是指在某个主机平台上（比如PC上）用交叉编译器编译出可在其他平台上（比如ARM上）运行的代码的过程。

常用的计算机软件都需要通过编译的方式把使用高级计算机语言编写的代码（例如C代码）编译成计算机可以识别和执行的二进制代码。例如，在Windows平台上，可使用Visual C++开发环境，编写程序并编译成可执行程序。这种方式下，使用PC平台上的Windows工具开发针对Windows本身的可执行程序，这种编译过程称为native compilation，即本机编译。然而，在进行嵌入式系统的开发时，运行程序的目标平台通常只有有限的存储空间和运算能力，比如常见的ARM平台，其一般的静态存储空间大概是几兆到几十兆字节（MB），而CPU的主频大概在几十到几百赫兹（Hz）之间。这种情况下，在ARM平台上进行本机编译就不太可能了，这是因为一般的编译工具链（compilation tool chain）需要很大的存储空间，并需要较强的CPU运算能力。为了解决这个问题，交叉编译工具就应运而生了。通过交叉编译工具，就可以在CPU能力很强、存储空间足够的主机平台上（比如PC上）编译出针对其他平台的可执行程序。一般称开发计算机为宿主机，称嵌入式设备为目标机。在宿主机上编译好程序后下载到目标机上运行，并可以通过交叉开发环境提供调试工具，对目标机上运行的程序进行调试。

要进行交叉编译，需要在主机平台上安装对应的交叉编译工具链（cross compilation tool chain），然后用这个交叉编译工具链编译程序的源代码，最终生成可在目标平台上运行的代码。常见的交叉编译例子如下：

① 在Windows平台上，利用SDT、ADS、KEIL、WINARM等集成开发工具，可编译出针对ARM CPU的可执行代码。

② 在 Linux 平台上，利用 arm-linux-gcc、arm-elf-gcc 编译器，可编译出针对 Linux ARM 平台的可执行代码。

③ 在 Windows 平台上，利用 cygwin 环境，模拟 Linux 环境运行 arm-elf-gcc 等编译器，可编译出针对 ARM CPU 的可执行代码。

另外，在业界广泛使用嵌入式 Linux 操作系统的今天，大多数交叉编译过程都是在 Linux 平台上完成。这时，程序员会在某个运行 Linux 操作系统的平台上安装交叉编译工具链，并使用 GNU 提供的开发工具方便地开发和调试嵌入式应用软件。

3.1.2 常用的 ARM 交叉开发软件

作为嵌入式系统应用的 ARM 处理器，其应用软件的开发属于跨平台开发，因此，需要一个交叉开发环境。为了方便调试开发，交叉开发软件一般为一个整合编辑、编译汇编链接、调试、工程管理及函数库等功能模块的集成开发环境 IDE（Integrated Development Environment）。目前常用的交叉开发软件主要有以下几种。

（1）ARM Developer Suite

ARM Developer Suite（ADS），是 ARM 公司推出的新一代 ARM 集成开发工具，ADS 由命令行开发工具、ARM 实时库、GUI 开发环境（Code Warrior 和 AXD）、实用程序和支持软件组成。有了这些部件，用户就可以为 ARM 系列的 RISC 处理器编写和调试自己的开发应用程序了。

ADS 的功能非常强大，包括了四个模块：SIMULATOR、C 编译器、实时调试器和应用函数库。

ADS 的编译器调试器较 SDT 都有了非常大的改观，ADS1.2 提供完整的 WINDOWS 界面开发环境。它的 C 编译器效率极高，支持 C 以及 C＋＋语言，使工程师可以很方便地进行程序开发。它提供软件模拟仿真功能，使没有 Emulators 的学习者也能够熟悉 ARM 的指令系统。配合 JTAG 使用，ADS1.2 提供强大的实时调试跟踪功能，使得开发者可以完全掌握片内运行情况。

ADS1.2 需要硬件支持才能发挥强大功能。目前支持的硬件调试器有 Multi-ICE 以及兼容 Multi-ICE 的调试工具，如 FFT-ICE。

ARM ADS 起源于 ARM SDT，对一些 SDT 的模块进行了增强并替换了一些 SDT 的组成部分。用户可以感受到的最强烈的变化是 ADS 使用 CodeWarrior IDE 集成开发环境替代了 SDT 的 APM，使用 AXD 替换了 ADW，现代集成开发环境的一些基本特性如源文件编辑器语法高亮，窗口驻留等功能在 ADS 中才得以体现。

ARM ADS 支持所有 ARM 系列处理器，包括较新的 ARM9E 和 ARM10，除了 ARM SDT 支持的运行操作系统外还可以在各种 Windows 系统以及 RedHat Linux 系统上运行。

用户使用 ARM ADS 开发应用程序的方法与使用 ARM SDT 完全相同，都是选择配合 JTAG 仿真器进行，目前大部分 JTAG 仿真器均支持 ARM ADS。

（2）ARM REALVIEW DEVELOPER SUITE

RealView Developer Suite 工具是 ARM 公司推出的新一代 ARM 集成开发工具。支持所有 ARM 系列内核，并与众多第三方实时操作系统及工具商合作简化开发流程。开发工具包含组件包括：完全优化的 ISO C/C＋＋编译器、C＋＋标准模板库、强大的宏编译器、支持代码和数据复杂存储器布局的连接器、可选 GUI 调试器、基于命令行的符号调试器

(armsd)、指令集仿真器、生成无格式二进制工具、Intel 32 位和 Motorola 32 位 ROM 映像代码的指令集模拟工具、库创建工具、内容丰富的在线文档等。

(3) IAR EWARM

Embedded Workbench for ARM 是 IAR Systems 公司为 ARM 微处理器开发的一个集成开发环境(下面简称 IAR EWARM),被业界评为最佳专用开发工具。其中 IAR J-Trace for Cortex-M3 跟踪仿真器是世界上第一款支持 ARM Cortex-M3 的高速跟踪仿真器。比较其他的 ARM 开发环境,IAR EWARM 具有入门容易、使用方便和代码紧凑等特点。EWARM 中包含一个全软件的模拟程序(simulator)。用户不需要任何硬件支持就可以模拟各种 ARM 内核、外部设备甚至中断的软件运行环境。从中可以了解和评估 IAR EWARM 的功能和使用方法。

(4) KEIL ARM-MDK

Keil μVision IDE 集成项目管理、源代码编辑。程序调试等在一个单一的应用环境中。该开发平台易于使用,它可以快速创建嵌入式程序工作,提供无缝嵌入式项目开发环境。

Keil μVision 调试器可以帮助用户准确地调试 ARM 器件的片内外围功能(I2C、CAN、UART、SPI、中断、I/O 口、A/D 转换器、D/A 转换器和 PWM 模块等功能)。ULINK USB-JTAG 转换器将 PC 机的 USB 端口与用户的目标硬件相连(通过 JTAG 或 OCD),使用户可在目标硬件上调试代码。通过使用 Keil μVision IDE 调试器和 ULINK USB-JTAG 转换器,用户可以很方便地编辑、下载和在实际的目标硬件上测试嵌入的程序。

Keilμ Vision 支持 Philips、Samsung、Atmel、Analog Devices、Sharp、ST 等众多厂商 ARM7 内核的 ARM 微控制器。

Keil RealView MDK 支持 ARM7、ARM9 和最新的 Cortex-M3 核处理器,自动配置启动代码,集成 Flash 烧写模块,强大的 Simulation 设备模拟,性能分析等功能。

(5) WINARM (GCCARM)

WINARM 是一个免费的 ARM 处理器和控制器的开发工具,是用于 Windows 主机环境下的 GUN 及工具的集合,并且不需要 cygwin 或 mingw 环境支持。里面除了包含 C/C++编译器——GCC,汇编、连接器——Binutils,调试器——GDB 等工具,也包括了通过 GDB 使用 Wiggler JTAG 的软件——OCDRemote。所以,所需要的开发工具都包括在了这个 WinARM 发行版中。

GUN 及工具集可用于 ARM(-TDMI/Thumb 等)体系结构中,WinARM 已经测试可用于 Philips LPC2106,Philips LPC2129,Philips LPC2138,Philips LPC2148 和 Atmel AT91SAM7S64,AT91SAM7S256,AT91RM9200 ARM7TDMI(-S)等控制器。

(6) ARM GCC

The GNU Compiler Collection(GCC),是一套由 GNU 开发的编译器集。GCC 不仅支持 C 语言编译,还支持 C++,Ada,Objective C 等许多语言。另外 GCC 对硬件平台的支持非常广泛,它不仅支持 X86 处理器架构,还支持 ARM,Motorola 68000,Motorola 8800,Atmel AVR,MIPS 等处理器架构。GCC 内部结构主要由 Binutils、gcc-core、Glibc 等软件包组成。GCC 中的一般工具通常都是通过在命令行上调用命令(如 gcc)来执行的。在使用交叉编译的情况下,这些工具将根据它编译的目标而命名。

arm-linux-gcc 是基于 ARM 目标机的交叉编译软件,arm-linux-gcc 跟 GCC 所需的安

装包的名字大同小异。arm-elf-gcc 跟 arm-linux-gcc 一样，也是基于 ARM 目标机的交叉编译软件。但是它们不是同一个交叉编译软件，两者区别主要在于使用不同的 C 库文件。arm-linux-gcc 使用 GNU 的 Glibc，而 arm-elf-gcc 一般使用 μClibc/uC-libc 或者使用 REDHAT 专门为嵌入式系统开发的 C 库 newlib。

(7) CooCox

免费开源，其中 CoIDE 为 ARM Cortex M 系列的开发者提供了一套完整的集成开发环境，包括工程管理、编辑、编译工具、调试器及一个开发者可以分享自己的代码和看法的交流平台。

3.1.3　常见的嵌入式软件调试方法

使用集成开发环境开发基于 ARM 的应用软件，包括编辑、编译、汇编、链接等工作全部在 PC 机上即可完成，调试工作则需要配合其他的模块或产品方可完成，目前常见的调试方法有指令集模拟器、驻留监控软件、JTAG 仿真器、在线仿真器等几种。

(1) 指令集模拟器

部分集成开发环境提供了指令集模拟器，可方便用户在 PC 机上完成一部分简单的调试工作，但是由于指令集模拟器与真实的硬件环境相差很大，因此即使用户使用指令集模拟器调试通过的程序也有可能无法在真实的硬件环境下运行，用户最终必须在硬件平台上完成整个应用的开发。

(2) 驻留监控软件

驻留监控软件(Resident Monitors)是一段运行在目标板上的程序，集成开发环境中的调试软件通过以太网口、并行端口、串行端口等通讯端口与驻留监控软件进行交互，由调试软件发布命令通知驻留监控软件控制程序的执行、读写存储器、读写寄存器、设置断点等。

驻留监控软件是一种比较低廉有效的调试方式，不需要任何其他的硬件调试和仿真设备。ARM 公司的 Angel 就是该类软件，大部分嵌入式实时操作系统也是采用该类软件进行调试，不同的是在嵌入式实时操作系统中，驻留监控软件是作为操作系统的一个任务存在的。

驻留监控软件的不便之处在于它对硬件设备的要求比较高，一般在硬件稳定之后才能进行应用软件的开发，同时它占用目标板上的一部分资源，而且不能对程序的全速运行进行完全仿真，所以对一些要求严格的情况不是很适合。

(3) JTAG 仿真器

JTAG 仿真器也称为 JTAG 调试器，是通过 ARM 芯片的 JTAG 边界扫描口进行调试的设备。JTAG 仿真器比较便宜，连接方便，通过现有的 JTAG 边界扫描口与 ARM CPU 核通信，属于完全非插入式(即不使用片上资源)调试，它无需目标存储器，不占用目标系统的任何端口，而这些是驻留监控软件所必需的。另外，由于 JTAG 调试的目标程序是在目标板上执行，仿真更接近于目标硬件，因此，许多接口问题，如高频操作限制、AC 和 DC 参数不匹配、电线长度的限制等被最小化。使用集成开发环境配合 JTAG 仿真器进行开发是目前采用最多的一种调试方式。

(4) 在线仿真器

在线仿真器使用仿真头完全取代目标板上的 CPU，可以完全仿真 ARM 芯片的行为，提供更加深入的调试功能。但这类仿真器为了能够全速仿真时钟速度高于 100 MHz 的处理器,通常必须采用极其复杂的设计和工艺,因而其价格比较昂贵。在线仿真器通常用在ARM的硬件开发中,在软件的开发中较少使用,其价格高昂也是在线仿真器难以普及的因素。

3.1.4 JTAG 概述

JTAG 是 JOINT TEST ACTION GROUP 的简称。IEEE1149.1 标准就是由 JTAG 这个组织最初提出的,最终由 IEEE 批准并且标准化。所以,这个 IEEE1149.1 标准一般也俗称 JTAG 调试标准。

在 JTAG 调试当中,边界扫描(Boundary-Scan)是一个很重要的概念。边界扫描技术的基本思想是在靠近芯片的输入输出管脚上增加一个移位寄存器单元。因为这些移位寄存器单元都分布在芯片的边界上(周围),所以被称为边界扫描寄存器(Boundary-Scan Register Cell)。当芯片处于调试状态的时候,这些边界扫描寄存器可以将芯片和外围的输入输出隔离开来。通过这些边界扫描寄存器单元,可以实现对芯片输入输出信号的观察和控制。对于芯片的输入管脚,可以通过与之相连的边界扫描寄存器单元把信号(数据)加载到该管脚中去;对于芯片的输出管脚,也可以通过与之相连的边界扫描寄存器"捕获"(CAPTURE)该管脚上的输出信号。在正常的运行状态下,这些边界扫描寄存器对芯片来说是透明的,所以正常的运行不会受到任何影响。这样,边界扫描寄存器提供了一个便捷的方式用以观测和控制所需要调试的芯片。另外,芯片输入输出管脚上的边界扫描(移位)寄存器单元可以相互连接起来,在芯片的周围形成一个边界扫描链(Boundary-Scan Chain)。一般的芯片都会提供几条独立的边界扫描链,用来实现完整的测试功能。边界扫描链可以串行地输入和输出,通过相应的时钟信号和控制信号,就可以方便地观察和控制处在调试状态下的芯片。

在 IEEE1149.1 标准里面,寄存器被分为两大类:数据寄存器(DR-Data Register)和指令寄存器(IR-Instruction Register)。边界扫描链属于数据寄存器中很重要的一种,用来实现对芯片的输入输出的观察和控制。而指令寄存器用来实现对数据寄存器的控制,例如:在芯片提供的所有边界扫描链中,选择一条指定的边界扫描链作为当前的目标扫描链,并作为访问对象。

TAP(Test Access Port)是一个通用的端口,通过 TAP 可以访问芯片提供的所有数据寄存器(DR)和指令寄存器(IR)。对整个 TAP 的控制是通过 TAP Controller 来完成的。TAP 总共包括 5 个信号接口 TCK、TMS、TDI、TDO 和 TRST:其中 4 个是输入信号接口,另外 1 个是输出信号接口。一般的开发板上都有一个 JTAG 接口,该 JTAG 接口的主要信号接口就是这 5 个。下面,分别介绍这 5 个接口信号及其作用。

① Test Clock Input (TCK)

TCK 为 TAP 的操作提供了一个独立的、基本的时钟信号,TAP 的所有操作都是通过这个时钟信号来驱动的。TCK 在 IEEE 1149.1 标准里属于强制要求。

② Test Mode Selection Input (TMS)

TMS 信号用来控制 TAP 状态机的转换。通过 TMS 信号,可以控制 TAP 在不同的状态间相互转换。TMS 信号在 TCK 的上升沿有效,TMS 在 IEEE 1149.1 标准里属于强制要求。

③ Test Data Input (TDI)

TDI 是数据输入的接口。所有要输入到特定寄存器的数据都是通过 TDI 接口一位一位串行输入(由 TCK 驱动)。TDI 在 IEEE 1149.1 标准里属于强制要求。

④ Test Data Output (TDO)

TDO 是数据输出的接口。所有要从特定的寄存器中输出的数据都是通过 TDO 接口一位一位串行输出(由 TCK 驱动)。TDO 在 IEEE 1149.1 标准里属于强制要求。

⑤ Test Reset Input (TRST)

TRST 可以用来对 TAP Controller 进行复位(初始化)。不过这个信号接口在 IEEE 1149.1 标准里可选,并不强制要求。因为通过 TMS 也可以对 TAP Controller 进行复位(初始化)。

通过 TAP 接口,对数据寄存器(DR)进行访问的一般过程是:

① 通过指令寄存器(IR)选定一个需要访问的数据寄存器;

② 把选定的数据寄存器连接到 TDI 和 TDO 之间;

③ 由 TCK 驱动,通过 TDI,把需要的数据输入到选定的数据寄存器当中去,同时把选定的数据寄存器中的数据通过 TDO 读出来。

JTAG 最初是用来对芯片进行测试的,现在,JTAG 接口还常用于实现在线编程(In-System Programmable,ISP),对 FLASH 等器件进行编程。

JTAG 编程方式是在线编程,传统生产流程中先对芯片进行预编程再装到板上的方式因此而改变,流程简化为先固定器件到电路板上,再用 JTAG 编程,从而大大加快工程进度。JTAG 接口可对 PSD 芯片内部的所有部件进行编程。

通常所说的 JTAG 大致分两类,一类用于测试芯片的电气特性,检测芯片是否有问题,一类用于 Debug。一般支持 JTAG 的 CPU 内都包含了这两个模块。

一个含有 JTAG Debug 接口模块的 CPU,只要时钟正常,就可以通过 JTAG 接口访问 CPU 的内部寄存器和挂在 CPU 总线上的设备,如 FLASH,RAM,SOC(比如 4 510B,44Box,AT91M 系列)内置模块的寄存器,像 UART、定时器、GPIO 等的寄存器。

上面说的只是 JTAG 接口所具备的能力,要使用这些功能,还需要软件的配合,具体实现的功能则由具体的软件决定。

目前有各种各样简单的 JTAG 电缆,它们实际上只是一个电平转换电路,同时还起到保护作用,JTAG 的逻辑由运行在 PC 上的软件实现。所以,在理论上任何一个简单 JTAG 电缆都可以支持各种应用软件,如 Debug 等。

3.1.5 常用的调试工具

目前常用的调试工具有以下几种:

(1) J-LINK

IAR 公司的 J-LINK 是一款小巧的 ARM JTAG 硬件调试器,它是通过 USB 口与 PC 机相连。IAR 的 J-LINK 与该公司的嵌入式开发平台紧密结合,且完全支持即插即用。

主要特征:

① 下载速度高达 3 MB/s;

② 无需电源供电,可直接通过 USB 取电;

③ 速度可达 50 MHz;

④ 自动速度识别;

⑤ 监控所有的 JTAG 管脚信号,测量电压;

⑥ 20pin 标准 JTAG 连接器；

⑦ 带 USB 口和 20pin 插槽；

⑧ 支持 Linux 和各种版本的 Windows；

⑨ 支持 ADS、KEIL、IAR、WINARM、RV 等几乎所有流行开发环境，并且可以和 IAR 无缝连接；

⑩ 支持 FLASH 软件断点，可以设置 2 个以上断点，极大地提高了调试效率；

⑪ 带 J-Link TCP/IP server，允许通过 TCP/IP 网络使用 J-Link；

⑫ 支持 ARM7/9/11，Cortex-A5/A8/A9，Cortex-M0/M1/M3/M4/M7，Cortex-R4/R5，Microchip PIC32 和 Renesas RX100/ RX200/ RX610/ RX621/ RX62N/ RX62T/ RX630/ RX631/ RX63N 等系列的处理器。

（2）H-JTAG 调试代理

H-JTAG 是一款简单易用的调试代理软件，功能和流行的 MULTI-ICE 类似。H-JTAG 包括三个工具软件：H-JTAG SERVER，H-FLASHER 和 H-CONVERTER。其中，H-JTAG SERVER 实现调试代理的功能；H-FLASHER 实现 FLASH 的烧写功能；H-CONVERTER 是一个简单的文件格式转换工具，支持常见文件格式的转换。

H-JTAG 支持所有基于 Cortex-M3，ARM7，ARM9 和 XSCALE 芯片的调试，并且支持大多数主流的 ARM 调试软件，如 ADS、RVDS、IAR 和 KEIL/MDK。通过灵活的接口配置，H-JTAG 可以支持 WIGGLER，SDT-JTAG，用户自定义的各种 JTAG 调试小板和 H-JTAG USB 高速仿真器。同时，附带的 H-FLASHER 烧写软件还支持常用片内片外 FLASH 的烧写。使用 H-JTAG，用户能够方便地建立一个简单易用的 ARM 调试开发平台。H-JTAG 的功能和特点总结如下：

① 支持 RDI1.5.0 以及 1.5.1；

② 支持所有 Cortex-M3、ARM7、ARM9 和 XSCALE 芯片；

③ 支持 Thumb 以及 ARM 指令；

④ 支持 Little-Endian 以及 Big-Endian；

⑤ 支持 Semihosting；

⑥ 支持 WIGGLER、SDT-JTAG，自定义 JTAG 调试板和 H-JTAG USB 仿真器；

⑦ 支持各种版本的 Windows；

⑧ 支持常用片内 FLASH、NOR FLASH 和 NAND FLASH 芯片的编程烧写；

⑨ 支持 LPC1700/2000、AT91SAM、LUMINARY 和 STM32F 系列的片内 FLASH 自动下载。

（3）Banyan Daemon

Banyan Daemon 支持简易 JTAG 电缆的调试工具，具有如下功能：

① 支持各种简易 JTAG 电缆；

② 支持各种版本的 Windows；

③ 支持 SDT2.51、ADS1.2、Multi2000、CodeWarrior、IAR 和 GDB/Insight 源代码级调试；

④ 支持 ARM7/ARM9 系列 CPU；

⑤ 支持调试 Flash 中的程序；

⑥ 支持硬件断点和无限个软件断点；

⑦ 支持 ARM/Thumb 模式；

⑧ 支持 Little-Endian/Big-Endian 模式；

⑨ 支持 DCC(Debug Communications Channel)；

⑩ 支持 Semihosting；

⑪ 使用 RDI 接口，无需网卡的支持；

⑫ 支持手动设定目标板处理器内核类型。

（4）U-LINK 仿真器

U-LINK 是 ARM/KEIL 公司推出的仿真器，目前网上可找到的是其升级版本——U-LINK2 和 U-LINKPro 仿真器。U-LINK/U-LINK2 可以配合 Keil 软件实现仿真功能，并且仅可以在 Keil 软件上使用，增加了串行调试（SWD）支持，返回时钟支持和实时代理等功能。开发工程师通过结合使用 RealViewMDK 的调试器和 U-LINK2，可以方便地在目标硬件上进行片上调试（使用 on-chipJTAG，SWD 和 OCDS）、Flash 编程。

但是要注意的是，U-LINK 是 KEIL 公司开发的仿真器，专用于 KEIL 平台下使用，ADS、IAR 下不能使用。

Keil μVision 调试器可以帮助用户准确地调试 ARM 器件的片内外围功能（I2C、CAN、UART、SPI、中断、I/O 口、A/D 转换器、D/A 转换器和 PWM 模块等）。U-LINK USB-JTAG 转换器将 PC 机的 USB 端口与用户的目标硬件相连（通过 JTAG 或 OCD），使用户可在目标硬件上调试代码。通过使用 Keil μVision IDE/调试器和 ULINK USB-JTAG 转换器，用户可以很方便地编辑、下载和在实际的目标硬件上测试嵌入的程序。U-LINK 的主要功能和特点有：

① 支持 Philips、Samsung、Atmel、Analog Devices、Sharp、ST 等众多厂商基于 ARM7 内核的 ARM 微控制器；

② 高效工程管理的 μVision3 集成开发环境；

③ Project/Target/Group/File 的重叠管理模式，并可逐级设置；

④ 高度智能彩色语法显示；

⑤ 支持编辑状态的断点设置，并在仿真状态下有效；

⑥ 高速 ARM 指令/外设模拟器；

⑦ 高效模拟算法缩短大型软件的模拟时间；

⑧ 软件模拟进程中允许建立外部输入信号；

⑨ 独特的工具窗口，可快速查看寄存器和方便配置外设；

⑩ 支持 C 调试描述语言，可建立与实际硬件高度吻合的仿真平台；

⑪ 支持简单/条件/逻辑表达式/存储区读写/地址范围等断点；

⑫ 多种流行编译工具选择，Keil、ADS/RealView、GNU GCC 以及后续厂商的编译器。

（5）J-Link 仿真器

J-Link 是德国 SEGGER 公司推出基于 JTAG 的仿真器。简单地说，是给一个 JTAG 协议转换盒，即一个小型 USB 到 JTAG 的转换盒，其连接到计算机用的是 USB 接口，而到目标板内部用的还是 JTAG 协议，它完成了一个从软件到硬件转换的工作。配合 IAR EWAR，ADS，KEIL，WINARM，RealView 等集成开发环境支持所有 ARM7/ARM9/

ARM11,Cortex M0/M1/M3/M4,Cortex A5/A8/A9 等内核芯片的仿真,与 IAR,Keil 等编译环境无缝连接,操作方便、连接方便、简单易学,是学习开发 ARM 最好最实用的开发工具。J-Link 的主要功能和特点有:

① IAR EWARM 集成开发环境无缝连接的 JTAG 仿真器。

② 支持 CPUs:ARM7/9/11,Cortex-A5/A8/A9,Cortex-M0/M1/M3/M4,Cortex-R4,RX610,RX621,RX62N,RX62T,RX630,RX631,RX63N。

③ 下载速度高达 1 MB/s。

④ 最高 JTAG 速度 15 MHz。

⑤ 目标板电压范围 1.2～3.3 V,5 V 兼容。

⑥ 自动速度识别功能。

⑦ 监测所有 JTAG 信号和目标板电压。

⑧ 完全即插即用。

⑨ 使用 USB 电源(但不对目标板供电)。

⑩ 带 USB 连接线和 20 芯扁平电缆。

⑪ 支持多 JTAG 器件串行连接。

⑫ 标准 20 芯 JTAG 仿真插头。

⑬ 选配 14 芯 JTAG 仿真插头。

⑭ 选配用于 5V 目标板的适配器。

⑮ 带 J-Link TCP/IP server,允许通过 TCP/IP 网络使用 J-Link。

3.2 开发环境安装配置

本书介绍 Windows 系统下针对 STM32 实验板的开发环境的安装配置。该实验板支持通过 USB 口进行程序的下载、烧录和调试。整个开发环境需要 Keil MDK、COM 驱动程序和 J-LINK 仿真驱动程序。这些软件都可以在网上下载。

Keil MDK 即前面介绍的 Keil 开发软件,例如 Keil MDK412.exe。安装该软件后,点击“File”菜单的“License Management”菜单项,在弹出的对话框中进行授权认证。如果是个人用户,在“Single-User License”属性页的“New License ID Code”编辑框中输入购买的许可 ID,然后确认即可。

COM 驱动程序可以是 HL-340.exe,直接运行可执行文件安装即可。在开发过程中使用时,如果实验板 USB 线连接的是 COM 口,则会用到此驱动下载。

J-LINK 仿真驱动程序的安装程序可以用 Setup_JLinkARM_V434.exe。直接运行该可执行文件并按向导安装好后即可使用。该驱动在用 Keil 进行硬件仿真时要用到。

3.3 Keil μVision 简介

Keil μVision IDE 和调试器是 Keil ARM 开发工具的核心部分。μVision 提供了两种工作模式,即编译模式和调试模式。在 Keil μVision 的编译模式下,可以维护工程文件、产生应用程序。Keil μVision 可以使用 GNU 或 ARM ADS/RealView 开发工具。在 Keil μVision 的调试模式下，可以根据功能强大的 CPU 和外设软件仿真器或根据连接调试器和目标系统的 Keil ULINK2 仿真器测试程序。同时 ULINK 仿真器还可以下载应用程序到目标系统的 Flash ROM 中。

(1) Keil μVision 集成开发环境

Keil μVision IDE 是一个窗口化的软件开发平台，它集成了功能强大的编辑器、工程管理器以及各种编译工具(包括 C 编译器、宏汇编器、链接/装载器和十六进制文件转换器)。Keil μVision IDE 包含以下功能组件，能加速嵌入式应用程序开发过程。

① 功能强大的源代码编辑器；

② 可根据开发工具配置的设备数据库；

③ 用于创建和维护工程的工程管理器；

④ 集汇编、编译和链接过程于一体的编译工具；

⑤ 用于设置开发工具配置的对话框；

⑥ 真正集成高速 CPU 及片上外设模拟器的源码级调试器；

⑦ 高级 GDI 接口，可用于目标硬件的软件调试和 Keil ULINK 仿真器的连接；

⑧ 用于下载应用程序到 Flash ROM 中的 Flash 编程器；

⑨ 完善的开发工具手册、设备数据手册和用户向导。

Keil μVision IDE 使用简单、功能强大，是设计者完成设计任务的重要保证。Keil μVision IDE 还提供了大量的例程及相关信息，有助于开发人员快速开发嵌入式应用程序。

文件组(File Group)可以将工程中相关的文件组织在一起。这样有利于将一组文件组织到一个功能块中或区分一个开发团队中的工程师。在 Keil μVision 中，使用这种技术很容易管理具有几百个文件的工程。

(2) 工具集

Keil μVision 可以使用 ARM RealView 编译工具、ARM ADS 编译器、GNU GCC 编译器和 Keil C ARM 编译器。当使用 GNU GCC 编译器或 ARM ADS 编译器时必须另外安装它们编译工具集。实际使用时，可以在 Keil μVision IDE 的“Project/Manage/Components, Environment, and Books”对话框的“Folders/Extensions”页中对工具集进行选择，如图 3-1 所示。

在图 3-1 中，Use RealView Compiler 复选框表示本工程使用 ARM 开发工具，RealView Folder 文本框指定开发工具的路径。下面的例子显示了各种版本的 ARM ADS/RealView 开发工具的路径：

① μVision 的 RealView 编译器：BIN40\；

② ADS V1.2：D:\Program Files\ARM\ADSv1_2\Bin；

③ RealView 评估版 2.1：

D:\Program Files\ARM\RVCT\Programs\2.1\350\eval2-sc\win_32-pentium；

④ Use Keil CARM Compiler 复选框表示本工程使用 Keil CARM 编译器、Keil AARM 汇编器和 Keil LARM 链接器/装载器；

⑤ Use GNU Compiler 复选框表示本工程使用 GNU 开发工具。Cygnus Folder 文本框指定 GNU 的安装路径。GNU-Tool-Prefix 文本框指定不同的 GNU 工具链。下面是各种 GNU 版本的例子：

a. 带 uclib 的 GNU V3.22：

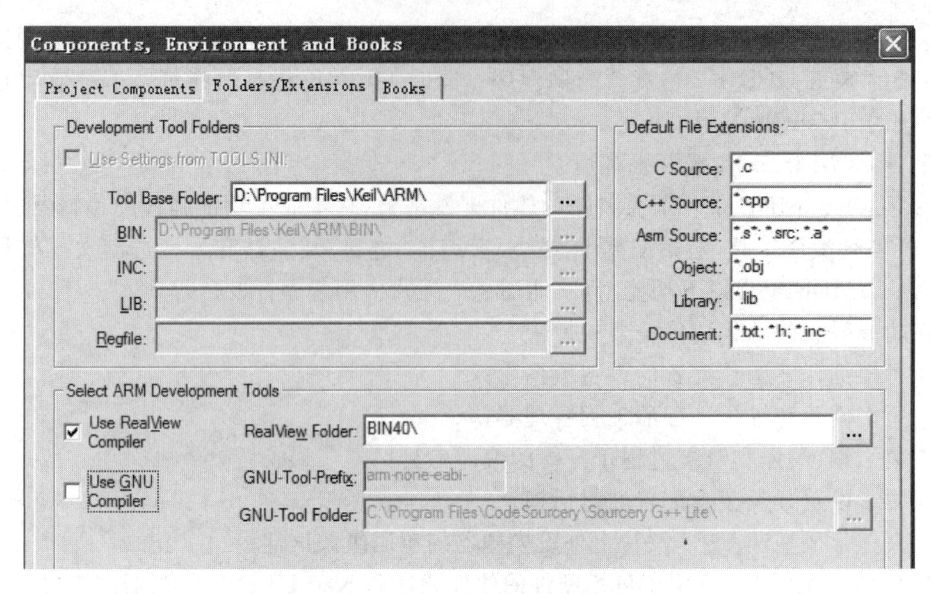

图 3-1　选择实际使用的工具集

GNU-Tool-Prefix：arm-uclibc-Cygnus Folder：C:\Cygnus

b. 带标准库的 GNUARM V4：

GNU-Tool-Prefix：arm-elf-Cygnus Folder：C:\Program Files\GNUARM\

⑥ Keil 根目录的设置是基于 μVision/ARM 开发工具的安装目录的。对于 Keil ARM 工具来说，工具组件的路径是在开发工具目录中配置的。

对使用 ARM ADS/RealView 工具来说，编译器可能在指定的头文件中找不到设备。在这种情况下，必须在 μVision 的“Project-Options for Target-C”对话框的“Include Paths”文本框中输入正确的路径，例如“Keil\ARM\INC\Atmel”。

在开始学习使用 Keil μVersion 之前，需要首先了解一下 Keil μVersion 的两种工作模式：编译模式和调试模式。

（3）编译模式

完成源程序的编辑以后，要将代码编译成机器码才能在目标系统上运行。在菜单或工具条上点击 “Build Target”命令之后，将开始编译代码。系统将自动检测文件依赖和关联性，因此只有修改过的文件才会被重新编译，这样可以显著地加快编译过程。可以设定全局优化选项，对 C 或其他模块执行增量式重编译。通过 Project 菜单，可以进入项目文件和项目管理设定的对话框。编译模式中常用的一些工具按钮如表 3-1 所示。

表 3-1　　编译模式常用命令项

命令选项	工具按钮	功能描述	快捷键
Translate...		编译当前文件	无
Build Target		编译修改后的文件并构建应用程序	F7

续表 3-1

命令选项	工具按钮	功能描述	快捷键
Rebuild Target		重新编译所有文件并构建应用程序	无
Batch Build		编译选中的多个项目目标	无
Stop Build		停止编译过程	无
Flash Download		调用 Flash 下载工具(需要事先配置此工具)	无
Target Option		设置该项目目标的设备选项,输出选项、编译选项、调试器和 Flash 下载工具的选项	无
Select Current Project Target	Target 1	选择当前项目目标	无
Manage Project		设置项目组件,配置工具环境,项目相关书籍等	无

(4) 调试模式

Keil μVision 集成了开发环境、仿真器、调试器等,提供一个单纯统一的环境,使得用户可以快速地编辑、仿真和调试程序。通过 Keil μVision 的工具条,就可以实现绝大多数调试和编辑的功能。可以在代码编辑区域的右键菜单中设定断点,如果还没开始调试,在编辑状态就可以设定所需断点,调试开始后这些断点会自动生效。Keil μVision 标记了编辑窗口中每一行的属性,所以用户可以快速查看当前的所有断点和执行状态。调试模式中常用的一些工具按钮如表 3-2 所示。

表 3-2　调试模式常用命令项

命令选项	工具按钮	功能描述	快捷键
Reset CPU	RST	重置 CPU	Ctrl+F5
Go		运行程序,直到遇到一个活动节点	F5
Halt Execution		暂停运行程序	ESC
Single step into		单步运行,如果当前行是函数,会进入函数	F11
Step Over		单步运行,如果当前行是函数,会将函数一直运行完	F10
Step Out		运行直到跳出函数,或遇到活动断点	无

续表 3-2

命令选项	工具按钮	功能描述	快捷键
Run to cursor line		运行到光标处所在行	无
Show next statement		显示下一条执行语句或指令	无
Disassembly		显示或隐藏汇编窗口	无
Watch & Call Stack window		显示或隐藏 Watch & Call Stack 窗口	无
Memory window		显示或隐藏 Memory 窗口	无

3.4 Keil μVersion 的使用

本节以 Keil μVision4 为例介绍 Keil μVersion 的使用方法。点击 Keil μVision4 图标打开 Keil μVision4 应用程序后,将出现如图 3-2 所示窗口。在这个窗口里,用户可以创建项目、编辑文件、配置开发工具、执行编译连接以及进行项目调试。

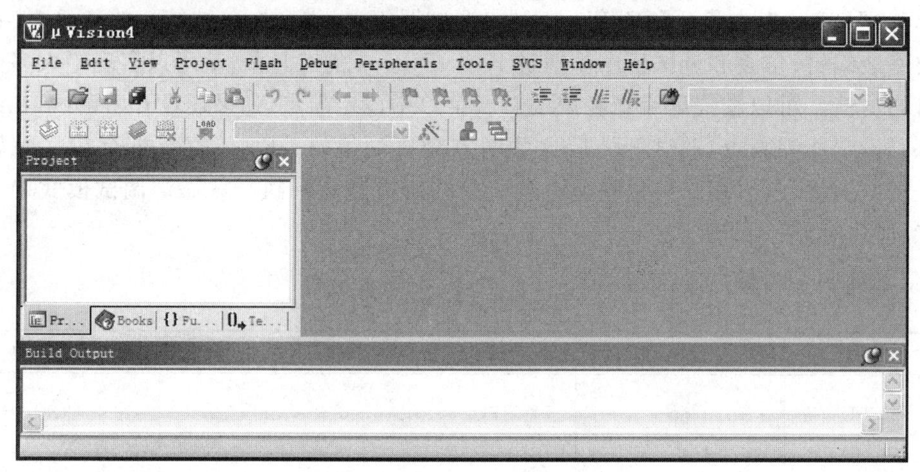

图 3-2 Keil μVision4 主窗口

本节将以 LED 流水灯程序的开发为例说明使用 Keil μVision4 来开发嵌入式程序的基本过程。

3.4.1 创建项目

Keil μVision4 是以项目的形式对嵌入式软件进行管理的,在开始写程序代码之前,需要先创建一个项目。为了方便说明,本节假定项目的所有文件放在某个磁盘(例如 E 盘)的根目录下的 Stm32Proj 文件夹中。在启动 Keil μVision4 之后,通过如下一些步骤可以创建新的项目:

① 开始创建一个新的项目。从主窗口中,先选择 Project 菜单,再选择条目 New μVision project,然后会看到一个文件对话框。

② 在文件对话框中,切换到前面提到的文件夹 Stm32Proj。

③ 在文件对话框底部的文件名编辑框中输入项目的名字,例如 LED,然后点击“保存”按钮,这时,将看到弹出“Select Device for Target ‘Target 1’…”对话框,里面只有一个名为 CPU 的属性页。

④ 在 CPU 属性页的左边的 Data base 树形框中展开 STMicroelectronics 节点,选择要开发的设备条目。作为例子,这里将使用 STM32F103VB。这时,可看到属性页的右边显示的相应提示信息。

⑤ 点击“OK”按钮,然后在弹出的“拷贝启动文件到当前工程”询问对话框中,可以选择“是”来自动拷贝启动文件,也可以点击“否”按钮后再手动添加合适的启动代码文件。

至此,项目创建完成,主界面变成如图 3-3 所示的状态。

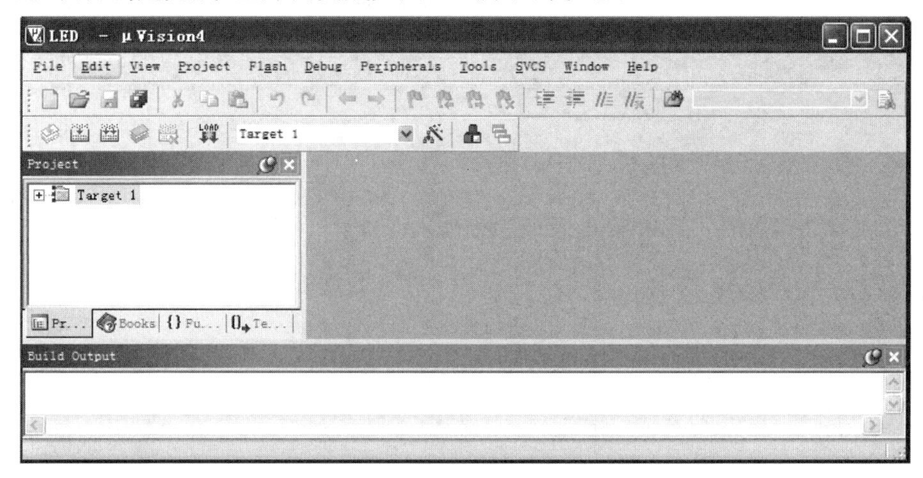

图 3-3　创建项目后的主界面

3.4.2　项目管理

Keil μVision4 确保了简易并且一致性的项目管理风格。通过一个单独的文件保存源代码的文件名和各种配置信息,这些配置信息包括编译、连接、调试、Flash 的其他工具的配置。通过项目的相关菜单项,可以方便地打开项目文件和项目管理对话框。选择图 3-4 中的图标打开项目组件设定(Management Project Component Setting)窗口。

项目组件设定窗口如图 3-5 所示。现在可以在其中建立新的项目目标、分组、选择分组中的不同的文件。图中的项目文件可以根据个人的工程开发习惯进行建立。

在图 3-5 所示窗口中间的列表框中的空白的位置双击,可以添加新的组(Group)。本例添加 USER、SYSTEM、HARDWARE 三个新的组,然后点击 OK 按钮,得到的项目工作区域如图 3-6 所示。当然,在编写代码的过程中还可以随时添加新的组、移除已有的组或者给已有的组重新命名(按 F2 键)等。这些操作可以在项目工作区域中相应的组名处通过快捷菜单完成,也可以重新回到项目组件设定窗口完成。

需要说明的是,本节关于组的管理并不是必须的,使用它的目的只是为了让程序的源代码结构更加清晰。

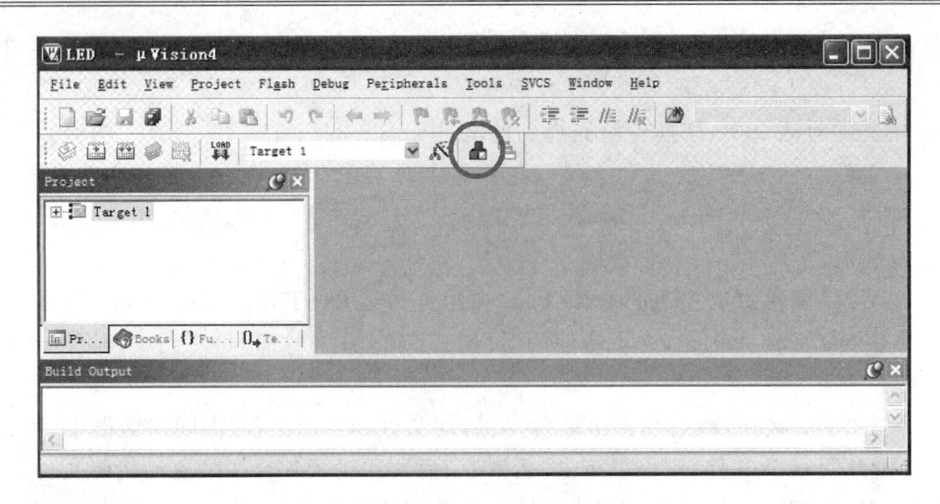

图 3-4　项目组建设定按钮

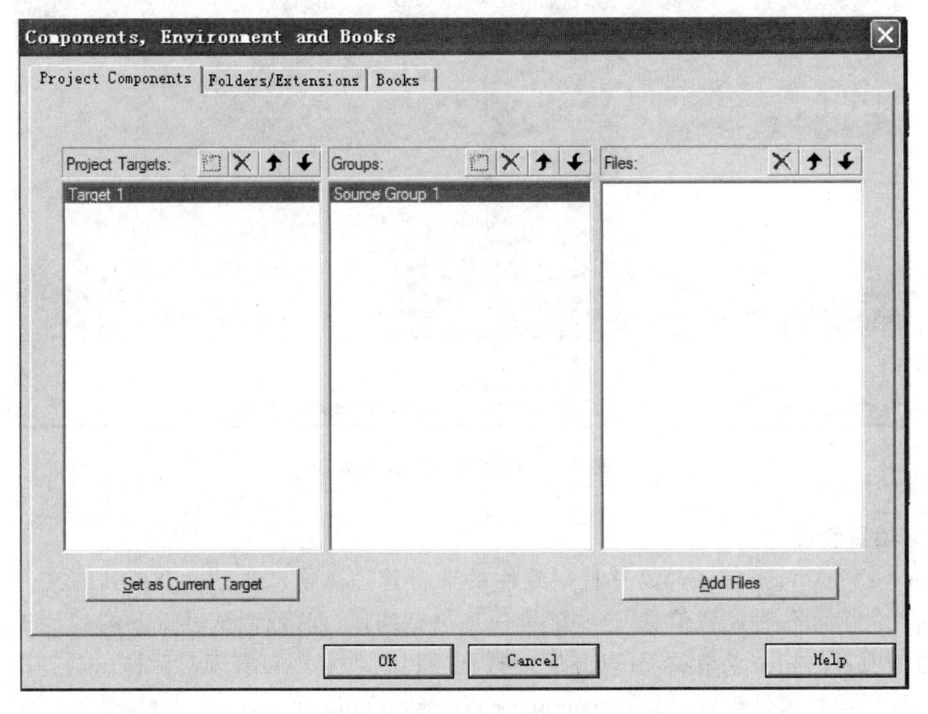

图 3-5　项目组建设定窗口

3.4.3　创建源代码文件

接下来可以开始写 C 程序了。在主窗口中，选择下拉菜单“File→New”，然后看到出现一个新的标题为<text1>的窗口，可以在窗口<text1>中开始编辑代码。在写完最初的代码后，再次选择下拉菜单“File→Save”，然后将看到一个新的文件保存对话框。将此文件保存到之前创建的 Stm32Proj 文件夹中，名字可取为“main. c”。按相同的方法，可以创建其他的源代码文件。

创建了源代码文件之后，这些文件并不属于任何确定的项目。接下来，要将 main. c(或者已有的其他代码文件)添加到项目里。右键点击某个组名(例如 USER)，选择“Add Files to Group Source files”，然后选择文件夹 Stm32Proj 中的“main. c”，点击“Add”加入后关闭对话框。

如果有多个代码文件，则重复上面的步骤直到所有的文件都创建完毕。最终，项目工作区域的状态变成如图 3-7 所示。

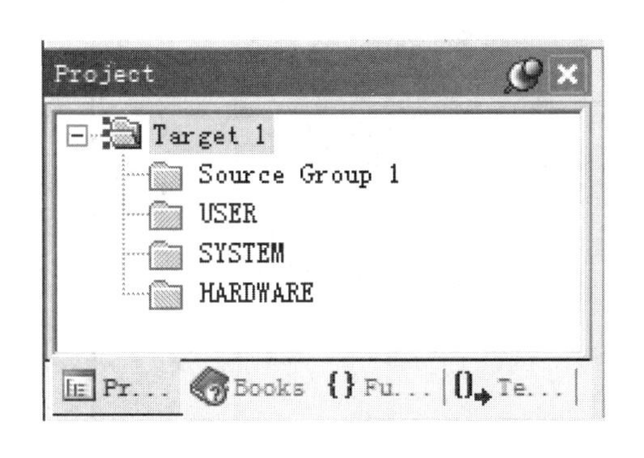

图 3-6　添加了新的组之后的项目工作区域状态示例

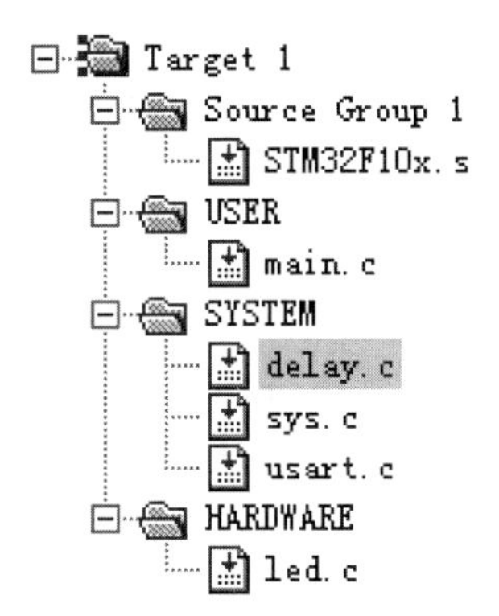

图 3-7　源代码文件添加完毕后的项目工作区域状态示例

3.4.4　编译程序

完成 C 程序的编写以后，接下来还需要进行包含路径的设置才能完成程序的编译。

设置过程如下：

① 点击菜单“Project→Options for Target→项目目标名”，或者点击工具条按钮“Options for Target”。

② 在弹出的对话框中打开 C/C++属性页(如图 3-8 所示)，在该属性页中需要设置程序包含的路径，以便让编译器能找到先前设立的项目中的各个文件。

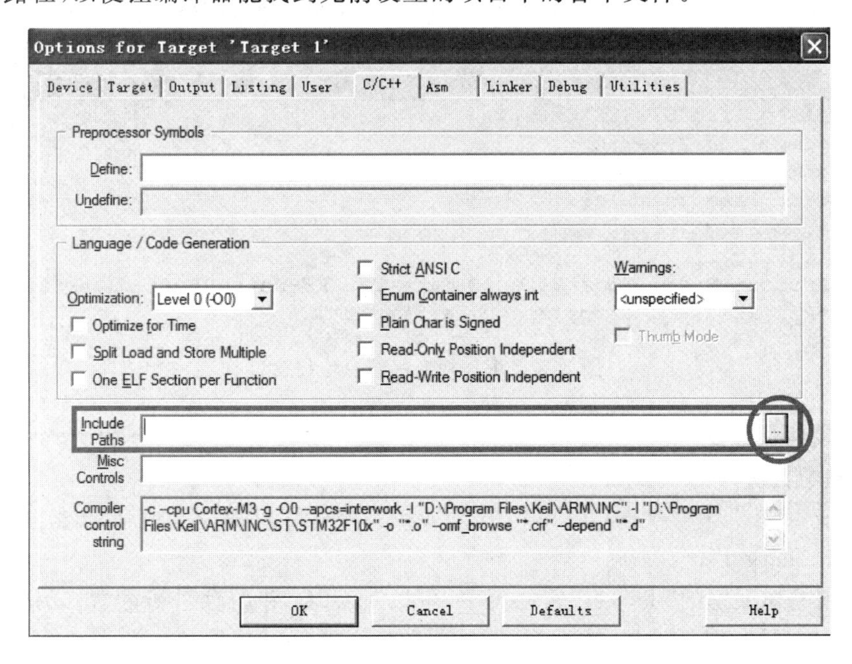

图 3-8　包含路径设定示例

③ 右键点击图 3-8 所示按钮，进入路径选择窗口，如图 3-9 所示，选择所需要包含的路径。这里要注意把所有被包含文件的路径都添加进来。

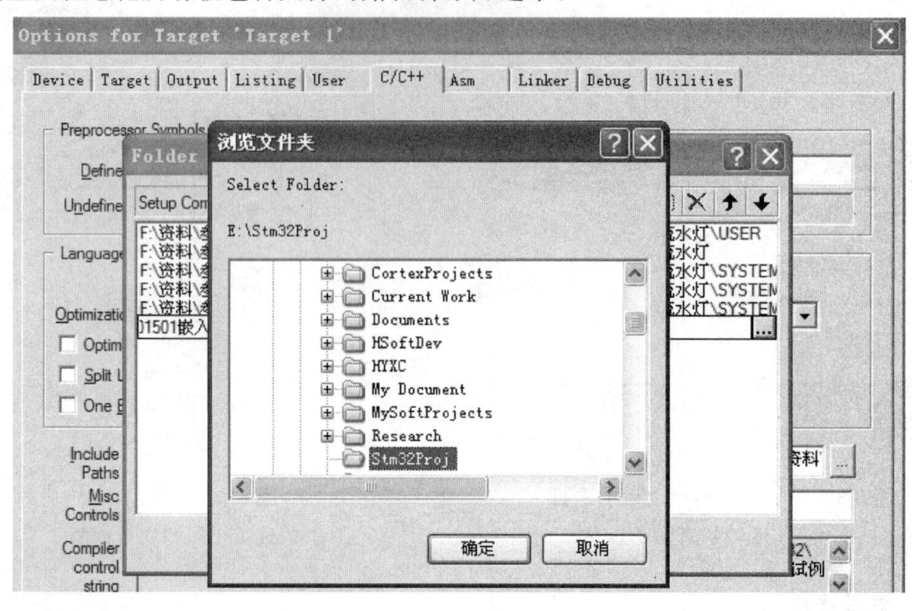

图 3-9　选择包含路径窗口

包含路径设置完成以后，接下来就可以开始进行编译和项目构建了。选择“Project”菜单上的“Rebuild all target files”菜单项，或者点击工具条按钮“Rebuild all”开始编译。这时，在 Keil μVision4 窗口底部的“Build Output” 停靠部件中将实时显示编译过程的状态信息，如图 3-10 所示。如果源代码中存在语法错误，将会在这个窗口中提示相应的错误信息，根据提示修改源代码后重新编译连接即可。重复这个过程直到 Build Output 中不再报错。

```
Build Output
Build target 'Target 1'
assembling STM32F10x.s...
compiling delay.c...
compiling sys.c...
compiling usart.c...
compiling led.c...
linking...
Program Size: Code=3424 RO-data=268 RW-data=28 ZI-data=612
"LED.axf" - 0 Error(s), 0 Warning(s).
```

图 3-10　编译和连接信息输出窗口

3.4.5　连接和配置硬件

连接和配置硬件的步骤如下：

① 点击菜单“Project→Options for Target→项目目标名”或者点击工具条按钮“Options for Target”；

② 弹出的对话框的“Target”属性页中，可以对 CPU 和内存进行配置。另外一些设定包括基本的工具链，包括编译、连接器、调试器和仿真器等(如图 3-11 所示)。

③ 在中间的设定窗口上，点击 Debug 标签，在该标签中可以选择调试方式。如果在硬件

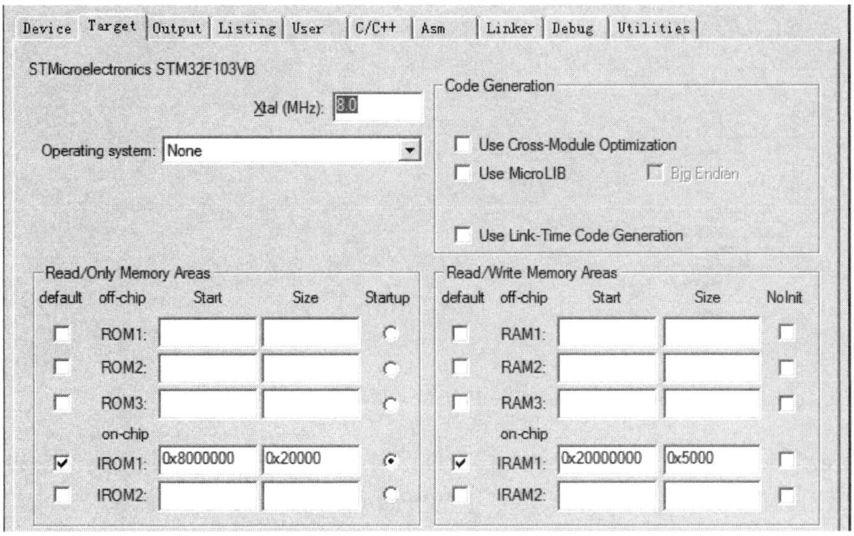

图 3-11　在 Target 标签上进行基本配置示例

还没设计完成前需要进行调试的话，可以选择软件仿真方式。如果是软件仿真方式，应该选择“Use Simulator”选项。如果硬件已经设计完成，还可以选择硬件仿真方式，此时应该选择“Use”，并在旁边的仿真器列表中选择一项，如图 3-12 所示。右键点击后面的选项框，可以根据所使用的仿真器硬件选择相应的选项。比较常见的有 ULINK、J-LINK 仿真器。如果想在开始调试模式之前装入应用程序，通常需要选上“Load Application at Startup”复选框。

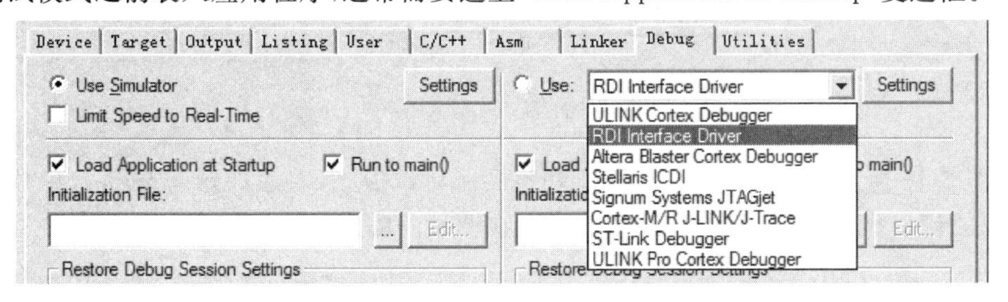

图 3-12　在 Debug 标签上设定仿真方式示例

3.4.6　生成可执行文件

在 Keil μVision4 中点击菜单“Project→Options for Target→项目目标名”或者点击工具条按钮 Options for Target 打开选项卡，点击如图 3-13 所示“Output”标签，勾选“Create HEX File”选项框。这样在编译程序后就会自动生成相应的“hex”文件，并将生成的文件保存在之前创建的项目工程文件夹中。

3.4.7　仿真方法

KeilμVision4 IDE 的一个非常强有力的功能就是它可以对代码进行仿真。当构建了项目，生成了目标代码以后就可以开始仿真。仿真方式包括两种：软件仿真和硬件仿真。

(1) 软件仿真

在没有连接硬件时，如果要仿真代码，则需要先在“Options for Target”的“Debug”标签中选择“Use Simulator”仿真选项，如图 3-14 所示。如果需要启动仿真调试，在 Debug 下拉

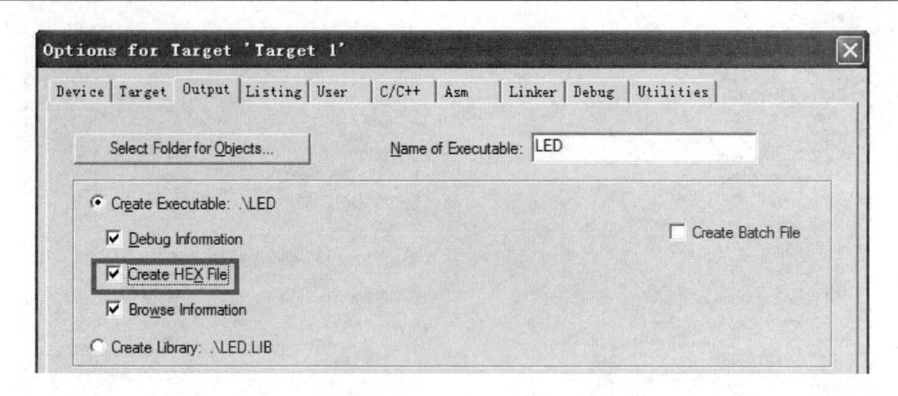

图 3-13　在 Output 标签上设定生成 HEX 文件

菜单上，点击“Start/Stop Debug Session”条目即可。另外一个启动仿真调试的办法就是按快捷键“<Ctrl+F5>”，或者点击工具条上的“Debug”图标，如图 3-15 所示。

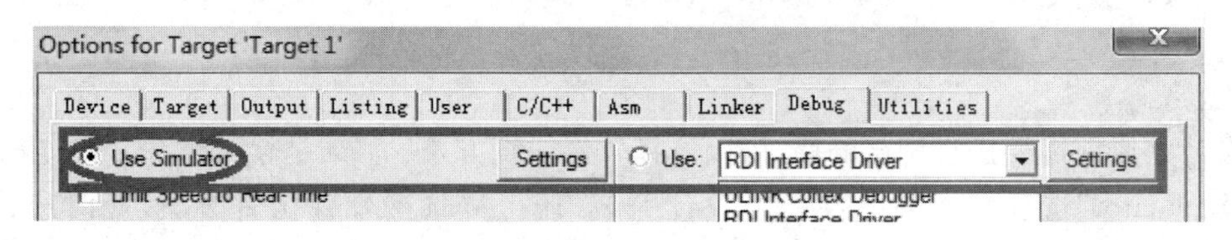

图 3-14　设定软件仿真方式示例

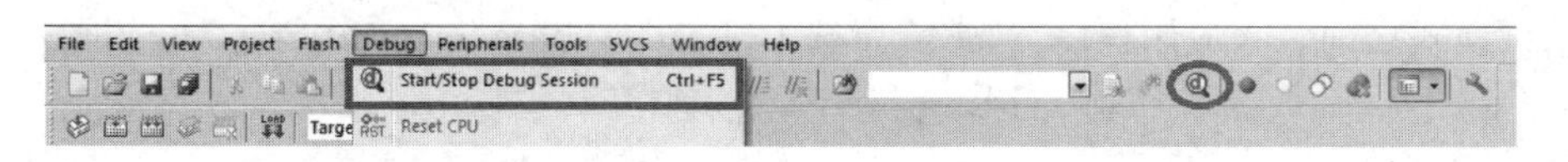

图 3-15　开始仿真

如图 3-16 所示，Keil μVision4 IDE 切换到了调试模式，左边的窗口显示处理器的寄存器，下面的窗口显示调试信息，主窗口显示正在调试的程序源代码。

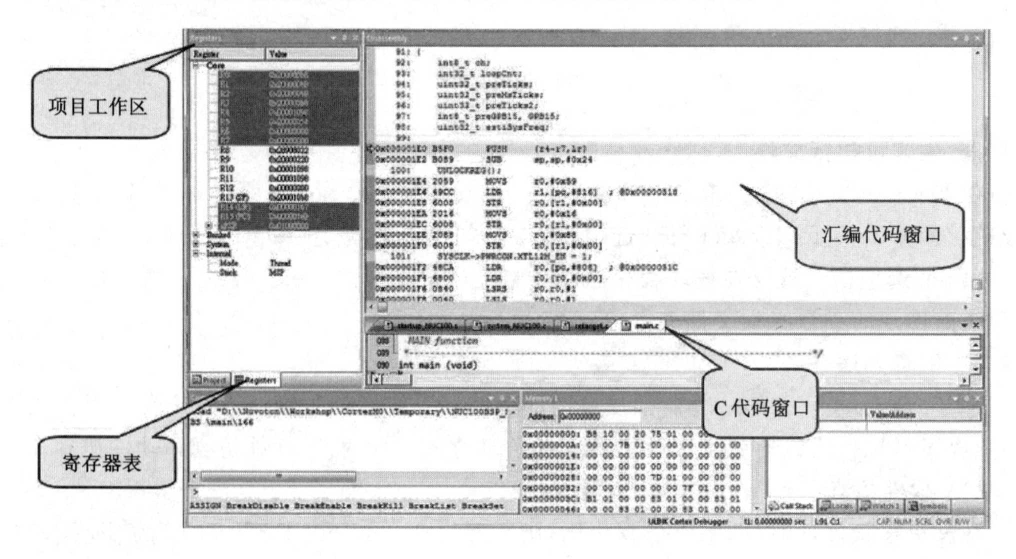

图 3-16　进入调试模式后的窗口

从现在开始，可以检查和修改内存、程序变量、CPU 寄存器、设定断点、单步运行以及进行其他各种典型的调试动作。要继续运行程序，点击“Debug”菜单上的“Run”条目，或者工具条的“Run”按钮，如图 3-17 所示。仿真调试完成以后再次点击“Debug”按钮即可切换到编译模式。

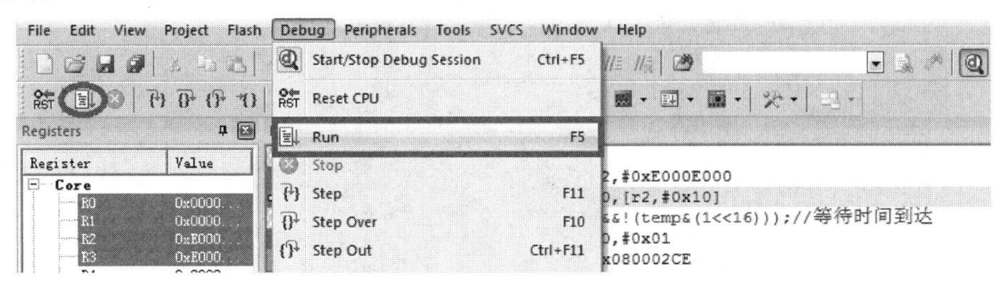

图 3-17　运行程序示例

(2) 硬件仿真

Keil 还支持在连接了硬件电路的情况下仿真。在硬件电路仿真模式下，需要连接硬件电路板和 J-LINK 仿真器。如果电路板中已经集成了 J-LINK 仿真电路，则不需要 J-LINK 仿真器，本书的配套开发板就是这样的情况。下面假定电路板中已经集成了 J-LINK 仿真电路，以本书所对应的开发板为例介绍硬件电路仿真的设置和步骤。

① 安装 J-LINK 仿真驱动程序。

② 打开“Options for Target ‘Target1’”中的“Debug”界面，在该界面中选中“Use”单选按钮，并打开此按钮右面的下拉列表，选中“Cortex-M/R J-LINK/J-Trace”选项，如图 3-18 所示。

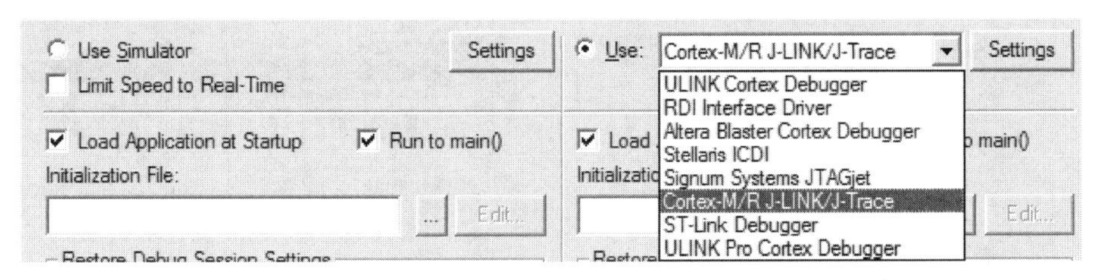

图 3-18　硬件调试方式下选择仿真驱动

③ 点击下拉列表右边的“Settings”按钮，将弹出的对话框的“Debug”属性页设置成如图 3-19 所示的状态。

④ 点击“Flash Download”，观察是否有如图 3-20 所示的内容。如果有，直接点击“OK”按钮；如果没有，点击图中所示的“Add”按钮后，在弹出的另一个对话框中按图 3-21 设置成图中的状态，然后再确认即可。

⑤ 打开“Options for Target ‘Target1’”中的“Utilities”界面，设置成如图 3-22 所示的状态。

⑥ 点击图 3-22 中下拉列表右边的“Settings”，在弹出的对话框中选择“Flash Download”属性页，设置成如图 3-20 所示的状态。

之后，点击对话框上的“OK”按钮回到 Keil 主界面中，点击“Flash”菜单中的“Download”菜单项就可以直接将编译所生成的 LED. hex 文件下载到开发板。等待下载完

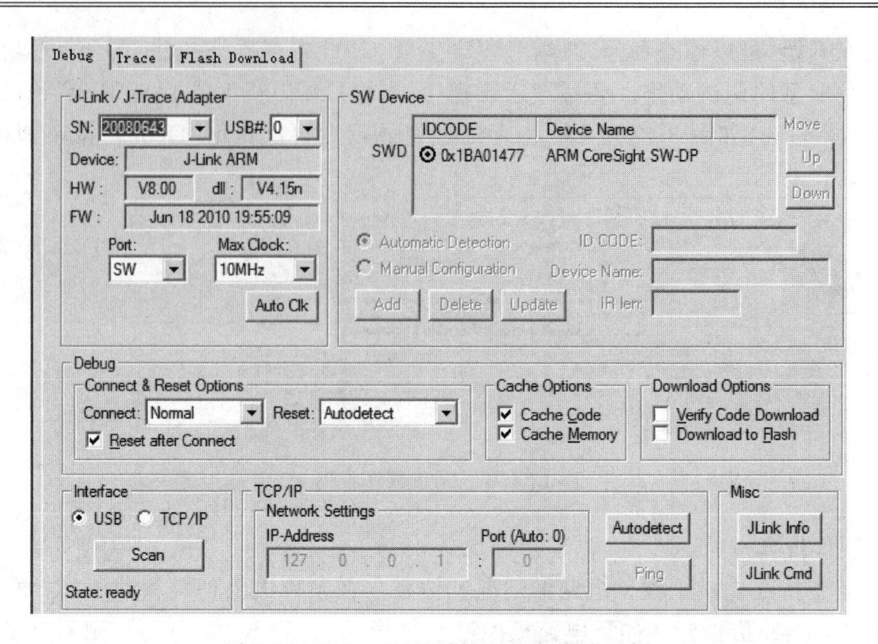

图 3-19 Debug 配置时的 Debug 设置示例

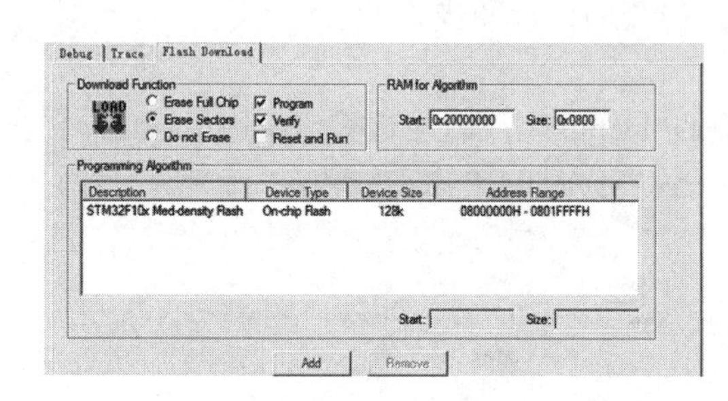

图 3-20 Debug 配置时的 Flash Download 设置示例

Add Flash Programming Algorithm

Description	Device Type	Device Size
NUC1xx 64kB Flash AP	On-chip Flash	64k
NUC1xx Flash User Config	On-chip Flash	8
NUC1xx 4kB Flash Data	On-chip Flash	4k
NUC1xx 4kB Flash LD	On-chip Flash	4k
RC28F640J3x Dual Flash	Ext. Flash 32-bit	16M
S29JL032H_BOT Flash	Ext. Flash 16-bit	4M
S29JL032H_TOP Flash	Ext. Flash 16-bit	4M
STM32F10x XL-density Flash	On-chip Flash	1M
STM32F10x Med-density Flash	On-chip Flash	128k
STM32F10x Low-density Flash	On-chip Flash	16k
STM32F10x High-density Flash	On-chip Flash	512k

图 3-21 Debug 配置时的 Add Flash Programming Algorithm 设置示例

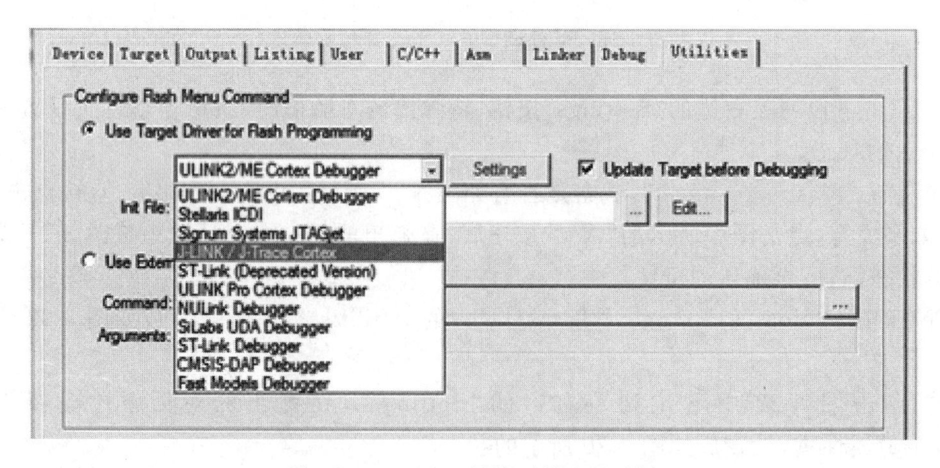

图 3-22 Utilities 属性页的配置示例

成后，设置好断点，按一次复位键，运行程序，可观察到开发板上的 LED 灯依次点亮的现象。在仿真过程中，可以进行像软件仿真中介绍的同样的操作。

3.5　调　　试

在系统的开发过程中，往往需要通过调试来定位软件的问题或验证软件功能的正确性。在基于 Keil 的开发环境中，调试过程需要用到表 3-2 所示的各个调试命令。

如果需要调试一个程序，必须在开始调试之前先按前一节的介绍生成可执行文件，设置好相关的仿真参数，并将可执行文件下载到目标开发板上。之后就可以开始仿真和调试程序了。可以以软件仿真的方式启动调试，也可以以硬件仿真的方式启动调试。

调试程序的一般过程是：先设置断点，然后启动调试，在调试的过程中还可以进一步增加或者删除断点。调试时，如果要推进程序的执行过程，可以选择单步进入、单步跳过、跳出当前函数、运行到光标等执行方式。任何一种方式下，调试器碰到断点都会暂停下来等待用户的下一步指令。下面先对断点、相关窗口和对话框进行介绍，最后通过一个控制目标板上的 LED 灯的程序实例，介绍硬件调试过程和 Keil 软件中与调试相关的部分的使用方法。该程序的功能是依次点亮目标板上的 LED 灯。

3.5.1　断点设置与管理

(1) 设置断点

在启动调试之前或者在调试过程中，将文本插入光标移动到需要设置为断点的代码行，然后按“F9”键或使用“Debug→Insert/Remove Breakpoint”菜单项将该行设置为断点。

(2) 删除断点

在启动调试之前或者在调试过程中，将文本插入光标移动到需要取消断点的代码行，然后按“Ctrl＋Shift＋F9”组合键或使用“Debug→Insert/Remove Breakpoint”菜单项取消该断点。

使用“Debug→Kill All Breakpoints”删除所有断点。

(3) 禁用断点

在启动调试之前或者在调试过程中，将文本插入光标移动到需要取消断点的代码行，然后按“Ctrl＋F9”组合键或使用“Debug→Enable/Disable Breakpoint”菜单项禁用该断点。

可以使用“Debug→Disable All Breakpoints”来禁用所有断点。

(4) 断点对话框

在调试过程中，可以通过“Debug→Breakpoints”菜单项来打开断点对话框。该对话框中可以查看及修改当前的所有断点，从而对断点进行集中管理。例如，可以在“Current Breakpoints”列表中通过点击复选框来快捷地 Disable 或 Enable 一个断点。在“Current Breakpoints”列表中双击可以修改选定的断点。

此外，还可以在断点对话框表达式文本框中输入一个表达式来定义断点。根据表达式的类型可以定义如下类型的断点：

① 当表达式是代码地址时，一个类型为 Execution Break(E) 的断点被定义，当执行到指定的代码地址时，此断点有效。输入的代码地址要参考每条 CPU 指令的第一个字节。

② 当对话框中一个内存访问类型(读、写或两者)被选中时，那么一个 Access Break(A)

的断点被定义。当所指定的内存访问发生时，此断点有效。可以以字节方式指定内存访问的范围，也可以指定表达式的目标范围。Access Break 类型的表达式必须能转化为内存地址及内存类型。在 Access Break 类型的断点停止程序执行之或执行命令之前，操作符(&，&&，<，<=，>，>=，== 和 ！=)可用于比较变量的值。

③ 当表达式不能转化为内存地址时，一个 Conditional Break(C)类型的断点被定义，当指定的条件表达式为真时，此断点有效。在每条 CPU 指令后，均需要重新计算表达式的值。因此，程序执行速度会明显降低。

3.5.2 常用窗口

在调试过程中，经常需要察看各种变量或处理器资源的状态信息。Keil 提供了多种窗口来察看不同类别的量的数值。常用的窗口及其作用如下：

① Disassembly Window：可以以反汇编方式来查看及测试程序；

② Symbol Window：用于显示应用程序中的调试符号信息；

③ Registers Window：窗口中可以查看及修改 CPU 中的寄存器的值；

④ Call Stack Window：窗口中可以查看当前的函数调用顺序；

⑤ Watch Windows：提供可以查看及修改程序变量，并列出当前的函数调用关系；

⑥ Memory Windows：对话框可查看及修改内存内容；

⑦ Serial Windows：显示串口通信内容；

⑧ Code Coverage：窗口统计了程序中被执行部分及未被执行部分的执行信息；

⑨ Logic Analyzer：窗口可以以图形的方式来显示变量及外设寄存器值的变化；

⑩ Performance Analyzer：窗口可以显示执行时间的统计信息。

在启动调试后，上面这些窗口中有些可能会默认显示出来。如果某个需要的窗口没有显示在界面上，则可以在 View 菜单中找到相应的菜单项，然后通过这个菜单项让它显示出来。

3.5.3 外设窗口

Keil 为处理器的外设提供了窗口让用户显示和修改外设相应的寄存器的值。在启动了调试之后，Peripherals 菜单中将显示每一类片内外设对应的菜单项，如图 3-23 所示。对于有些类别的外设，它们可能由多个部件组成或者有多个实例。这时，在图中的菜单项的右端有一个三角形符号，说明还有对应的子菜单。可以通过子菜单进一步选择具体的硬件模块。实际上，用户通过 Peripherals 菜单可以了解当前处理器有哪些片内外设以及片内外设有哪些对应的寄存器等信息。点击 Peripherals 菜单中的某个菜单项或者它的某个子菜单中的菜单项，将显示对应的外设的相关寄存器的值的对话框。可以在对话框中修改相关的寄存器的值以达到改变相应的外设的工作模式或者数据的目的。例如，图 3-24 是在 General Purpose I/O 子菜单下点击 GPIOA 菜单项出现的对话框。该对话框中的列表显示了 GPIOA 这个端口的各个 I/O 口当前的功能状态。用户可以在对话框下面的下拉列表或编辑框中对相应的 I/O 口进行编辑，以改变 GPIOA 端口的工作模式或数据。

3.5.4 调试过程

本书对应的目标板上有 8 个 LED 灯，分别接在 GPIOE 的第 8～15 号 I/O 口上。本节的 LED 灯控制程序就是通过向这些 I/O 口写入状态数据来达到控制相应的 LED 灯的点亮与熄灭状态的。下面介绍如何进行硬件仿真方式启动调试，至于如何进行相关的程序开发，请参见本书后面的章节。

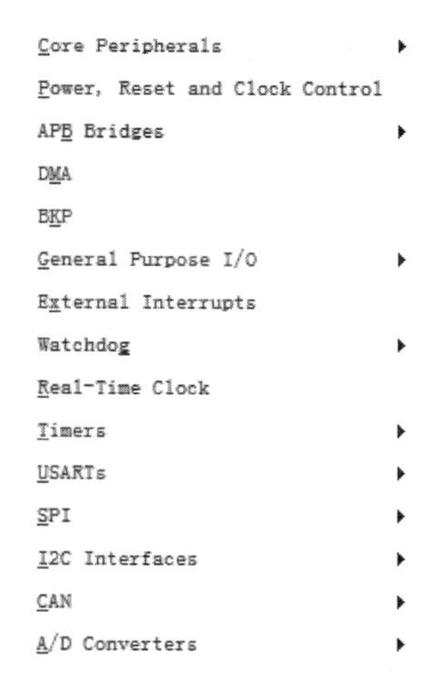

图 3-23　调试时的外设菜单

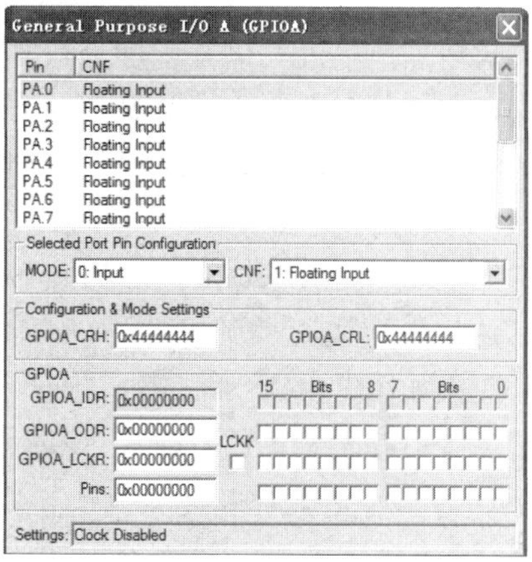

图 3-24　调试时的通过外设菜单打开的 GPIOA 的对话框

（1）下载目标代码到目标板

用 Keil 的“Flash”菜单中的“Download”菜单命令将当前项目的目标代码下载到目标板的只读存储器中。

（2）配置硬件仿真

将目标板与主机连接，按前面介绍硬件仿真方式的内容中的步骤，设置好相关的参数。

（3）设置断点

打开需要设置断点的源代码文件，按照前面介绍的断点设置和管理方法设置断点。如图 3-25 所示，这里在程序的 main 函数的 Stm32_Clock_Init(6)语句和 while 语句处各设置

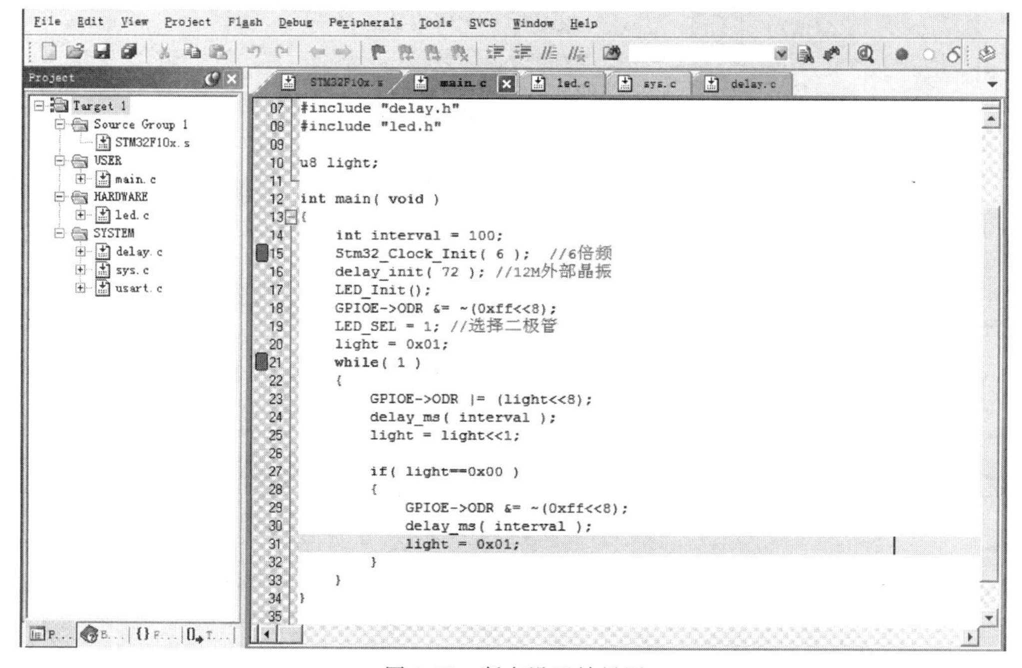

图 3-25　断点设置效果图

了一个断点。设置了断点后，在左边的行号标识区对相应行的位置处各出现了一个红色的标志表示断点所在的行以及程序运行到断点位置处时紧接着要执行的下一条语句。

这里介绍的是程序启动前设置断点的操作，如果在后面的调试过程中发现需要其他的断点或者取消已有断点，可以随时进行相应的断点设置处理。

(4) 启动调试

选择“Debug→Start/Stop Debug Session”菜单项启动调试过程。这时，系统将会把当前项目的目标代码下载到目标板的只读存储器中，然后在目标板上启动该程序，并且 Keil 主界面变成如图 3-26 所示状态。此时，系统在等待用户的下一步操作。图中，“Instruction Trace”窗口中有一个黄色的箭头，该箭头所指示的语句是下一条将被执行的语句。

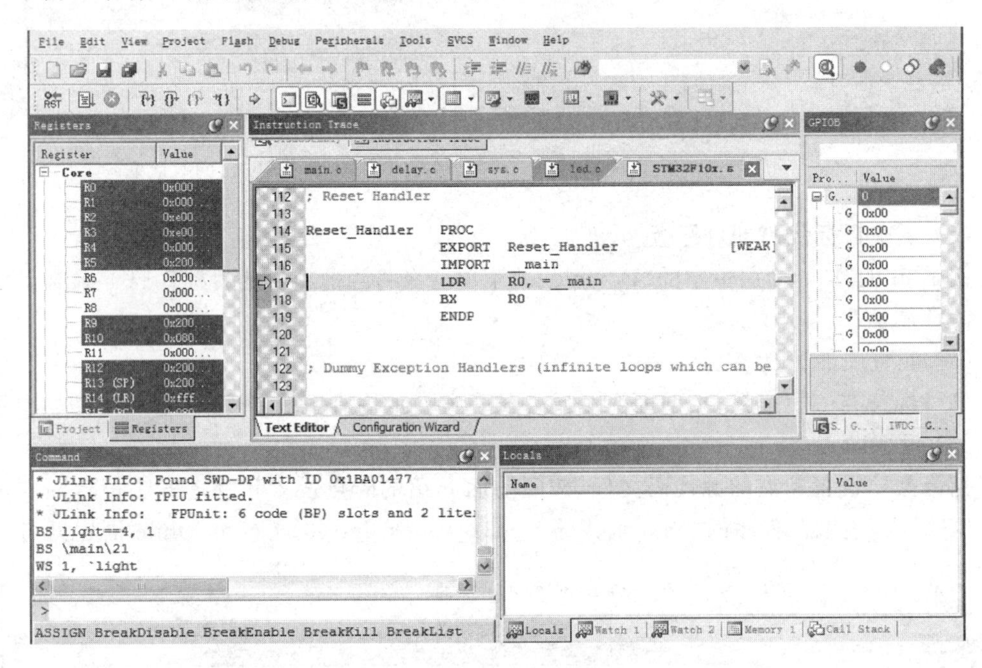

图 3-26 启动调试时的初始状态

(5) 单步执行

接上一步，按 F11 键，黄色的箭头将移到下一条件语句，如图 3-27 所示。

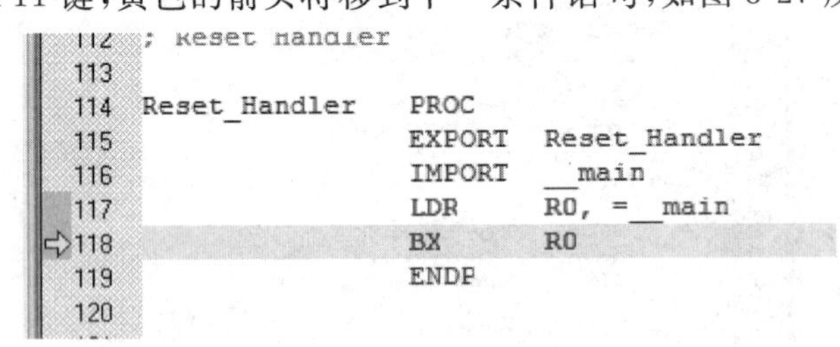

图 3-27 按 F11 键单步执行的调试效果

接上一步，再按一次 F11 键，程序将从汇编代码跳转到 C 代码中的 main 函数，如图3-28 所示。这是因为执行了图 3-27 中箭头所指的跳转语句跳转到了 main 函数中。此时，可以在图 3-28 中右下角的 Locals 窗口中看到 main 函数中声明的 interval 变量的初始值为

0x64。如果在调试过程中想要观察其他变量的值，例如图中的外部变量 light，在该变量名上右击，选择“Add ‘light’ to…→Watch 1”，可将该变量添加到 Watch 1 观察窗口，如图 3-29所示。在这些变量观察窗口中所展示的值是这些变量当前时间所保存的值。如果不想要某个变量的值显示在 Watch 窗口中，则可以将它们从 Watch 窗口中删除，方法是在 Watch 窗口中选中变量然后再按 Delete 键。

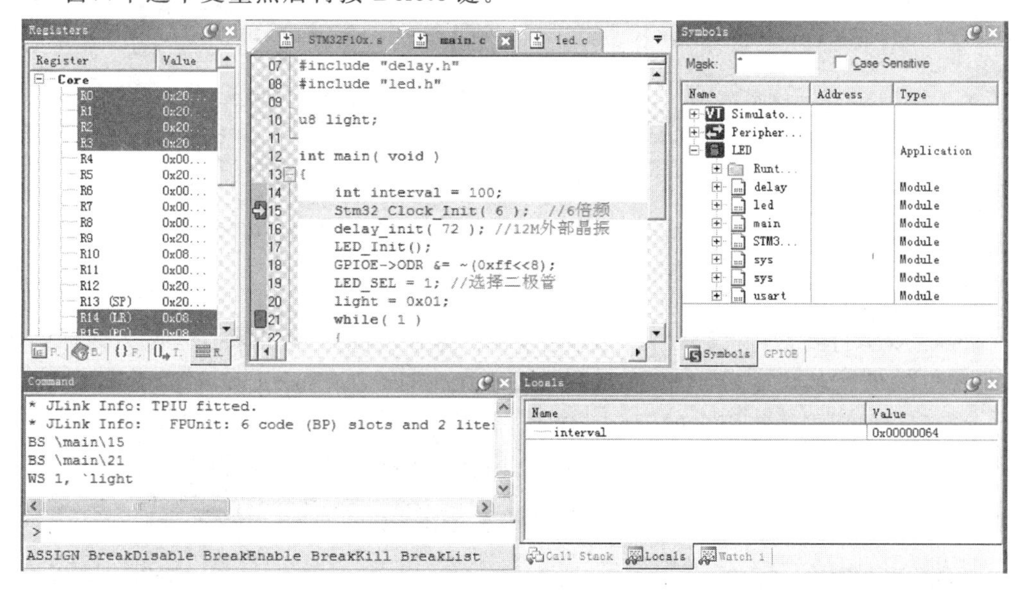

图 3-28　观察函数的局部变量的值示例

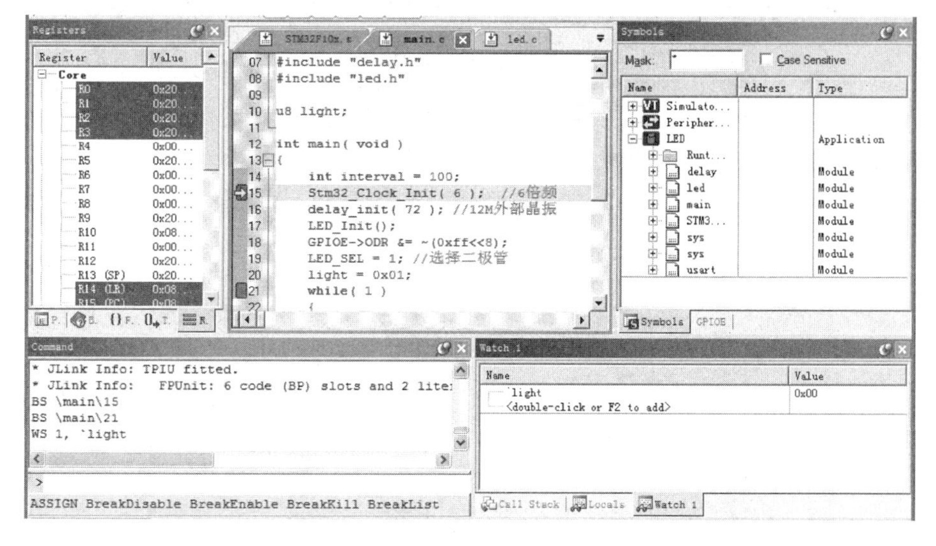

图 3-29　将变量添加到 Watch 窗口中观察其值示例

（6）跳出函数

接上一步，再按一次 F11 键进入 Stm32_Clock_Init 函数的内部，如图 3-30 所示。此时，如果认为没有必要逐条执行该行数中的后续语句，则可以选择 Debug→Step Out 菜单项，直接执行到该函数的被调位置的下一条语句处，如图 3-31 所示。

图 3-30　进入函数内部

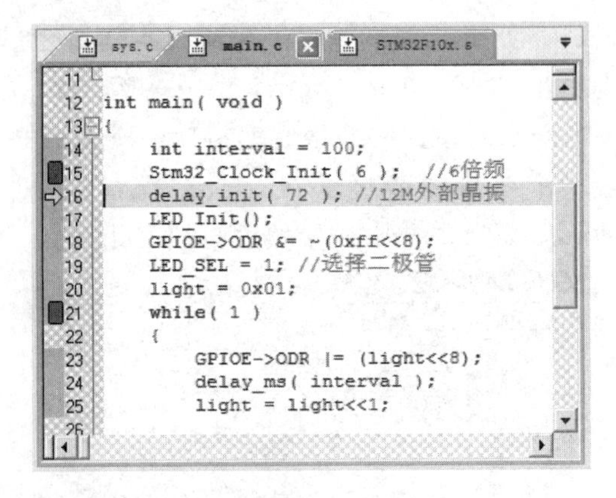

图 3-31　跳出函数调试操作的效果图

(7) 运行到光标处

如果想要运行到某行代码处,但又想省去断点操作的麻烦,可以将文本插入光标移动到该行(如图 3-32 所示的第 17 行),然后选择“Debug→Run to Cursor Line”菜单项。之后,程序将运行到该行后再等待用户的下一步操作,如图 3-33 所示。不过,如果程序的当前执行点到所设定的代码行的路径上有其他的断点,则会在那些断点处先暂停下来等待。

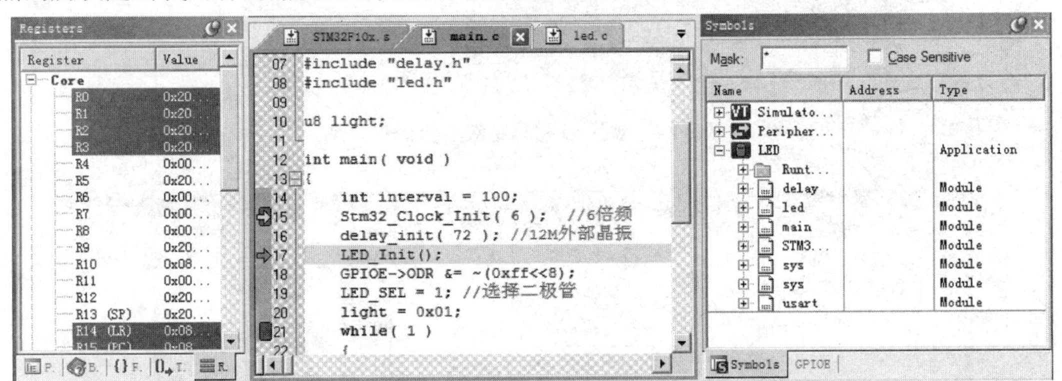

图 3-32　设置程序要运行到的代码行图例

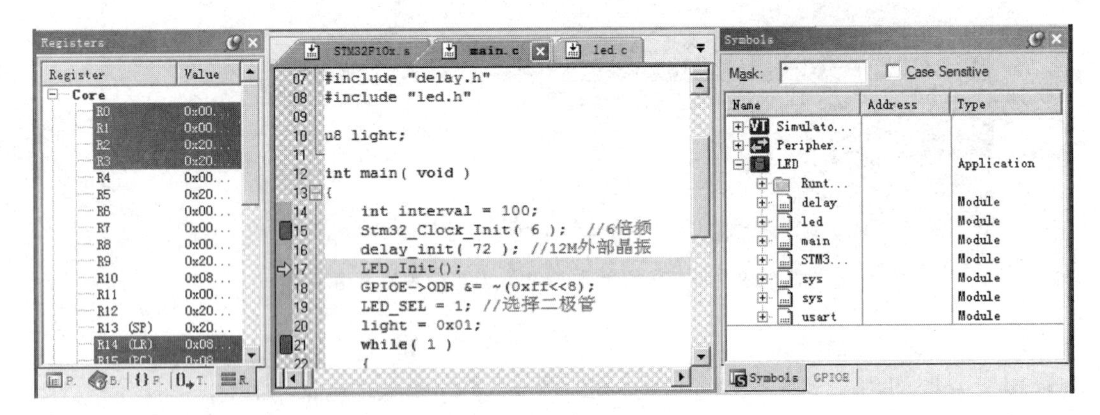

图 3-33　程序不间断地运行到指定的代码行效果图

(8) 单步跳过

接上图，假设已经知道 LED_Init 函数是正确的，则没有必须进入该函数内部去看程序的执行过程。这时，按 F10 键，系统将一次性执行完毕 LED_Init 函数，并在 LED_Init 函数调用语句的下一条语句处等待用户的操作，如图 3-34 所示。

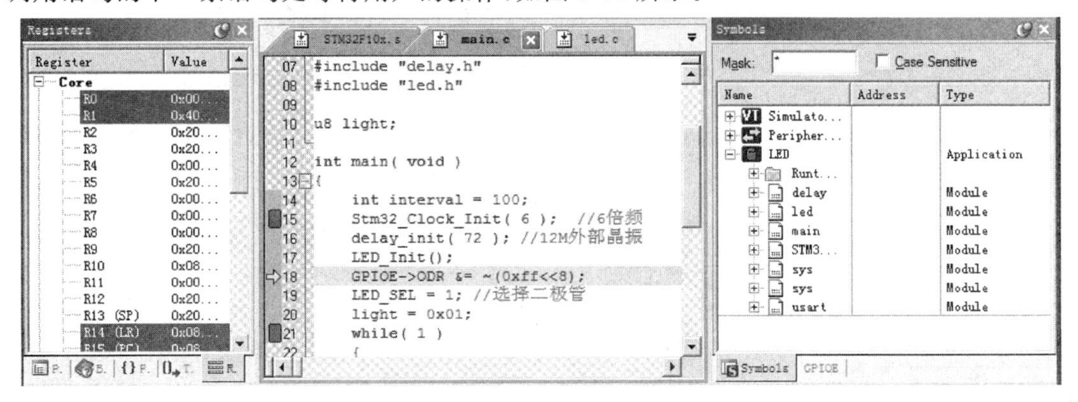

图 3-34　单步跳过调试操作效果示例

(9) 执行到下一个断点处

接下来，按 F5 后，程序将执行到下一个断点处等待，如图 3-35 所示。注意，因为前面的代码对 light 赋值 0x01，所以此时在图中右下角的 Locals 窗口中看到 main 函数中声明的 interval 变量的值变为 0x01。

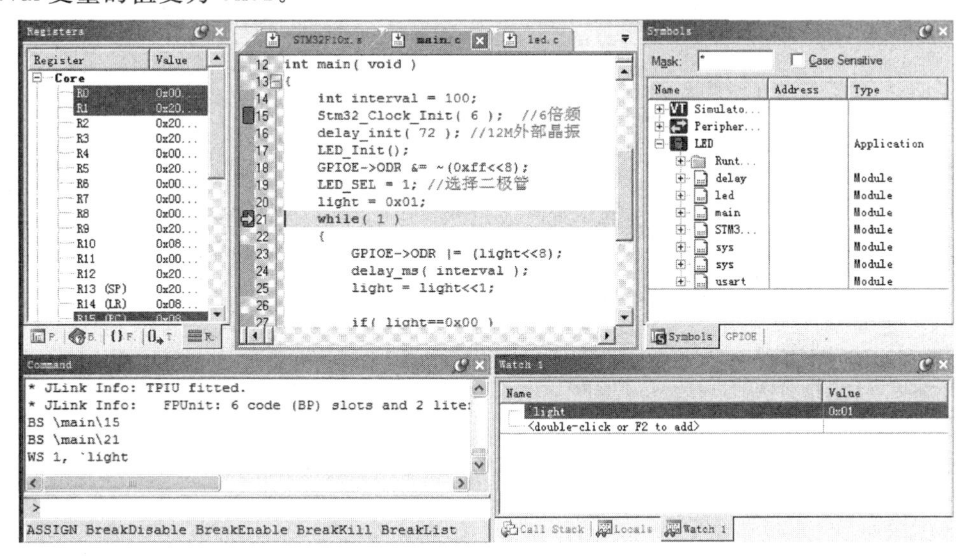

图 3-35　执行到一下个断点处的效果图

(10) 通过 Keil 修改硬件的状态

到此为止，可以看到目标板上的 LED 灯都是熄灭的，如图 3-36 所示。

此时，因为前面代码已经对 LED 灯相关的部分进行了初始化，所以现在可以在 Keil 中通过修改外设寄存器的值改变硬件的状态了。点击图 3-24 中的“General Purpose I/O”子菜单下的“GPIOE”菜单项，将出现如图 3-37 所示的对话框。注意图中 GPIOE_ODR 这个

图 3-36　目标板上的 LED 灯的初始状态

编辑框，其中的值表示 GPIOE 端口当前的输出数据。与该值对应，编辑框右边有 16 个小方框，它们分别表示当前 GPIOE 的 16 个引脚输出的信号。

General Purpose I/O E (GPIOE)

Pin	CNF
PE.0	Floating Input
PE.1	Floating Input
PE.2	Floating Input
PE.3	Floating Input
PE.4	Floating Input
PE.5	Floating Input
PE.6	Floating Input
PE.7	Floating Input

Selected Port Pin Configuration
MODE: 0: Input　CNF: 1: Floating Input

Configuration & Mode Settings
GPIOE_CRH: 0x33333333　GPIOE_CRL: 0x44444444

GPIOE
15 Bits 8 7 Bits 0
GPIOE_IDR: 0x000000D0
GPIOE_ODR: 0x00000000　LCKK
GPIOE_LCKR: 0x00000000

Settings: Clock Enabled

图 3-37　目标板上的 LED 灯对应的 GPIOE 端口的寄存器的状态

现在，点击数字 8 对应的小方框，方框中出现了一个钩号作为标记，左边的编辑框中的值自动地修改为 0x00000100。这时，观察目标板，可以发现右边的第一个 LED 灯被点亮。如图 3-38 所示。这是因为被点亮的这个灯接到 GPIOE 的第 8 号引脚上，且在 LED_Init 函数中把 GPIOE 的第 8～15 号引脚全部设置为输出模式。

如果把对话框中数字 15 对应的小方框也勾选上，则最左边的 LED 灯也将被点亮，如图 3-39 所示。

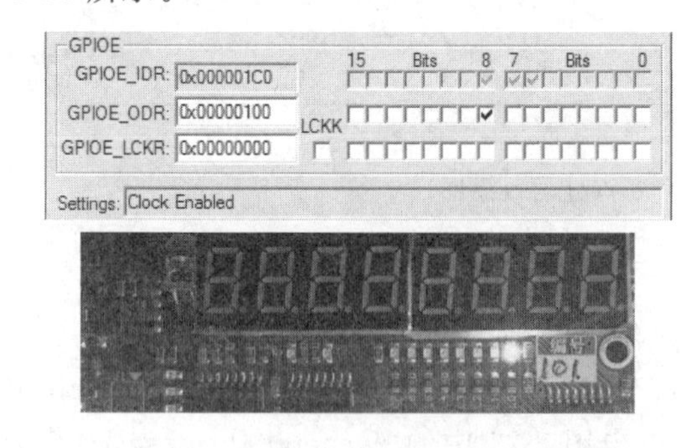

图 3-38　通过修改端口的数据寄存器的值控制第 1 个 LED 灯的状态

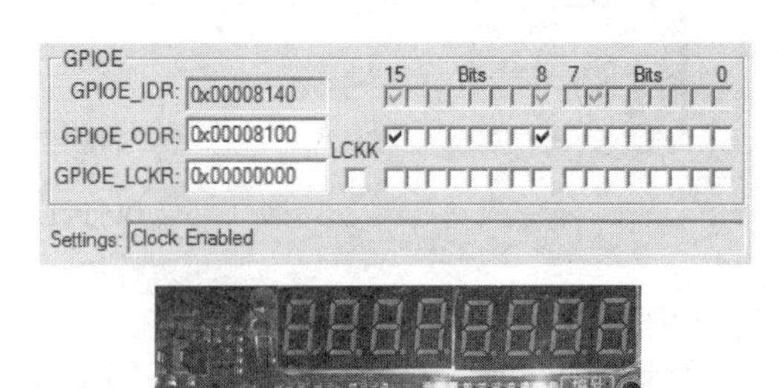

图 3-39　通过修改端口的数据寄存器的值控制第 1 个和第 8 个 LED 灯的状态

接下来，可以用前面介绍的各种调试操作将 while 循环执行到第 2 次循环的结束位置处。此时 light 的值为 0x2，点亮目标板上的右边第 1 和第 2 个 LED 灯，效果如图 3-40 所示。

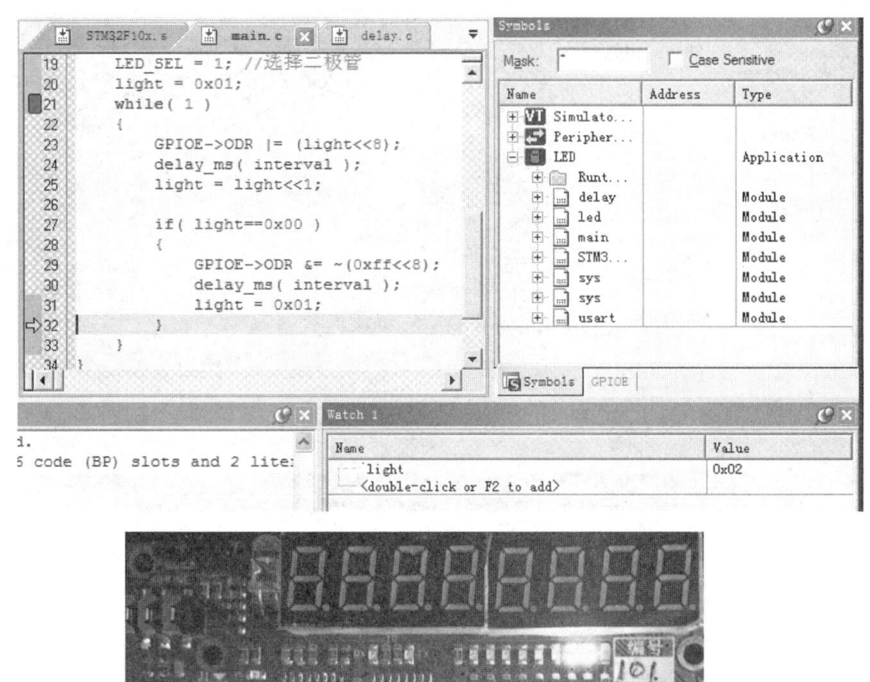

图 3-40　程序完成两个循环后的硬件状态效果图

3.6　程 序 下 载

3.6.1　Flash ISP 软件介绍

在完成了代码的编辑、编译以后，如何将程序下载到开发板中呢？其实下载程序的方法有很多，比如通过 JTAG 仿真器直接下载，或者通过 COM 端下载，或是使用 SWD 下载方式。这时就需要用到 Flash ISP 软件。

J-Flash ARM 是 J-Link 自带的一款 Flash ISP 软件，支持 bin 格式、hex 格式、srec 格式(Motorola)下载，下面就以烧写 hex 文件为例介绍 J-Flash ARM 的使用方法。

3.6.2　J-Flash ARM 软件使用流程

在安装 J-FlashARM 软件以后，点击打开该软件，将出现如图 3-41 所示窗口。

接下来进行硬件配置，点击菜单栏中的“Options”菜单，选择“Project Settings”选项或使用快捷键“Alt+F7”打开选项卡如图 3-42 所示，先点击“Target Interface”标签，并在下拉菜单中选中 SWD 仿真方式。

接下来是 CPU 选择，点击 CPU 标签，如图 3-43 所示，选中“Device”选项并在下拉菜单中找到并选中所使用硬件的 CPU 型号，这里以 STM32F103VBxx 为例。在确定了 CPU 后，Flash 将会自动进行配置。

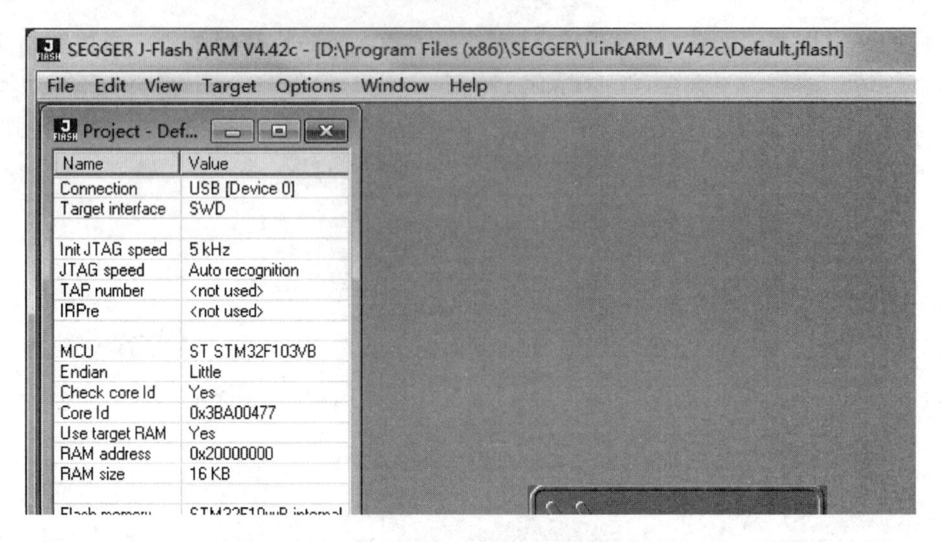

图 3-41　J-FlashARM 软件窗口

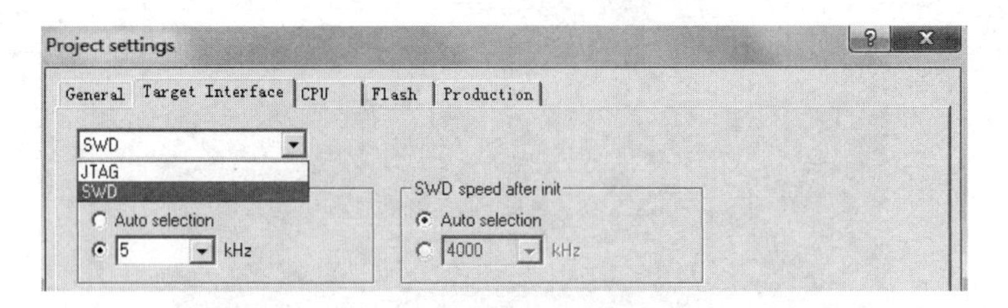

图 3-42　进行硬件配置，选择 SWD 仿真方式

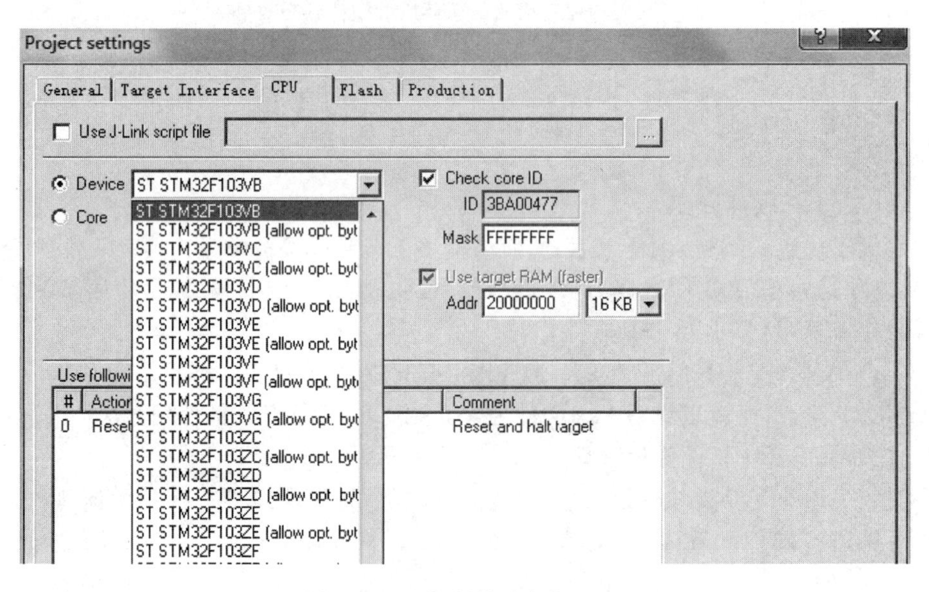

图 3-43　选择硬件对应的 CPU

在确定开发板通过 SWD 端口与 PC 连接以后，点击菜单栏“Target=>Connect”进行硬件连接，如果出现如图 3-44 右下角所示状态，则连接成功。

连接完成以后就可以开始下载程序了，点击菜单栏“File=>Open Data File”选择需要下载的程序的 hex 文件，将出现如图 3-45 所示窗口，说明已经选择了需要下载的文件。接下来就可以开始下载了，点击菜单栏“Target=＞Auto”开始下载，如图 3-45 所示。

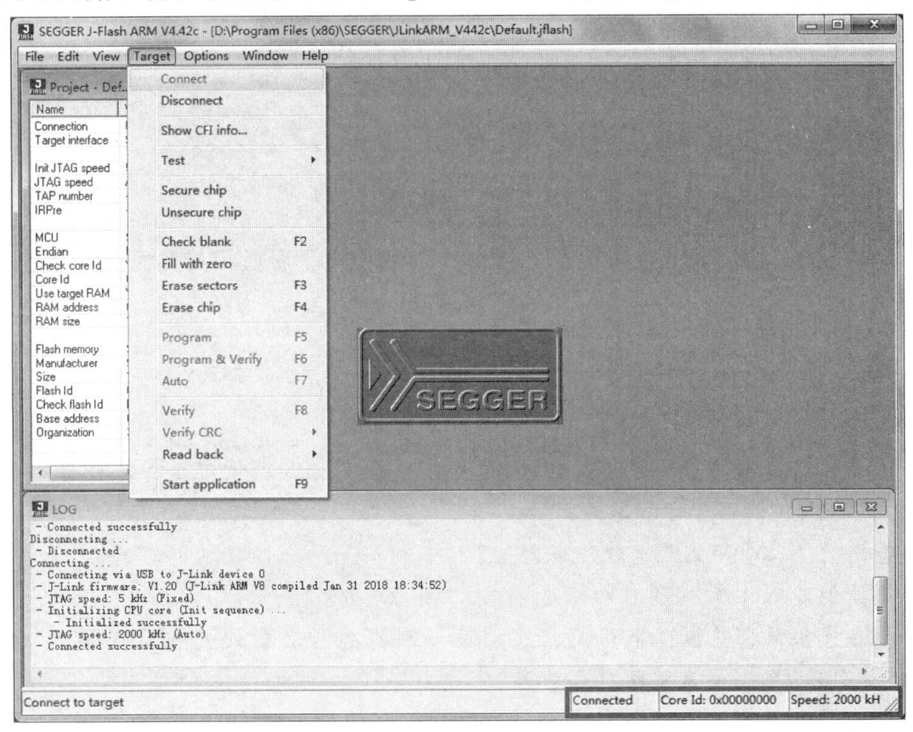

图 3-44　进行硬件连接示例

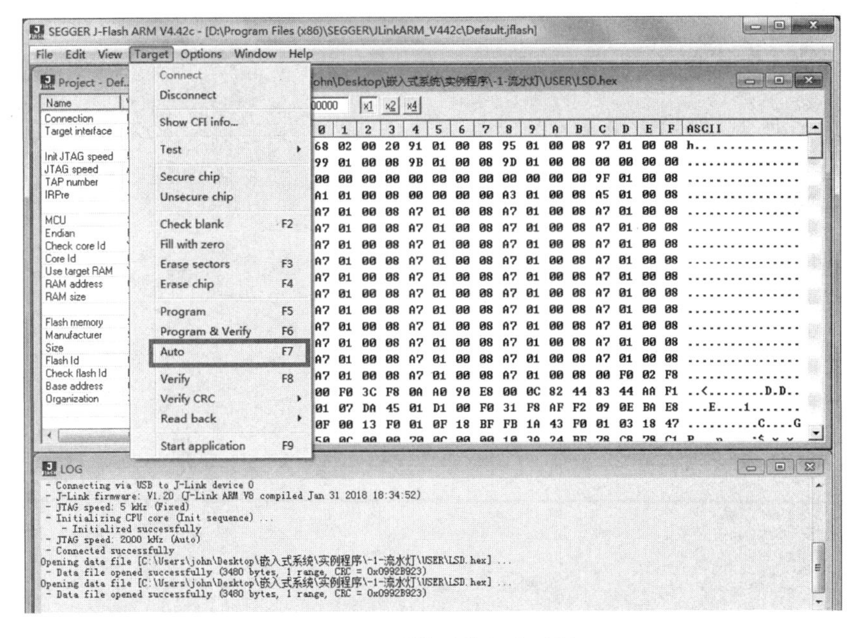

图 3-45　开始下载程序示例

下载成功以后将出现如图 3-46 所示提示信息。

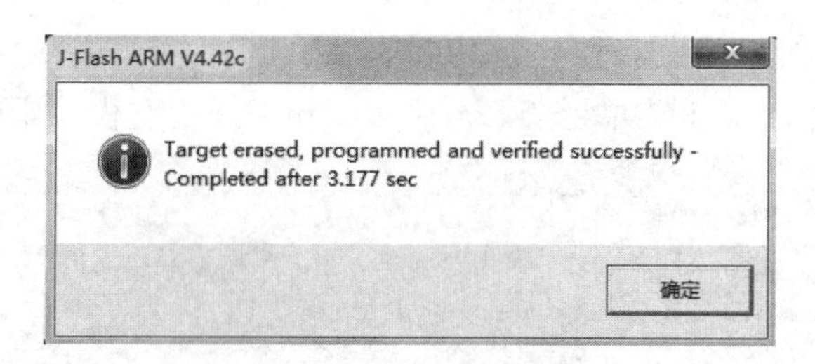

图 3-46　程序下载完成提示窗口

关于调试的其他细节设置和功能请参阅 Keil 的使用手册或相关教程。

3.7　习　　题

1. 什么是交叉编译,什么情况下需要用到交叉编译?

2. 边界扫描技术的基本思想是什么,边界扫描在 JTAG 调试中是如何获得处于调度状态的芯片的输入和输入管脚信息的?

3. 常用的 ARM 交叉开发软件有哪些?

4. 简述创建 Keil 软件项目的基本过程。

5. Keil 提供了一些窗口来让用户在调试时观察各种变量或处理器资源的状态信息。这些窗口是什么,分别用来观察什么内容?

6. 简述通过 Keil 进行软件仿真和进行硬件仿真的异同。

7. 在 Keil 中调试程序时,可以用哪些方法来推进程序的执行,对应的操作是什么?

3.8　参考文献

[1] 张会福,徐建波. 嵌入式系统设计与开发[M]. 长沙:国防科技大学出版社,2010.

[2] KEIL-AN ARM COMPANY. ARM 开发工具集(中文版)[EB/OL]. [2015-7-12]. http://download.csdn.net/detail/qw3188/4367785.

[3] ARM LIMITED. RealView 编译工具 4.0 版《汇编器指南》[EB/OL]. [2015-7-12]. http://download.csdn.net/download/opiano/5233129.

第 4 章　STM32-A 平台开发基础

对于嵌入式应用系统的开发，程序的质量直接影响整个系统功能的实现，好的程序设计可以弥补系统硬件设计的不足，提高应用系统的性能，反之，会使整个应用系统无法正常工作。不同于基于 PC 平台的程序开发，嵌入式系统的程序设计具有其自身的特点，在编写嵌入式系统应用程序时，一般要注意以下问题：

① 明确所要解决的问题，根据问题的要求，将软件分成若干个相对独立的部分，并合理设计软件的总体结构。

② 合理配置系统资源，对于一个特定的嵌入式系统来说，其系统资源，如 Flash、EEPROM、SDRAM、中断控制等，都是有限的，程序必须合理配置使用系统资源，最大限度地发挥硬件潜能，提高系统性能。

③ 根据软件的总体结构编写程序，同时采用各种调试手段，找出程序的各种语法和逻辑错误，最后应使各功能程序模块化，缩短代码长度以节省存储空间并减少程序执行时间。此外，由于嵌入式系统一般都应用在环境比较恶劣的场合，易受各种干扰，从而影响到系统的可靠性，因此，应用程序的抗干扰技术也是必须考虑的，这也是嵌入式系统应用程序不同于其他应用程序的一个重要特点。

④ 嵌入式程序中的位操作比较多，经常需要设置和清除一个字中的某个特定比特位，程序中通常把设备的某个端口或寄存器定义成变量，要特别注意 volatile 关键字的使用。

4.1　通用端口控制

STM32 的通用输入/输出(GPIO)端口可以驱动 LED、产生 PWM、驱动蜂鸣器等。本节主要介绍如何使用 GPIO 驱动 LED，因此，先简单介绍 STM32 的 GPIO 端口。

4.1.1　STM32 IO 简介

STM32F103VBT6 一共有 5 组输入/输出端口(I/O 口，简称 IO)，分别是 GPIOA、GPIOB … GPIOE，每组 IO 口有 16 个 IO，一共有 16×5＝80 个 IO 端口。端口位的基本结构如图 4-1 所示，每个 GPIO 端口可通过的最大电流是 25 mA，不过建议单个端口最好不要超过 10 mA，且要保证所有进入芯片 V_{DD} 的电流不超过 150 mA。STM32 的 GPIO 端口有以下特点：

① 通用输入/输出：最基本的功能，可以驱动 LED、产生 PWM、驱动蜂鸣器等。

② 单独的位设置或位清除：可以使程序简单可靠。端口配置好以后只需通过位带操作，以访问内存地址方式实现对 GPIOx 的 pinx 位的电平控制。

③ 所有端口都有外部中断能力：所有端口都可以使用外部中断，为了使用外部中断线，

端口必须配置成输入模式。

④ 复用功能(AF):复用功能的端口兼有IO功能等。复位期间和刚复位后,复用功能未开启,IO端口被配置成浮空输入模式。

⑤ 软件重新映射IO复用功能:为了使不同器件封装的外设IO功能的数量达到最优,可以把一些复用功能重新映射到其他引脚上。这可以通过软件配置相应的寄存器来完成。这时,复用功能就不再映射到它们的原始引脚上。

⑥ GPIO锁定机制:当在一个端口位上执行了锁定(LOCK)程序,在下一次复位之前,将不能再更改端口位的配置。

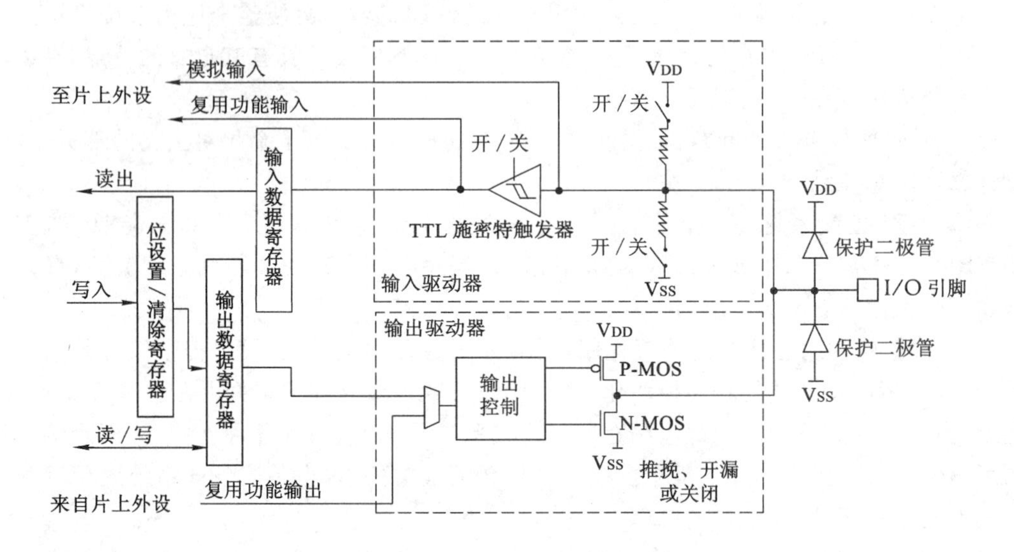

图4-1 GPIO端口位的基本结构

STM32的IO口可以由软件配置成8种模式:① 输入浮空,② 输入上拉,③ 输入下拉,④ 模拟输入,⑤ 开漏输出,⑥ 推挽输出,⑦ 推挽式复用功能,⑧ 开漏复用功能。

每个IO口可以自由编程,单IO口寄存器必须要按32位字被访问。STM32的每个IO端口都有7个相关寄存器来控制,他们分别是:用于配置模式的2个32位的端口配置寄存器CRL和CRH;2个32位的数据寄存器IDR和ODR;1个32位的置位/复位寄存器BSRR;一个16位的复位寄存器BRR;1个32位的锁存寄存器LCKR;常用的IO端口寄存器只有4个:CRL、CRH、IDR、ODR。CRL和CRH控制着每个IO口的模式及输出速率。STM32的IO口位配置如表4-1所示。

STM32端口低配置寄存器CRL的描述如图4-2所示。该寄存器的复位值为0x44444444,从图4-2可以看到,复位值其实就是配置端口为浮空输入模式。从图4-2还可以得出:STM32的CRL控制着每个IO端口(A～G)的低8位的模式。每个IO口占用CRL的4个位,其中高两位为CNF,低两位为MODE。几个比较常用的配置为:0x4表示模拟输入模式(ADC用)、0x3表示推挽输出模式(做输出口用,50 M速率)、0x8表示上/下拉输入模式(做输入口用)、0xB表示复用输出(使用IO口的第二功能,50 M速率)。

CRH的作用和CRL完全一样,只是CRL控制的是低8位IO口,而CRH控制的是高8位IO口。

表 4-1　　　　　　　　　　STM32 的 IO 口位配置表

配置模式		CNF1	CNF0	MODE1	MODE0	PxODR 寄存器
通用输出	推挽(Push-Pull)	0	0	01:最大输出速度为 10 MHz 10:最大输出速度为 2 MHz 11:最大输出速度为 50 MHz		0 或 1
	开漏(Open-Drain)		1			0 或 1
复用功能输出	推挽(Push-Pull)	1	0			不使用
	开漏(Open-Drain)		1			不使用
输入	模拟输入	0	0	00		不使用
	浮空输入		1			不使用
	下拉输入	1	0			0
	上拉输入					1

31	30	29	28	27	26	25	24	23	22	21	20	19	18	17	16
CNF7[1:0]		MODE7[1:0]		CNF6[1:0]		MODE6[1:0]		CNF5[1:0]		MODE5[1:0]		CNF 4[1:0]		MODE4[1:0]	
rw	rw	rw	rw	rw	rw	rw	rw	rw	rw	rw	rw	rw	rw	rw	rw
15	14	13	12	11	10	9	8	7	6	5	4	3	2	1	0
CNF3[1:0]		MODE3[1:0]		CNF2[1:0]		MODE2[1:0]		CNF1[1:0]		MODE1[1:0]		CNF0 [1:0]		MODE0[1:0]	
rw	rw	rw	rw	rw	rw	rw	rw	rw	rw	rw	rw	rw	rw	rw	rw

位	描述
位 31:30 27:26 23:22 19:18 15:14 11:10 7: 6 3: 2	CNFy[1:0]：端口 x 配置位 (y=0…7) (Port x configuration bits) 软件通过这些位配置相应的I/O端口，请参考表 4-1端口位配置表。 在输入模式 (MODE[1:0]=00)： 00：模拟输入模式 01：浮空输入模式（复位后的状态 ） 10：上拉/下拉输入模式 11：保留 在输出模式 (MODE[1:0]>00)： 00：通用推挽输出模式 01：通用开漏输出模式 10：复用功能推挽输出模式 11：复用功能开漏输出模式
位 29：28 25：24 21：20 17：16 13：12 9：8 5：4 1：0	MODEy[1:0]：端口 x 配置位 (y=0…7) (Port x mode bits) 软件通过这些位配置相应的I/O端口，请参考表4-1端口位配置表。 00：输入模式（复位后的状态 ） 01：输出模式，最大速度 10 MHz 10：输出模式，最大速度 2 MHz 11：输出模式，最大速度 50 MHz

图 4-2　端口低配置寄存器 CRL 各位描述

例如要设置 PORTC 的 11 位为上拉输入，12 位为推挽输出。代码如下：

```
GPIOC->CRH&=0XFFF00FFF;      //清掉这 2 个位原来的设置,同时不影响其他位的设置
GPIOC->CRH|=0X00038000;      //PC11 输入,PC12 输出
GPIOC->ODR=1<<11;            //PC11 上拉
```

IDR 是一个端口输入数据寄存器，只用了低 16 位。该寄存器为只读寄存器，并且只能以 16 位的形式读出。该寄存器各位的描述如图 4-3 所示。

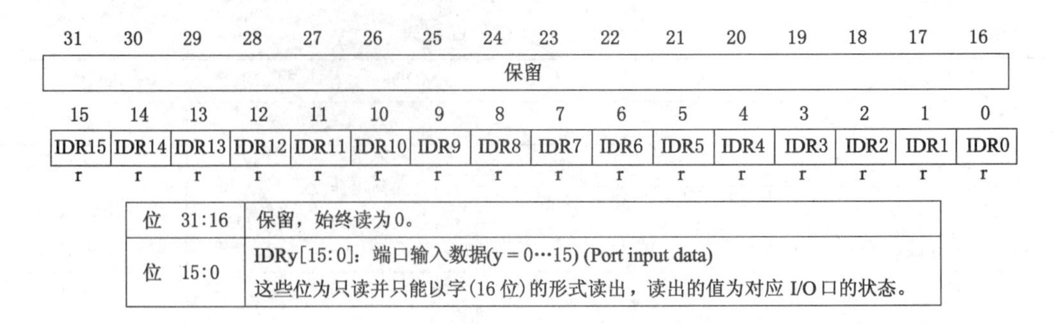

31	30	29	28	27	26	25	24	23	22	21	20	19	18	17	16
保留															

15	14	13	12	11	10	9	8	7	6	5	4	3	2	1	0
IDR15	IDR14	IDR13	IDR12	IDR11	IDR10	IDR9	IDR8	IDR7	IDR6	IDR5	IDR4	IDR3	IDR2	IDR1	IDR0
r	r	r	r	r	r	r	r	r	r	r	r	r	r	r	r

位	说明
位 31:16	保留，始终读为0。
位 15:0	IDRy[15:0]：端口输入数据(y = 0…15) (Port input data) 这些位为只读并只能以字(16位)的形式读出，读出的值为对应 I/O 口的状态。

图 4-3　端口输入数据寄存器 IDR 各位描述

要想知道某个 IO 口的状态，只要读这个寄存器，再看某个位的状态就可以了。使用起来是比较简单的。

ODR 是一个端口输出数据寄存器，也只用了低 16 位。该寄存器为可读写，从该寄存器读出来的数据可以用于判断当前 IO 口的输出状态。而向该寄存器写数据，则可以控制某个 IO 口的输出电平。该寄存器的各位描述如图 4-4 所示：

31	30	29	28	27	26	25	24	23	22	21	20	19	18	17	16
保留															

15	14	13	12	11	10	9	8	7	6	5	4	3	2	1	0
ODR15	ODR14	ODR13	ODR12	ODR11	ODR10	ODR9	ODR8	ODR7	ODR6	ODR5	ODR4	ODR3	ODR2	ODR1	ODR0
rw	rw	rw	rw	rw	rw	rw	rw	rw	rw	rw	rw	rw	rw	rw	rw

位	说明
位 31:16	保留，始终读为0。
位 15:0	ODRy[15:0]：端口输出数据(y = 0…15)(Port output data) 这些位可读可写并只能以字 (16位)的形式操作。 注：对 GPIOx_BSRR(x = A… E)，可以分别地对各个 ODR 位进行独立的设置 /清除。

图 4-4　端口输出数据寄存器 ODR 各位描述

4.1.2　硬件原理与设计

LED(Light Emitting Diode)发光二极管，是一种能够将电能转化为可见光的固态半导体器件，能直接发出红、黄、蓝、绿、青、橙、紫、白色的光，通常使用红、绿 LED 作为指示灯。八段数码管如图 4-5 所示。八段数码管里面有 8 只发光二极管，分别记作 A、B、C、D、E、F、G 和 DP，其中 DP 为小数点。每一只发光二极管都有一根电极引到外部引脚上，而另外一只引脚就连接

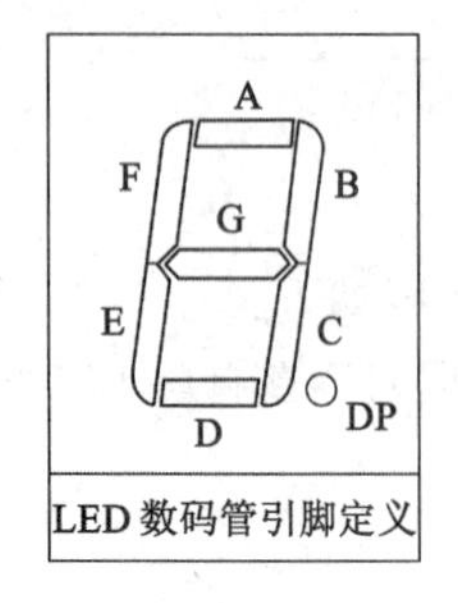

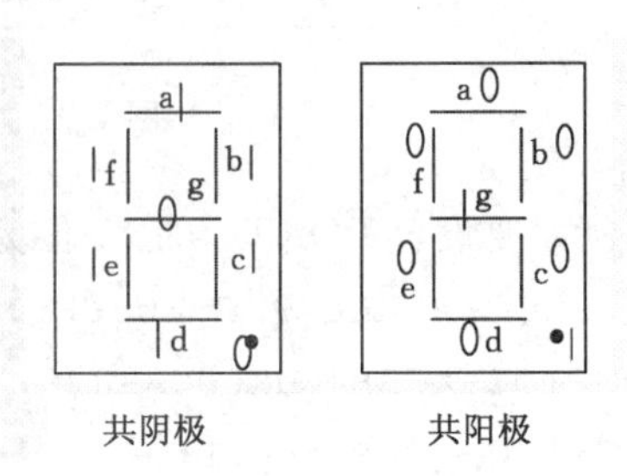

图 4-5　八段数码管

在一起同样也引到外部引脚上，为公共端，通过控制不同的 LED 的亮灭来显示出不同的字形。数码管又分为共阴极和共阳极，共阴极就是将 8 个 LED 的阴极连在一起，让其接地，这样给任何一个 LED 的另一端高电平，它便能点亮；共阳极就是将 8 个 LED 的阳极连在一起。

如果想让数码管显示数字 0，由图 4-5 可知，除 DP 和 G 不亮外其余二极管都亮。如果每个二极管对应一个字节的八个位，A 为 bit0，B 为 bit1，…，DP 为 bit7，那么共阴极数码管显示数字 0 的字符编码为 00111111，即 0x3f；共阳极数码管的字符编码为 11000000，即 0xc0，可以看出两个编码的各位正好相反。其中共阴极的数码管显示 0～F 的段编码如下：

```
unsigned char code table[]={          //共阴极 0~F 数码管编码
    0x3f,0x06,0x5b,0x4f,              //0~3
    0x66,0x6d,0x7d,0x07,              //4~7
    0x7f,0x6f,0x77,0x7c,              //8~b
    0x39,0x5e,0x79,0x71               //c~f
    };
```

实验平台的 LED 和八段数码管连接图如图 4-6 所示。8 个 LED 和各数码管中的 A～G、DP 段分别连接到电路图中的 A～G、H 线上，A～H 分别连接到 CPU 的 PE8～PE15 管脚，LED 的另一端接在 LED_SEL 上，且 LED_SEL 连接到 CPU 的 PB3 管脚上，数码管的公共端接 74HC138 译码器，其中八段数码管的位选管脚 SEL0～SEL2 分别连接到 CPU 的 PB0～PB2 管脚上。当 LED 和八段数码管的某段上有一定的电压差值时，便会点亮相应的 LED。当 LED_SEL 输入为 1 时，E3 输入为 0，相当于 LED 另一脚接地，LED 灯状态取决 A～H 线上的电位；而此时 3-8 译码器截止，八段数码管全部熄灭。当 LED_SEL 输入为 0 时，E3 输入为 1，3-8 译码器选通，八段数码管可以点亮，这时根据 SEL0～SEL2 的值确定哪个八段数码管被选中，即位选，再根据 A～H 引脚的高低电平，点亮八段数码管中对应的

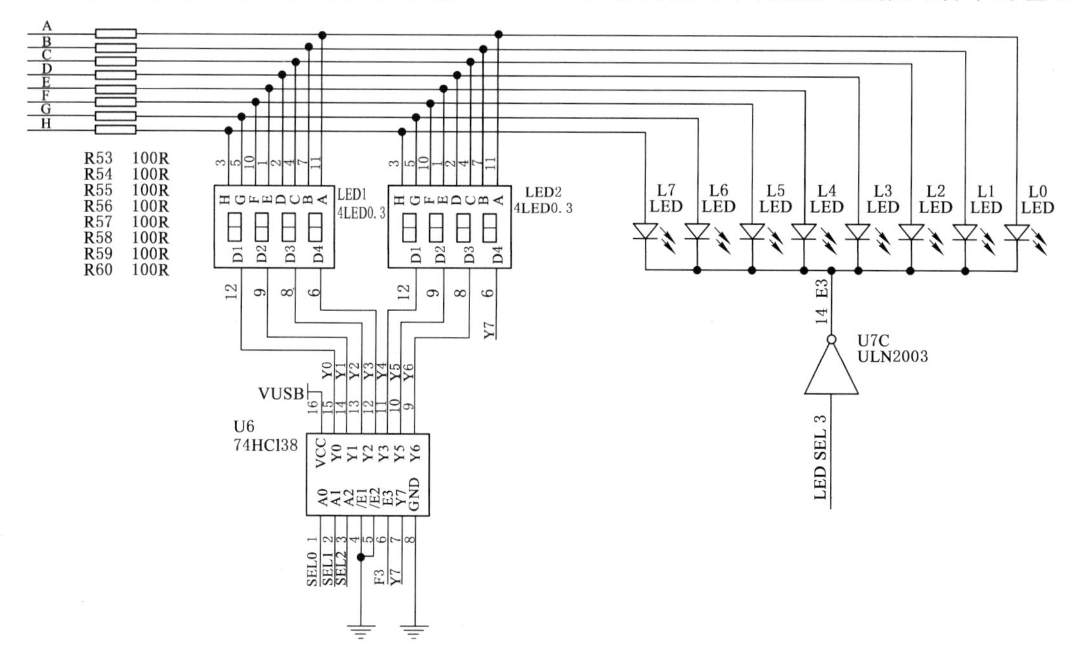

图 4-6　LED 和八段数码管显示原理图

LED,即段选。

4.1.3　软件设计

STM32 端口编程主要步骤为：

① 使能端口 IO 时钟；

② 初始化 IO 端口参数；

③ 操作 IO 口。

根据以上步骤,设计 LED 流水灯程序,在开发板上实现 LED0～LED7 从右至左依次点亮。每个灯亮后,延时一小段时间,发光二极管再次从右至左依次点亮。如此反复循环。程序如下：

```
# include "stm32f10x_map.h"
//定义 STM32 寄存器
# define GPIOB_CRL ((unsigned long int *)0x40010C00)
# define GPIOB_ODR ((unsigned long int *)0x40010C0C)
# define GPIOE_CRH ((unsigned long int *)0x40011804)
# define GPIOE_ODR ((unsigned long int *)0x4001180C)
//以下用位带方式定义 PE 的第八个 IO 口
u32* PEO8=(u32*)(0x42000000+(0x4001180C-0x40000000)*32+8*4);
int delay(int Time)
{   //延时函数,通过循环空操作实现一定时间的延时
    unsigned short t,i,j;
    for(t= 0;t<Time;t++) for(i=0;i<1000;i++) for(j=0;j<1000;j++)
        ;
    return 0;
}
void  main(void)
{
    //使能端口 IO 时钟; RCC 结构在 stm32f10x_map.h 中定义
    RCC->APB2ENR|=1<<0;          //使能 AFIO
    RCC->APB2ENR|=1<<3;          //使能 PORTB 时钟
    RCC->APB2ENR|=1<<6;          //使能 PORTE 时钟
    AFIO->MAPR|=0x02000000;      //设置 PB.3 为 I/O 口可用,且可以 SW 仿真
    //初始化 IO 端口参数
    * GPIOB_CRL &=0xFFFF0FFF;
    * GPIOB_CRL=* GPIOB_CRL|0x00003000;  //PB.3 推挽输出
    * GPIOB_ODR|=0x00000008;             //PB.3 输出高
    * GPIOE_CRH &=0X00000000;
    * GPIOE_CRH|=0X33333333;             //PE.8- 15 推挽输出
    * GPIOE_ODR|=0x0000FF00;             //PE.8- 15 输出高
    delay(5);
```

```
    while(1)
    {
        //操作 IO 口
        * PE08=1;                   //位带操作
        delay(2);
        * PE08=0;
        delay(2);
        * GPIOE_ODR=0x00000200;   //LED2
        delay(2);
        * GPIOE_ODR=0x00000400;   //LED3
        delay(2);
        * GPIOE_ODR=0x00000800;   //LED4
        delay(2);
        * GPIOE_ODR=0x00001000;   //LED5
        delay(2);
        * GPIOE_ODR=0x00002000;   //LED6
        delay(2);
        * GPIOE_ODR=0x00004000;   //LED7
        delay(2);
        * GPIOE_ODR=0x00008000;   //LED8
        delay(2);
   }
}
```

根据八段数码管连接原理图，设计八段数码管显示程序，在开发板上实现可观察到 8 个数码管从左至右依次显示对应的数字，且每一个数码管显示的数字在 1～9 之间循环。程序如下：

① 在 sys. h 中定义：

```
//IO 口操作宏定义、位带操作
# define BITBAND(addr, bitnum) ((addr & 0xF0000000)+0x2000000+
        ((addr &0xFFFFF)<<5)+(bitnum<<2))
# define MEM_ADDR(addr)  *((volatile unsigned long  *)(addr))
# define BIT_ADDR(addr, bitnum)   MEM_ADDR(BITBAND(addr, bitnum))
# define GPIOB_ODR_Addr    (GPIOB_BASE+12)       //0x40010C0C
# define GPIOE_ODR_Addr    (GPIOE_BASE+12)       //0x4001180C
# define GPIOB_IDR_Addr    (GPIOB_BASE+8)        //0x40010C08
# define GPIOE_IDR_Addr    (GPIOE_BASE+8)        //0x40011808
# define PBout(n)   BIT_ADDR(GPIOB_ODR_Addr,n)   //输出
# define PBin(n)    BIT_ADDR(GPIOB_IDR_Addr,n)   //输入
# define PEout(n)   BIT_ADDR(GPIOE_ODR_Addr,n)   //输出
# define PEin(n)    BIT_ADDR(GPIOE_IDR_Addr,n)   //输入
```

② 在 led. h 中定义：

```
//LED 端口定义
# define LED_SEL PBout(3) //PB3
//位选
# define SEL0 PBout(0)
# define SEL1 PBout(1)
# define SEL2 PBout(2)
//段选
# define LED0 PEout(8)
# define LED1 PEout(9)
# define LED2 PEout(10)
# define LED3 PEout(11)
# define LED4 PEout(12)
# define LED5 PEout(13)
# define LED6 PEout(14)
# define LED7 PEout(15)
```

③ 编写 LED 初始化函数：

```
void LED_Init()
{
    RCC->APB2ENR|=1<<3;              //使能 PORTB 时钟
    RCC->APB2ENR|=1<<6;              //使能 PORTE 时钟
    GPIOB->CRL &=0xFFFF0000;
    GPIOB->CRL|=0x00003333;          //PB.3 推挽输出
    GPIOB->ODR|=0x000000FF;          //PB.3 输出高
    GPIOE->CRH&=0X00000000;
    GPIOE->CRH|=0X33333333;          //PE.8-15 推挽输出
    GPIOE->ODR|=0x0000FF00;          //PE.8-15 输出高
}
```

④ 编写 LED 显示数字函数：

```
//设置 A~E 段的对应的值
void LedValue(unsigned char value)
{
    LED0=(value&0x01)? 1:0;
    LED1=(value&0x02)? 1:0;
    LED2=(value&0x04)? 1:0;
    LED3=(value&0x08)? 1:0;
    LED4=(value&0x10)? 1:0;
    LED5=(value&0x20)? 1:0;
    LED6=(value&0x40)? 1:0;
```

```
    LED7=(value&0x80)? 1:0;
}
```

⑤ 相应调用主函数：

```
uchar show_w1,show_w2,show_w3,show_w4,show_w5,show_w6,show_w7,
      show_w8,flag,count;
uchar segTable[]={0x3f,0x06,0x5b,0x4f,0x66,0x6d,0x7d,0x07,0x7f,
      0x6f};
int main()
{
  uchar i;
  Stm32_Clock_Init( 6 );
  delay_init( 72 );
  LED_Init();
  LED_SEL=0;
  show_w1=0;
  show_w2=1;
  show_w3=2;
  show_w4=3;
  show_w5=4;
  show_w6=5;
  show_w7=6;
  show_w8=7;
  while(1)
  {
    for(i=0;i<8;i++)
    {
      SEL2=i/4;
      SEL1=i% 4/2;
      SEL0=i% 2;
      switch(i)
      {
        case 0: LedValue( segTable[show_w1% 10] );
                delay_ms(100); break;
        case 1: LedValue( segTable[show_w2% 10] );
                delay_ms(100); break;
        case 2: LedValue( segTable[show_w3% 10] );
                delay_ms(100); break;
        case 3: LedValue( segTable[show_w4% 10] );
                delay_ms(100); break;
```

```
        case 4: LedValue( segTable[show_w5% 10] );
                delay_ms(100); break;
        case 5: LedValue( segTable[show_w6% 10] );
                delay_ms(100); break;
        case 6: LedValue( segTable[show_w7% 10] );
                delay_ms(100); break;
        default: LedValue( segTable[show_w8% 10] );
                 delay_ms(100); break;
      }
    }
    show_w1++;
    show_w2++;
    show_w3++;
    show_w4++;
    show_w5++;
    show_w6++;
    show_w7++;
    show_w8++;
  }
}
```

4.1.4 STM32 标准外设库概述

STM32 标准外设库之前的版本也称固件函数库或简称固件库，是一个固件函数包，它由程序、数据结构和宏组成，包括了微控制器所有外设的性能特征。该函数库还包括每一个外设的驱动描述和应用实例，为开发者访问底层硬件提供了一个中间应用编程界面(application programming interface，API)通过使用固件函数库，开发者无需深入掌握底层硬件细节就可以轻松应用每一个外设。因此，使用固件函数库可以大大减少用户的程序编写时间，进而降低开发成本。每个外设驱动都由一组函数组成，这组函数覆盖了该外设所有功能。每个器件的开发都由一个通用应用编程界面 API 驱动，API 对该驱动程序的结构、函数和参数名称都进行了标准化。

ST 公司 2007 年 10 月发布了 V1.0 版本的固件库，MDK ARM3.22 之前的版本均支持该库。2008 年 6 月发布了 V2.0 版的固件库，从 2008 年 9 月推出的 MDK ARM3.23 版本至今均使用 V2.0 版本的固件库。V3.0 以后的版本相对之前的版本改动较大。

使用标准外设库进行开发最大的优势就在于可以使开发者不用深入了解底层硬件细节就可以灵活规范地使用每一个外设。标准外设库覆盖了从 GPIO 到定时器，再到 CAN、I2C、SPI、UART 和 ADC 等的所有标准外设。对应的 C 源代码只是用了最基本的 C 编程的知识，所有代码经过严格测试，易于理解和使用，并且配有完整的文档，非常方便进行二次开发和应用。STM32F10XXX 的标准外设库目前已经更新到最新的 3.5 版本，可以从 ST 的官方网站下载到各种版本的标准外设库，3.0 以上版本的文件结构大致相同，每个版本可能略有调整。STM32 标准外设库的命名规则及其详细介绍可参考相关手册。

在实际开发过程中，根据应用程序的需要，可以采取 2 种方法使用标准外设库(StdPeriph_Lib)：

① 使用外设驱动：应用程序开发基于外设驱动 API(应用编程接口)的。用户只需要配置文件“stm32f10x_conf.h”，并使用相应的文件“stm32f10x_ppp.h/.c”(ppp 表示外设的名称)即可。

② 不使用外设驱动：应用程序开发是基于外设的寄存器结构和位定义文件的。

下面的跑马灯程序即为使用 STM32 标准外设库开发的版本。

① LED 初始化函数：

```
//初始化 PB3 和 PE8-15 为输出口.并使能这两个口的时钟
//LED IO 初始化
woid LED_Init(void)
{
    GPIO_InitTypeDef GPIO_InitStructure;
    //使能 PE,PB 端口时,而且打开复用时钟
    RCC_APB2PeriphClockCmd(RCC_APB2Periph_GPIOE|
        RCC_APB2Periph_GPIOB|RCC_APB2Periph_AFIO, ENABLE);
    //改变指定管脚的映射 GPIO_Remap_SWJ_JTAGDisable,
    //JTAG-DP 禁用+SW-DP 使能否则 PB3 口不能使用
    GPIO_PinRemapConfig(GPIO_Remap_SWJ_JTAGDisable, ENABLE);

    GPIO_InitStructure.GPIO_Pin=GPIO_Pin_3;            //PB3 配置
    GPIO_InitStructure.GPIO_Mode=GPIO_Mode_Out_PP;     //推挽输出
    GPIO_InitStructure.GPIO_Speed=GPIO_Speed_50MHz;  //速度 50M
    //根据设定参数初始化 PB3
    GPIO_Init(GPIOB, &GPIO_InitStructure);
    GPIO_SetBits(GPIOB,GPIO_Pin_3);                    //PB3 输出高

    //PE8-PB15 端口配置, 推挽输出
    GPIO_InitStructure.GPIO_Pin=
        GPIO_Pin_8|GPIO_Pin_9|GPIO_Pin_10|GPIO_Pin_11
        |GPIO_Pin_12|GPIO_Pin_13|GPIO_Pin_14|GPIO_Pin_15;
    //推挽输出,IO 口速度为 50MHz
    GPIO_Init(GPIOE, &GPIO_InitStructure);
    //PB.8-15 输出高
    GPIO_SetBits(GPIOE,GPIO_Pin_8|GPIO_Pin_9|GPIO_Pin_10
        |GPIO_Pin_11|GPIO_Pin_12|GPIO_Pin_13
        |GPIO_Pin_14|GPIO_Pin_15);
}
```

② 相应调用主函数：

```
//跑马灯实验
int main(void)
{
    delay_init();        //延时函数初始化
    LED_Init();          //初始化与 LED 连接的硬件接口
    while(1)
    {
        GPIO_ResetBits(GPIOE,GPIO_Pin_8);     //LED0 输出低
        GPIO_ResetBits(GPIOE,GPIO_Pin_9);     //LED1 输出低
        GPIO_ResetBits(GPIOE,GPIO_Pin_10);    //LED2 输出低
        GPIO_ResetBits(GPIOE,GPIO_Pin_11);    //LED3 输出低
        GPIO_ResetBits(GPIOE,GPIO_Pin_12);    //LED4 输出低
        GPIO_ResetBits(GPIOE,GPIO_Pin_13);    //LED5 输出低
        GPIO_ResetBits(GPIOE,GPIO_Pin_14);    //LED6 输出低
        GPIO_ResetBits(GPIOE,GPIO_Pin_15);    //LED7 输出低
        delay_ms(1000);
        GPIO_SetBits(GPIOE,GPIO_Pin_8);       //LED0 输出高
        GPIO_SetBits(GPIOE,GPIO_Pin_9);       //LED1 输出低
        GPIO_SetBits(GPIOE,GPIO_Pin_10);      //LED2 输出低
        GPIO_SetBits(GPIOE,GPIO_Pin_11);      //LED3 输出低
        GPIO_SetBits(GPIOE,GPIO_Pin_12);      //LED4 输出低
        GPIO_SetBits(GPIOE,GPIO_Pin_13);      //LED5 输出低
        GPIO_SetBits(GPIOE,GPIO_Pin_14);      //LED6 输出低
        GPIO_SetBits(GPIOE,GPIO_Pin_15);      //LED7 输出低
        delay_ms(1000);
    }
}
```

4.2 按键与中断

键盘是智能化测控系统主要的信息输入方式，是实现人机对话的重要途径，因此如何有效地控制键盘并为系统服务是每个设计者需要切实考虑的问题。

4.2.1 键盘扫描与去抖动

嵌入式系统按键多的时候，一般采用现成的键盘扫描芯片来处理，如 8279，而按键少的时候，则一般自己用 I/O 口做键盘扫描端口，但需要自己编写键盘扫描程序。

键盘扫描方式有两种，即交叉扫描和直接扫描，它们各有优点。在同样多 I/O 口的情况下，交叉扫描可以接比较多的键盘，但处理相对复杂一些；直接扫描可以接的键盘较少，但处理简单。

交叉扫描，是将 I/O 口分成两组，分别作为行和列，形成一个键盘矩阵。扫描每隔一段

时间进行一次，例如 50 ms。扫描时，先将行作为输出，列作为输入。先在第一行输出 L(低电平)，其余行输出 H(高电平)，读取 N 个列的值，如果有 L，则说明在这一列上有按键按下，然后将行变为输入，列变为输出，在该列输出 L，其余列输出 H，读出 M 行的值，哪一行为 L 则该行和该列交叉的按键被按下，这样便得到了按键的 ID。按照这个方法，依次扫描到第 M 行，则所有按键都能被扫描到。在扫描过程中，如果有多行或者多列读出来的值为 L，则说明有多个按键按下，因为每个按键都能被准确定位，因此每次只接受一个按键还是都接受可以按自己的需要处理。

直接扫描，是每个端口直接连接按键，不与其他端口交叉，因此有多少端口就可以接多少按键。跟交叉扫描一样，也是每隔一段时间扫描一次。扫描时，直接读取端口的值，如果某位为 L，则表示对应的按键按下。

当然，不管是交叉扫描还是直接扫描，都有去抖动的问题，一次完整按键过程的时序波形如图 4-7 所示。当按键未被按下时，CPU 端口输入为通过上拉电阻获得的高电平；按下时，端口接至地，端口输入为低电平。当机械触点断开、闭合时会有抖动，这种抖动对人来说是感觉不到的，但对计算机来说，则是完全可以感应到的。计算机处理的速度是 us 级，而机械抖动的时间至少是 ms 级，对计算机而言，这已是漫长的时间了。

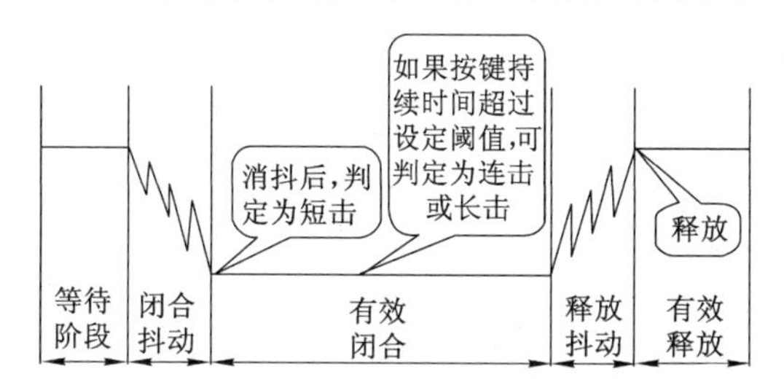

图 4-7　按键过程时序波形

为使 CPU 能正确地读出端口的状态，对每一次按键只作一次响应，这就必须考虑如何去除抖动的问题。嵌入式系统一般采用软件延时去除抖动。软件延时去除抖动方法其实很简单，就是在 CPU 获得端口有按键动作时，不是立即认定按键开关已被按下，而是延时 10 ms 或更长一段时间后再次检测端口，如果仍为动作电平，则说明按键开关的确按下了，这实际上是避开了按键按下时的抖动时间；而在检测到按键释放后(端口为高)再延时 5～10 ms，消除后沿的抖动后再对键值处理。当然，实际应用中对按键的要求也是千差万别，要根据不同的需要来编制处理程序，但以上是软件延时去除抖动的基本原则。

CPU 在查询读取按键时，不断地扫描键盘，扫描到有键按下后，进行键值处理。它并不等待键盘释放再退出键盘程序，而是直接退出键盘程序，返回主程序继续工作。计算机系统执行速度快，很快又一次执行到键盘程序，并再次检测到键还处于按下的状态，CPU 还会去执行键值处理程序。这样周而复始，按一次按键系统会执行相应处理程序很多次。而程序员的意图一般是只执行一次，这就是等待按键抬起问题。通常的解决办法是，当按键抬起后再次按下才再次执行相应的处理程序，等待时间一般在几百毫秒以上。通常在软件编程中，当执行完相应处理程序后，要加一个非常大的延时函数，再向下执行。

工业控制设备中有这样一种键盘方案设计要求：如果长时间按下同一个按键，表征有重复执行该键对应处理程序的需求。比如使用“＋”和“－”二键控制显示数值，要求按一次

“＋”键使显示值加 1，要求按一次“－”键使显示值减 1。如果按“＋”键超过一定时间(如 2 s)，则显示值将很快地增加，即连击处理，减号键也是如此。这样就可以用很少的键完成多位数的输入工作。

对于软件去抖动问题和等待按键抬起问题，若采用软件延时，会大大削弱系统的实时性；若采用下面将要提到的中断方式延时，会占用定时器，耗费了系统资源，且多任务编程会增大软件设计的复杂度。

4.2.2 键盘硬件设计

STM32-A 平台共设计了 K1、K2、K3 三个按键和一个导航按键，K1、K2、K3 的引脚 KEY1、KEY2 和 KEY3 分别连接到 CPU 的 PC2、PC1 和 PC0 管脚上，以 K1 为例，当未按下按键时，其 PC2 引脚通过 R12 和 R30 拉到 VCC，即高电平，按下按 K1 键时，引脚接地，输入状态为低电平。所以只要我们检测按键对应引脚(这里是 PC2)的输入电平状态，即可判断按键是否被按下。导航按键的不同方向对应不同的电压值，KEY3 端口连接 ADC，不同的电压值对应不同 ADC 的值，读取寄存器中 12 位的 AD 值，可判断出导航的方向。在本开发板中，共设置导航方向键 6 个，通过很好地设置电阻值，可以通过 12 位 AD 值的高三位进行判断，按键的电路原理如图 4-8 所示。AD 处理见后续章节。

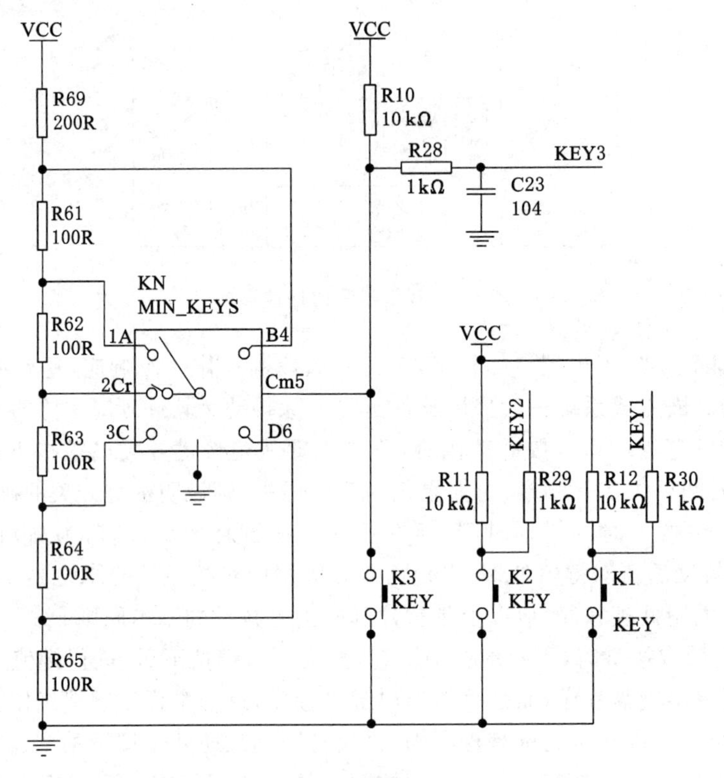

图 4-8 按键电路原理图

4.2.3 软件设计

键盘输入程序设计的主要步骤为：

① 使能键盘端口 IO 时钟；

② 初始化 IO 端口参数；

③ 读相应 IO 口。

根据以上步骤，设计简单键盘扫描程序，在开发板上实现 K1、K2 和 K3 按键输入，按下 K1 键，LED0 亮，再次按下 K1 键，则 LED0 灭。K2 对应 LED3，K3 对应 LED7，程序如下：

```
//按键输入驱动代码
//PC0-2 设置成输入
void KEY_Init(void)
{
    RCC->APB2ENR|=1<<4;              //使能 PORTC 时钟
    GPIOC->CRL&=0XFFFFF000;          //PC0-2 设置成输入
    GPIOC->CRL|=0X00000444;          //浮空输入
}
//按键处理函数
//返回按键值
//0,没有任何按键按下,1,KEY1 按下,2,KEY2 按下,3,KEY3 按下
u8 KEY_Scan(void)
{
    static u8 key_up= 1;             //按键按松开标志
    if(key_up && (KEY1==0 || KEY2==0 || KEY3==0))
    {
        delay_ms(10);                //去抖动
        key_up=0;
        if(KEY1==0)
        {
            return 1;
        }
        else if(KEY2==0)
        {
            return 2;
        }
        else if(KEY3==0)
        {
            return 3;
        }
    }
    else if(KEY1==1 && KEY2==1 && KEY3==1)
        key_up=1;
    return 0;                        //无按键按下
}
```

这段代码包含 2 个函数，void KEY_Init(void)和 u8 KEY_Scan(void)，KEY_Init 是用来初始化按键输入的 IO 口的，实现 PC0、PC1 和 PC2 的输入设置。KEY_Scan 函数，则是用来扫描这 3 个 IO 口是否有按键按下。

```
int main(void)
{
    u8 t;
    Stm32_Clock_Init(9);                    //系统时钟设置
    delay_init(72);                         //延时初始化
    LED_Init();                             //初始化与 LED 连接的硬件接口
    KEY_Init();                             //初始化与按键连接的硬件接口
    while(1)
    {
        t= KEY_Scan();                      //得到键值
        if(t)
        {
            switch(t)
            {
                case 1:
                    LED0=!LED0;
                    break;
                case 2:
                    LED3=!LED3;
                    break;
                case 3:
                    LED7=!LED7;
                    break;
            }
        }else delay_ms(10);
    }
}
```

主程序调用键盘扫描函数，检查是否有按键按下，如果有按键被按下，则取反相应 LED 灯的状态。

4.2.4 STM32 中断介绍

CM3 内核支持 256 个中断，其中包含了 16 个内核中断和 240 个外部中断，并且具有 256 级的可编程中断设置。但 STM32 并没有使用 CM3 内核的全部中断，而是只用了它的一部分中断资源。STM32 有 84 个中断，包括 16 个内核中断和 68 个可屏蔽中断，具有 16 级可编程的中断优先级。常用的就是这 68 个可屏蔽中断，但是 STM32 的 68 个可屏蔽中断在 STM32F103 系列上面只有 60 个(在互联型产品上才有 68 个，比如 STM32F107)。与 NVIC 相关的寄存器，在 stm32f10x_map.h 文件中定义了如下的结构体：

```
typedef struct
{
    vu32 ISER[2];/* 偏移:0x000 中断使能寄存器,写 1 置位,写 0 无效      */
    u32 RESERVED0[30];
    vu32 ICER[2];/* 偏移:0x080 中断清除使能寄存器,写 1 清 0,写 0 无效 */
    u32 RSERVED1[30];
    vu32 ISPR[2];/* 偏移:0x100 中断悬起寄存器,写 1 置位,写 0 无效      */
    u32 RESERVED2[30];
    vu32 ICPR[2];/* 偏移:0x180 中断解悬寄存器,写 1 清 0,写 0 无效      */
    u32 RESERVED3[30];
    vu32 IABR[2];/* 偏移:0x200 中断活动状态寄存器,只读,中断嵌套相关 */
    u32 RESERVED4[62];
    vu32 IPR[15];/* 偏移:0x300 中断优先级寄存器                          */
} NVIC_TypeDef;
```

STM32 的中断是在这些寄存器的控制下有序地执行的,只有了解这些中断寄存器,才能灵活地使用 STM32 的中断。下面重点介绍这几个寄存器:

① ISER[2]。ISER 全称是 Interrupt Set-Enable Registers,这是一个中断使能寄存器组。上面说了 CM3 内核支持 256 个中断,要用 8 个 32 位寄存器来控制,每个位控制一个中断。但是 STM32 的可屏蔽中断只有 60 个,所以有用的就是两个 32 位寄存器(ISER[0～1]),总共可以表示 64 个中断。而 STM32 只用了其中的前 60 位。ISER[0]的 bit0～bit31 分别对应中断 0～31;ISER[1]的 bit0～bit27 对应中断 32～59;这样总共 60 个中断就分别对应上了。要使能某个中断,必须设置相应的 ISER 位为 1,使该中断被使能(这里仅仅是使能,还要配合中断分组、屏蔽、IO 口映射等设置才算是一个完整的中断设置)。具体每一位对应哪个中断,可以参考 stm32f10x. h 文件中的定义。

② ICER[2]。全称是 Interrupt Clear-Enable Registers,是一个中断除能寄存器组。该寄存器组与 ISER 的作用恰好相反,是用来清除某个中断的使能的。其对应位的功能也和 ICER 一样。这里要专门设置一个 ICER 来清除中断位,而不是向 ISER 写 0 来清除,这是因为 NVIC 的这些寄存器都是写 1 有效的,写 0 是无效的。

③ ISPR[2]。全称是 Interrupt Set-Pending Registers,是一个中断挂起控制寄存器组。每个位对应的中断和 ISER 是一样的。通过将某位置 1,可以将正在进行的相应中断挂起,而执行同级或更高级别的中断,写 0 是无效的。

④ ICPR[2]。全称是 Interrupt Clear-Pending Registers,是一个中断解挂控制寄存器组。其作用与 ISPR 相反,对应位也和 ISER 是一样的。通过将某位置 1,可以将被挂起的相应中断解挂,写 0 无效。

⑤ IABR[2]。全称是 Interrupt ActiveBit Registers,是一个中断激活标志位寄存器组。对应位所代表的中断和 ISER 一样,如果为 1,则表示该位所对应的中断正在被执行。这是一个只读寄存器,通过它可以知道当前在执行的中断是哪一个。中断执行完时由硬件自动清零。

⑥ IPR[15]。全称是 Interrupt Priority Registers,是一个中断优先级控制的寄存器

组。这个寄存器组相当重要,STM32 的中断分组与这个寄存器组密切相关。因为 STM32 的中断共有 60 个,IPR 寄存器组由 15 个 32bit 的寄存器组成,每个可屏蔽中断占用 8 bit,这样总共可以表示 15×4=60 个可屏蔽中断。刚好和 STM32 的可屏蔽中断数相等。IPR[0]的[31~24],[23~16],[15~8],[7~0]分别对应中断 3~0,依次类推,总共对应 60 个外部中断。而每个可屏蔽中断占用的 8 bit 并没有全部使用,而是只用了高 4 位。这 4 位,又分为抢占优先级(也叫主优先级)和响应优先级(也叫子优先级)。抢占优先级在前,响应优先级在后。而这两个优先级各占几个位又要根据 SCB－>AIRCR 中的中断分组设置来决定。

这里简单介绍一下 STM32 的中断分组:STM32 将中断分为 5 个组,组 0~4。该分组的设置是由 SCB－>AIRCR 寄存器的 bit10~bit8 来定义的。具体的分配关系如表 4-2 所示。

表 4-2　　AIRCR 中断分组设置表

组	AIRCR[10:8]	IPR 中的 Bit[7:4]分配情况	分配结果
0	111	0:4	0 位抢占优先级,4 位响应优先级
1	110	1:3	1 位抢占优先级,3 位响应优先级
2	101	2:2	2 位抢占优先级,2 位响应优先级
3	100	3:1	3 位抢占优先级,1 位响应优先级
4	011	4:0	4 位抢占优先级,0 位响应优先级

通过表 4-2,可以看到组 0~4 对应的配置关系,例如组设置为 3,那么此时所有的 60 个中断,每个中断的中断优先寄存器的高 4 位中的最高 3 位是抢占优先级,低 1 位是响应优先级。每个中断可以设置抢占优先级为 0~7,响应优先级为 1 或 0。抢占优先级的级别高于响应优先级,而数值越小所代表的优先级就越高。

这里需要注意两点:第一,如果两个中断的抢占优先级和响应优先级都是一样的话,则看哪个中断先发生就先执行;第二,高优先级的抢占优先级中断是可以打断正在进行的低优先级的抢占优先级中断。而抢占优先级相同的中断,高优先级的响应优先级不可以打断低响应优先级的中断。

例如,假定设置中断优先级组为 2,然后设置中断 3(RTC 中断)的抢占优先级为 2,响应优先级为 1。中断 6(外部中断 0)的抢占优先级为 3,响应优先级为 0。中断 7(外部中断 1)的抢占优先级为 2,响应优先级为 0。那么这 3 个中断的优先级顺序为:中断 7＞中断 3＞中断 6。上面例子中的中断 3 和中断 7 都可以打断中断 6 的中断。而中断 7 和中断 3 却不可以相互打断。

通过以上介绍,可以了解 STM32 中断设置的大致过程。接下来了解如何使用函数实现以上中断设置,使得以后的中断设置简单化。

4.2.5　用函数实现中断设置

4.2.5.1　NNIC 中断设置

(1) MY_NVIC_PriorityGroupConfig

该函数的参数 NVIC_Group 为要设置的分组号,可选范围为 0~4,总共 5 组。如果参数非法，将可能导致不可预料的结果。MY_NVIC_PriorityGroupConfig 函数代码如下：

```
//设置 NVIC 分组
//NVIC_Group:NVIC 分组 0~ 4 总共 5 组
Void MY_NVIC_PriorityGroupConfig(u8 NVIC_Group)
{
    u32temp,temp1;
    temp1=(~ NVIC_Group)&0x07;          //取后三位
    temp1<<=8;
    temp=SCB->AIRCR;                    //读取先前的设置
    temp&=0X0000F8FF;                   //清空先前分组
    temp|=0X05FA0000;                   //写入钥匙
    temp|=temp1;
    SCB->AIRCR=temp;                    //设置分组
}
```

通过前面的介绍可知，STM32 的 5 个分组是通过设置 SCB->AIRCR 的 BIT[10：8]来实现的。SCB->AIRCR 需要通过在高 16 位写入 0X05FA 这个密钥才能修改，故在设置 AIRCR 之前，应该把密钥加入到要写入的内容的高 16 位，以保证能正常写入。在修改 AIRCR 的时候，一般采用读→改→写的步骤来实现，不改变 AIRCR 原来的其他设置。以上就是 MY_NVIC_PriorityGroupConfig 函数设置中断优先级分组的思路。

(2) MY_NVIC_Init

该函数有 4 个参数，分别为：NVIC_PreemptionPriority、NVIC_SubPriority、NVIC_Channel、NVIC_Group。第一个参数 NVIC_PreemptionPriority 为中断抢占优先级数值，第二个参数 NVIC_SubPriority 为中断响应优先级（子优先级）数值，前两个参数的值必须在规定范围内，否则也可能产生意想不到的错误。第三个参数 NVIC_Channel 为中断的编号（范围为 0～59），最后一个参数 NVIC_Group 为中断分组设置（范围为 0～4）。该函数代码如下：

```
//设置 NVIC
//NVIC_PreemptionPriority:抢占优先级
//NVIC_SubPriority:响应优先级
//NVIC_Channel:中断编号(0~ 59)
//NVIC_Group:中断分组 0~ 4
//注意优先级不能超过设定的组的范围！ 否则会有意想不到的错误
//组划分:
//组 0:0 位抢占优先级,4 位响应优先级
//组 1:1 位抢占优先级,3 位响应优先级
//组 2:2 位抢占优先级,2 位响应优先级
//组 3:3 位抢占优先级,1 位响应优先级
//组 4:4 位抢占优先级,0 位响应优先级
//NVIC_SubPriority 和 NVIC_PreemptionPriority 的原则是:
```

```
//数值越小,优先级越高
Void MY_NVIC_Init (u8 NVIC_PreemptionPriority, u8 NVIC_SubPriority,
                   u8 NVIC_Channel, u8 NVIC_Group)
{
    u32 temp;
    u8 IPRADDR=NVIC_Channel/4;                //每组只能存 4 个,得到组地址
    u8 IPROFFSET=NVIC_Channel% 4;             //在组内的偏移
    IPROFFSET=IPROFFSET* 8+4;                 //得到偏移的确切位置
    MY_NVIC_PriorityGroupConfig(NVIC_Group);//设置分组
    temp=NVIC_PreemptionPriority<<(4-NVIC_Group);
    temp|=NVIC_SubPriority&(0x0f>>NVIC_Group);
    temp&=0xf;                                //取低四位
    //使能中断位(要清除的话,相反操作就 OK)
    NVIC->ISER[NVIC_Channel/32]|=(1<<NVIC_Channel% 32);
    NVIC->IPR[IPRADDR]|=temp<<IPROFFSET; //设置响应优先级和抢断优先级
}
```

由前面的介绍可知,每个可屏蔽中断的优先级是设置在 IP 寄存器组里面的,每个中断占 8 位,但只用了其中的 4 个位,以上代码就是根据中断分组情况设置每个中断对应的高 4 位的数值的。当然在该函数里面还引用了 MY_NVIC_Priority GroupConfig 这个函数来设置分组,其实这个分组函数在每个系统里面只要设置一次即可,若设置多次,则以最后一次为准。只要多次设置的组号都一样,就不会产生影响,否则前面设置的中断会因为后面组的变化而使优先级发生改变,这点在使用的时候要特别注意。一个系统代码里面,所有的中断分组都要统一,以上代码对要配置的中断号默认是开启中断的,也就是 ISER 中的值设置为 1。

4.2.5.2 外部中断设置

外部中断的设置还需要配置相关寄存器,下面就介绍外部中断的配置和使用。

STM32F103 的 EXTI 控制器支持 19 个外部中断/事件请求。每个中断设有状态位,每个中断/事件都有独立的触发和屏蔽设置,STM32F103 的 19 个外部中断为:

① 线 0～15:对应外部 IO 口的输入中断,由于有多个端口,具体使用哪个端口的 IO 口要进一步配置;

② 线 16:连接到 PVD 输出;

③ 线 17:连接到 RTC 闹钟事件;

④ 线 18:连接到 USB 唤醒事件。

对于外部中断 EXTI 控制,stm32f10x_map.h 文件中定义了如下结构体:

```
typedef struct
{
    __IO uint32_t IMR;
    __IO uint32_t EMR;
    __IO uint32_t RTSR;
```

```
    __IO uint32_t FTSR;
    __IO uint32_t SWIER;
    __IO uint32_t PR;
}EXTI_TypeDef;
```

可以通过这些寄存器对外部中断进行详细设置。下面就重点介绍这些寄存器的作用。

① IMR：中断屏蔽寄存器。这是一个 32 寄存器，但是只有前 19 位有效，每位对应一个外部中断请求。当位 x 设置为 1 时，则开启这个线上的中断，否则关闭该线上的中断。

② EMR：事件屏蔽寄存器。使用方法同 IMR，只是该寄存器是针对事件的屏蔽和开启。

③ RTSR：上升沿触发选择寄存器。该寄存器也是一个 32 为的寄存器，只有前 19 位有效。位 x 对应线 x 上的上升沿触发，如果设置为 1，则是允许上升沿触发中断/事件，否则，不允许。

④ FTSR：下降沿触发选择寄存器。使用方法同 RTSR，不过这个寄存器是设置下降沿的。下降沿和上升沿可以被同时设置，这样就变成了任意电平触发了。

⑤ SWIER：软件中断事件寄存器。每一位对应着一条中断线，当 EXTIx 中断有效且 SWIER=0 时，向 SWIER 写 1 将触发中断请求。通过向该寄存器的位 x 写入 1，在未设置 IMR 和 EMR 的时候，将设置 PR 中相应位挂起。如果设置了 IMR 和 EMR 时将产生一次中断，被设置的 SWIER 位将会在 PR 中的对应位清除后清除。

⑥ PR：挂起寄存器。当外部中断线上发生了选择的边沿事件，该寄存器的对应位会被置为 1。0 表示对应线上没有发生触发请求，通过向该寄存器的对应位写入 1 可以清除该位。在中断服务函数里面经常会要向该寄存器的对应位写 1 来清除中断请求。

通过以上配置就可以正常设置外部中断了，但是外部 IO 口的中断还需要设置外部中断配置寄存器 EXTICR。这是因为 STM32 任何一个 IO 口都可以配置成中断输入口，但是 IO 口的数目远大于中断线数（16 个），于是 STM32 采用这样设计：GPIOA～GPIOG 的[15：0]分别对应中断线 15～0。这样每个中断线对应了最多 7 个 IO 口。以线 0 为例：它对应了 PA0、PB0、PC0、PD0、PE0、PF0、PG0。而中断线每次只能连接到 1 个 IO 口上，这样就需要 EXTICR 来决定对应的中断线配置到哪个 GPIO 上。STM32 外部中断/事件线路映像如图 4-9 所示。

EXTICR 在 AFIO 的结构体中定义如下：

```
typedef struct
{
    __IO uint32_t EVCR;
    __IO uint32_t MAPR;
    __IO uint32_t EXTICR[4];
}AFIO_TypeDef;
```

EXTICR 寄存器组中，总共有 4 个寄存器，因为编译器的寄存器组都是从 0 开始编号的，所以 EXTICR[0]～EXTICR[3]对应《STM32 参考手册》里的 EXTICR1～EXTICR4。每个 EXTICR 只用了其低 16 位。EXTICR[0]的分配如图 4-10 所示。

例如要设置 PB1 映射到 1，则只要设置 EXTICR[0]的 bit[7：4]为 0001 即可。默认都

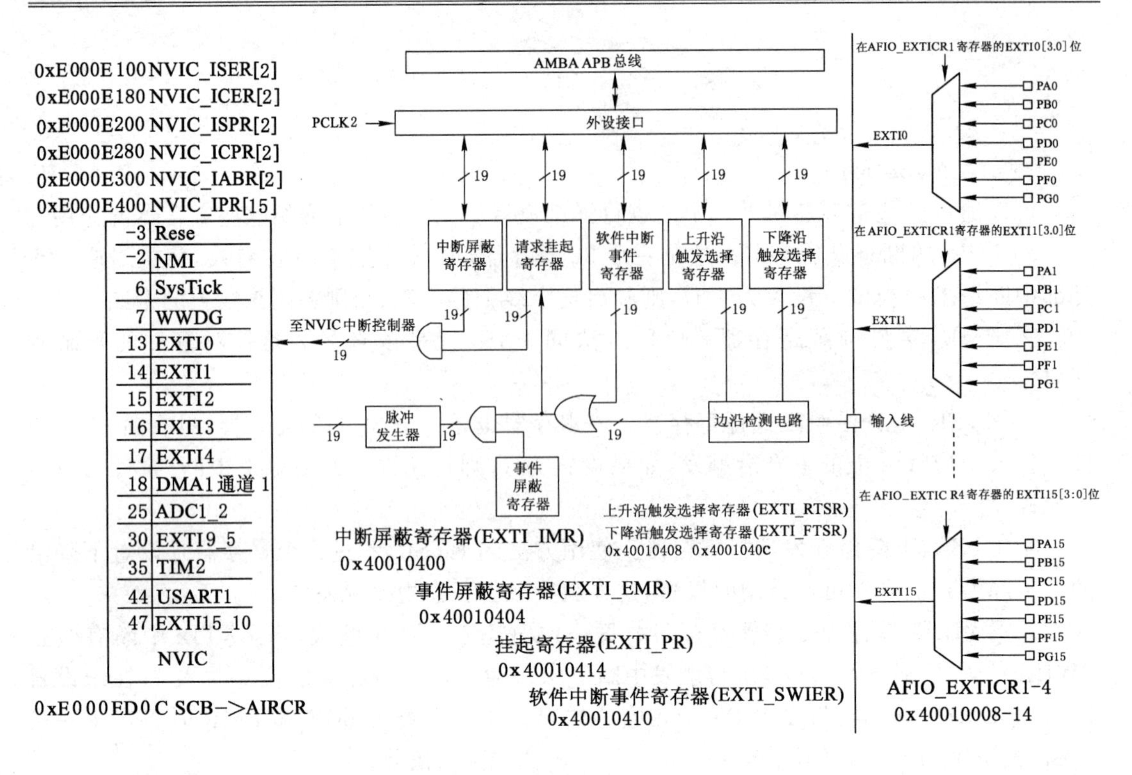

图 4-9　外部中断/事件线路映像

31	30	29	28	27	26	25	24	25	23	22	21	20	19	18	17
保留															

15	14	13	12	11	10	9	8	7	6	5	4	3	2	1	0
EXTI3[3:0]				EXTI2[3:0]				EXTI1[3:0]				EXTI0[3:0]			
rw	rw	rw	rw	rw	rw	rw	rw	rw	rw	rw	rw	rw	rw	rw	rw

位	说明
位 31:16	保留
位 15:0	EXTIx[3:0]：EXTIx配置(x=0…3) 这些位可由软件读写，用于选择EXTIx外部中断的输入源。 0000：PA[x]管脚　　0100：PE[x]管脚 0001：PB[x]管脚　　0101：PF[x]管脚 0010：PC[x]管脚　　0110：PG[x]管脚 0011：PD[x]管脚

图 4-10　寄存器 EXTICR[0]各位定义

是 0000 即映射到 GPIOA。从图 4-10 中可以看出，EXTICR[0]只管理 GPIO 的 0～3 端口，相应的其他端口由 EXTICR[1～3]管理。

参照上面的分析，就可以实现对外部中断的配置了。实现的函数为 Ex_NVIC_Config，该函数有 3 个参数：GPIOx 为 GPIOA～GPIOG(0～6)，在 sys.h 里面有定义，代表要配置的 IO 端口；BITx 则代表这个 IO 口的第几位。TRIM 为触发方式，低 2 位有效(0x01 代表下降沿触发；0x02 代表上升沿触发；0x03 代表任意电平触发)。其代码如下：

//外部中断配置函数

```
//只针对 GPIOA~G;不包括 PVD,RTC 和 USB 唤醒这三个
//参数:GPIOx:0~ 6,代表 GPIOA~ G;BITx:需要使能的位;
//TRIM:触发模式,1,上升沿;2,下降沿;3,任意电平触发
//该函数一次只能配置 1 个 IO 口,多个 IO 口需多次调用
//该函数会自动开启对应中断,以及屏蔽线
Void Ex_NVIC_Config(u8 GPIOx,u8 BITx,u8 TRIM)
{
    u8 EXTADDR;
    u8 EXTOFFSET;
    EXTADDR=BITx/4;                  //得到中断寄存器组的编号
    EXTOFFSET=(BITx% 4)* 4;
    RCC->APB2ENR|=0x01;              //使能 IO 复用时钟
    //EXTI.BITx 映射到 GPIOx.BITx
    AFIO->EXTICR[EXTADDR]|=GPIOx<<EXTOFFSET;
    //自动设置
    EXTI->IMR|=1<<BITx;              //开启 lineBITx 上的中断
    EXTI->EMR|=1<<BITx;              //不屏蔽 lineBITx 上的事件
    if(TRIM&0x01)
        EXTI->FTSR|=1<<BITx;         //lineBITx 上事件下降沿触发
    if(TRIM&0x02)
        EXTI->RTSR|=1<<BITx;         //lineBITx 上事件上升沿触发
}
```

Ex_NVIC_Config 完全是按照之前的分析来编写的,首先根据 GPIOx 的位得到中断寄存器组的编号,即 EXTICR 的编号,然后明确在 EXTICR 里面配置中断线应该配置到 GPIOx 的哪个位,并使能该位的中断及事件,最后配置触发方式。这样就完成了外部中断的配置了,从代码中可以看到该函数默认是开启中断和事件的。其次还要注意的一点就是该函数一次只能配置一个 IO 口,如果有多个 IO 口需要配置,则多次分别为其中的一个 IO 口调用这个函数即可。

4.2.6　键盘中断程序设计

下面用中断方式实现上节的键盘程序,键盘中断程序的主要函数如下:

```
//外部中断初始化程序
//初始化 PC0-2 为中断输入.
void EXTIX_Init(void)
{
    RCC->APB2ENR|=1<<4;                        //使能 PORTC 时钟
    GPIOC->CRL&=0XFFFFF000;                    //PC0-2 设置成输入
    GPIOC->CRL|=0X00000888;

    Ex_NVIC_Config(GPIO_C,0,FTIR);             //下降沿触发
```

```
    Ex_NVIC_Config(GPIO_C,1,FTIR);           //下降沿触发
    Ex_NVIC_Config(GPIO_C,2,FTIR);           //下降沿触发

    MY_NVIC_Init(2,2,EXTI0_IRQChannel,2);    //抢占 2,子优先级 2,组 2
    MY_NVIC_Init(2,1,EXTI1_IRQChannel,2);    //抢占 2,子优先级 1,组 2
    MY_NVIC_Init(2,0,EXTI2_IRQChannel,2);    //抢占 2,子优先级 0,组 2
}
```

该主程序设置 PC0－PC2 为输入，并配置外部中断为下降沿触发，最后调用 MY_NVIC_Init 函数设置 NVIC 的优先级和分组，从而完成外部中断的设置。

```
//外部中断 0 服务程序
void EXTI0_IRQHandler(void)
{
    delay_ms(10);                    //消抖
    if(KEY3==0)                      //按键 3
    {
        LED7=! LED7;
    }
    EXTI->PR=1<<0;                   //清除 LINE0 上的中断标志位
}
```

上面为外部中断 0 服务程序，进入外部中断后首先延时 10 毫秒，消除键盘抖动，然后判断按键 3 是否还被按下，如果被按下，则对 LED7 灯的状态进行取反。同样方式可以实现外部中断 1 和外部中断 2 的服务程序。

4.3 串行接口程序设计

通用异步收发传输器（Universal Asynchronous Receiver/Transmitter，UART）是目前广泛使用的一种通用串行数据通信接口，它既作为发送器，也作为接收器。处理器可以通过数据总线向 UART 的控制寄存器写入控制字，对 UART 进行初始化。发送器从处理器接收并行数据，然后通过移位寄存器把数据以串行异步方式发出。接收器可以从串行通信链路接收串行数据，用移位寄存器转换成 8 位并行数据，送往接收寄存器，等待处理器读取。另外，处理器也可以通过读取 UART 状态寄存器的信息获得当前 UART 的状态，并由此来产生相应的控制逻辑。

UART 作为异步串口通信协议的一种，工作原理是将传输数据的每个字符一位接一位地传输。其中各位的意义如下：

① 起始位：先发出一个逻辑“0”信号，表示开始传输字符。

② 数据位：紧接着起始位之后。数据位的个数可以是 4、5、6、7、8、9 等，构成一个字符。通常采用 ASCII 码，从最低位开始传送，靠时钟定位。

③ 奇偶校验位：数据位加上这一位后，使得“1”的位数应为偶数（偶校验）或奇数（奇校验），以此来校验数据传送的正确性。

④ 停止位：它是一个字符数据的结束标志。可以是 1 位、1.5 位、2 位的高电平。由于数据是在传输线上定时的，并且每一个设备有其自己的时钟，通信中两台设备间很可能会出现小的不同步。因此停止位不仅仅是表示传输的结束，并且提供计算机校正时钟同步的机会。适用于停止位的位数越多，不同时钟同步的容忍程度越大，但是数据传输率同时也越慢。

⑤ 空闲位：处于逻辑“1”状态，表示当前线路上没有数据传送。

波特率指的是在串口通信时的速率。在数字信道中，比特率是数字信号的传输速率，它用单位时间内传输的二进制代码的有效位(bit)数来表示，其单位为每秒比特数 bit/s(bps)、每秒千比特数(kbps)或每秒兆比特数(Mbps)来表示(此处 k 和 M 分别为 1000 和 1000000，而不是涉及计算机存储器容量时的 1024 和 1048576)。波特率指数据信号对载波的调制速率，它用单位时间内载波调制状态改变次数来表示，其单位为波特(Baud)。波特率与比特率的关系为：比特率＝波特率×单个调制状态对应的二进制位数。显然，两相调制(单个调制状态对应 1 个二进制位)的比特率等于波特率；四相调制(单个调制状态对应 2 个二进制位)的比特率为波特率的两倍；八相调制(单个调制状态对应 3 个二进制位)的比特率为波特率的三倍；依次类推。

4.3.1　平台串口介绍

STM32 的串口资源相当丰富，有分数波特率发生器、支持同步单线通信和半双工单线通讯、支持 LIN、支持调制解调器操作、智能卡协议和 IrDA SIR ENDEC 规范(仅串口 3 支持)、具有 DMA 等。

串口最基本的设置就是波特率的设置，即只要配置波特率、数据位长度、奇偶校验位等信息，并开启串口时钟，串口就可以使用了。STM32 的每个串口都有一个自己独立的波特率寄存器 USART_BRR，通过设置该寄存器就可以配置不同波特率。其各位描述如图 4-11 所示：

31	30	29	28	27	26	25	24	23	22	21	20	19	18	17	16
保留															
15	**14**	**13**	**12**	**11**	**10**	**9**	**8**	**7**	**6**	**5**	**4**	**3**	**2**	**1**	**0**
DIV_Mantissa[11:0]												DIV_Fraction[3:0]			
rw	rw	rw	rw	rw	rw	rw	rw	rw	rw	rw	rw	rw	rw	rw	rw

位	描述
位 31:16	保留位，硬件强制为 0
位 15:4	DIV_Mantissa[11:0]：USARTDIV 的整数部分 这 12 位定义了 USART 分频器除法因子(USARTDIV)的整数部分
位 3:0	DIV_Fraction[3:0]：USARTDIV的小数部分 这 4 位定义了USART分频器除法因子(USARTDIV)的小数部分

图 4-11　寄存器 USART_BRR 各位描述

STM32 有分数波特率概念，其实就是在寄存器 USART_BRR 里面体现的。USART_BRR 的最低 4 位(位[3：0])用来存放小数部分 DIV_Fraction，紧接着的 12 位(位[15：4])用来存放整数部分 DIV_Mantissa，最高 16 位未使用。STM32 的串口波特率计算公式为：

$$T_x/R_x\text{ 波特率}=\frac{f_{PCLKx}}{(16\times USARTDIV)}$$

上式中，f_{PCLKx} 是给串口的时钟频率（PCLK1 用于 USART2、USART3、USART4、USART5，PCLK2 用于 USART1）；USARTDIV 是一个无符号定点数。只要得到 USARTDIV 的值，就可以得到串口波特率寄存器 USART1->BRR 的值，反过来，得到 USART1->BRR 的值，也可以推导出 USARTDIV 的值。因为一般知道的是波特率和 PCLKx 的时钟，要求的是 USART_BRR 的值，因此如何从 USARTDIV 的值得到 USART_BRR 的值对用户更为重要。

假设串口 1 要设置为 9 600 的波特率，而 PCLK2 的时钟为 72 MHz，根据上面的公式有：

USARTDIV＝72000000/(9600 * 16)＝468.75

那么得到：

DIV_Fraction＝16 * 0.75＝12＝0x0C；

DIV_Mantissa＝468＝0x1D4；

这样，就得到了 USART1->BRR 的值为 0x1D4C。只要设置串口 1 的 BRR 寄存器值为 0x1D4C 就可以得到 9 600 的波特率。

当然，并不是任何条件下都可以随便设置串口波特率，在某些波特率和 PCLK2 频率下，还是会存在误差，具体可以参考《STM32 参考手册》。

串口作为 STM32 的一个外设，其时钟由外设时钟使能寄存器控制，这里使用的串口 1 是在 APB2ENR 寄存器的第 14 位。其他串口的时钟使能位都在 APB1ENR 寄存器。

当外设出现异常的时候可以通过复位寄存器里面的对应位设置实现该外设的复位，然后重新配置这个外设达到让其重新工作的目的。APB2RSTR 寄存器的各位描述如图 4-12 所示，一般在系统刚开始配置外设的时候，都会先复位该外设。

31	30	29	28	27	26	25	24	23	22	21	20	19	18	17	16
保留															

15	14	13	12	11	10	9	8	7	6	5	4	3	2	1	0
ADC3 RST	USART1 RST	TIM8 RST	SPI1 RST	TIM1 RST	ADC2 RST	ADC1 RST	IOPG RST	IOPF RST	IOPE RST	IOPD RST	IOPC RST	IOPB RST	IOPA RST	保留	AFIO RST
rw	rw	rw	rw	rw	rw	rw	rw	rw	rw	rw	rw	rw	rw	rw	rw

图 4-12　APB2RSTR 寄存器各位描述

从图 4-12 可知串口 1 的复位设置位在 APB2RSTR 的第 14 位。通过向该位写 1 复位串口 1，写 0 结束复位。其他串口的复位位在 APB1RSTR 里面。

STM32 的每个串口都有 3 个控制寄存器 USART_CR1～USART_CR3，串口的很多配置都是通过这 3 个寄存器来设置的。这里只要用到 USART_CR1 就可以了，该寄存器的各位描述如图 4-13 所示：

31	30	29	28	27	26	25	24	23	22	21	20	19	18	17	16
保留															

15	14	13	12	11	10	9	8	7	6	5	4	3	2	1	0
保留		UE	M	WAKE	PCE	PS	PEIE	TXEIE	TCIE	RXNEIE	IDLEIE	TE	RE	RWU	SBK
rw	rw	rw	rw	rw	rw	rw	rw	rw	rw	rw	rw	rw	rw	rw	rw

图 4-13　USART_CR1 寄存器各位描述

该寄存器的高 18 位没有用到，低 14 位用于串口的功能设置。UE 为串口使能位，该位置 1，使能串口。M 为字长选择位，当该位为 0 的时候设置串口为 8 个字长外加 n 个停止位，停止位的个数(n)是根据 USART_CR2 的[13：12]位设置来决定的，默认为 0。PCE 为校验使能位，设置为 0，则禁止校验，否则使能校验。PS 为校验位选择，设置为 0 则为偶校验，否则为奇校验。TXEIE 为发送缓冲区空中断使能位，设置该位为 1，当 USART_SR 中的 TXE 位为 1 时，将产生串口中断。TCIE 为发送完成中断使能位，设置该位为 1，当 USART_SR 中的 TC 位为 1 时，将产生串口中断。RXNEIE 为接收缓冲区非空中断使能，设置该位为 1，当 USART_SR 中的 ORE 或者 RXNE 位为 1 时，将产生串口中断。TE 为发送使能位，设置为 1，将开启串口的发送功能。RE 为接收使能位，用法同 TE。

STM32 的发送与接收是通过数据寄存器 USART_DR 来实现的，这是一个双寄存器，包含了发送用的 TDR 和接收用的 RDR。当向该寄存器写数据的时候，串口就会自动发送，当收到数据的时候，也是存在该寄存器内。该寄存器的各位描述如图 4-14 所示：

31	30	29	28	27	26	25	24	23	22	21	20	19	18	17	16
保留															

15	14	13	12	11	10	9	8	7	6	5	4	3	2	1	0
保留							DR[8:0]								
							rw	rw	rw	rw	rw	rw	rw	rw	rw

图 4-14　USART_DR 寄存器各位描述

可以看出，虽然是一个 32 位寄存器，但是只用了低 9 位(DR[8：0])，其他都是保留。DR[8：0]为串口数据，包含了发送或接收的数据。由于它是由 TDR 和 RDR 两个寄存器组成的，该寄存器兼具读和写的功能。TDR 寄存器提供了内部总线和输出移位寄存器之间的并行接口。RDR 寄存器提供了输入移位寄存器和内部总线之间的并行接口。

当使能校验位(USART_CR1 中 PCE 位被置位)进行发送时，写到 MSB 的值(根据数据的长度不同，MSB 是第 7 位或者第 8 位)会被后来的校验位取代。当使能校验位进行接收时，读到的 MSB 位是接收到的校验位。

串口的状态可以通过状态寄存器 USART_SR 读取。USART_SR 的各位描述如图 4-15所示：

31	30	29	28	27	26	25	24	23	22	21	20	19	18	17	16
保留															

15	14	13	12	11	10	9	8	7	6	5	4	3	2	1	0
保留						CTS	LBD	TXE	TC	RXNE	IDLE	ORE	NE	FE	PE
						rc w0	rc w0	r	rc w0	rc w0	r	r	r	r	r

图 4-15　USART_SR 寄存器各位描述

RXNE(读数据寄存器非空)，当该位被置 1 的时候，就是提示已经有数据被接收到，并且可以读出来了。这时候要尽快去读取 USART_DR，通过读 USART_DR 可以将该位清零，也可以向该位写 0，直接清除。

TC(发送完成)，当该位被置位的时候，表示 USART_DR 内的数据已经被发送完成。如果设置了这个位相关的中断，则会产生中断。该位也有两种清零方式：① 读 USART_

SR,写 USART_DR;② 直接向该位写 0。

通过以上一些寄存器的操作外加 IO 口的配置,就可以实现串口最基本的应用,关于串口更详细的介绍,请参考《STM32 参考手册》通用同步异步收发器相关章节。

4.3.2 硬件设计

实验平台使用了 USB 转串口模块,实现直接通过 USB 连接串口。对应使用 RXD 线接收数据,连接到 CPU 的 PA10,用 TXD 发送数据,连接到 CPU 的 PA9,使用 STM32 的 USART1。每个串口由 2 个数据缓冲器(相互独立 1 收 1 发)、一个移位寄存器(一字节数据一位一位发送出去)、一个串行控制器和一个波特率发生器组成。对应发送、接收数据完成(RI、TI 硬件置 1)都会触发串口中断,但是无法确定是哪个触发的,所以在串口中断中要判断是接收数据产生的中断还是发送数据产生的中断,对于发送数据产生的中断,要软件将 TI 清 0,并将数据就绪标志清 0,允许下一字节数据发送,发送数据函数中通过 while 函数循环,等待发送数据准备就绪,然后将就绪的数据复制给缓冲寄存器 SBUF;对于接收数据产生的中断,要软件将 RI 清 0,并从缓冲寄存器 SBUF 中读取数据。实验平台串口原理图如图 4-16 所示。

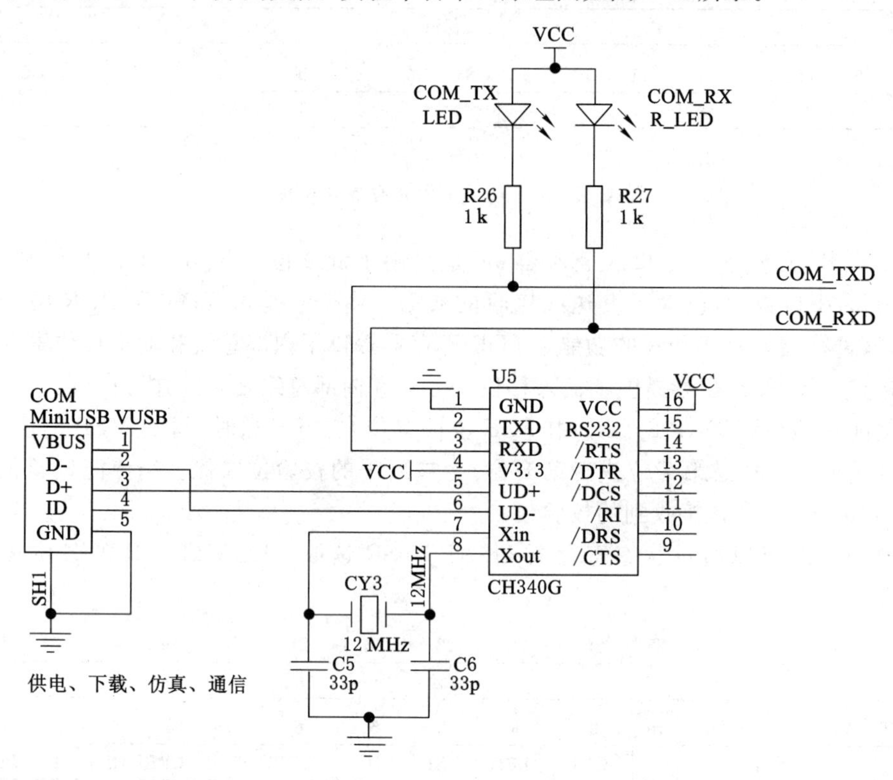

图 4-16 平台串口原理图

4.3.3 软件设计

串口程序设计的一般步骤为:① 串口时钟使能,GPIO 时钟使能;② 串口复位;③ GPIO 端口模式设置;④ 串口参数初始化;⑤ 开启中断并且初始化 NVIC(如果开启中断才需要这个步骤);⑥ 使能串口;⑦ 编写中断处理函数。本设计实现上位机与实验开发板串口通信。上位机将数据发送给开发板,开发板接收数据之后,将接收到的数据发送回给上位机,在上位机串口调试助手上显示。程序要求发送的数据必须以换行符结尾。

基本接口函数如下：

```
//重定义 fputc 函数
int fputc(int ch, FILE * f)
{
    while((USART1->SR&0X40)==0);                //循环发送,直到发送完毕
    USART1->DR=(u8) ch;
    return ch;
}
//串口 1 中断服务程序
//注意,读取 USARTx->SR 能避免未知的错误
u8 USART_RX_BUF[64];                            //接收缓冲,最大 64 个字节
//接收状态
//bit7,接收完成标志
//bit6,接收到 0x0d
//bit5~ 0,接收到的有效字节数目
u8 USART_RX_STA= 0;                             //接收状态标记
void USART1_IRQHandler(void)
{
    u8 res;
    if(USART1->SR&(1<<5))                       //接收到数据
    {
        res=USART1->DR;
        if((USART_RX_STA&0x80)==0)              //接收未完成
        {
            if(USART_RX_STA&0x40)               //接收到了 0x0d
            {
                if(res! =0x0a)USART_RX_STA=0; //接收错误,重新开始
                else USART_RX_STA|=0x80;       //接收完成了
            }else                               //还没收到 0X0D
            {
                if(res==0x0d)USART_RX_STA|=0x40;
                else
                {
                    USART_RX_BUF[USART_RX_STA&0X3F]=res;
                    USART_RX_STA++;
                    if(USART_RX_STA>63)USART_RX_STA=0;
                                                //接收错误,重新开始接收
                }
            }
```

```
        }
    }
}
//初始化 IO 串口 1
//pclk2:PCLK2 时钟频率(Mhz)
//bound:波特率
void uart_init(u32 pclk2,u32 bound)
{
    float temp;
    u16 mantissa;
    u16 fraction;
    temp=(float)(pclk2*1000000)/(bound*16);  //得到 USARTDIV
    mantissa=temp;                           //得到整数部分
    fraction=(temp-mantissa)*16;             //得到小数部分
    mantissa<<=4;
    mantissa+=fraction;
    RCC->APB2ENR|=1<<2;                      //使能 PORTA 口时钟
    RCC->APB2ENR|=1<<14;                     //使能串口时钟
    GPIOA->CRH&=0XFFFFF00F;
    GPIOA->CRH|=0X000008B0;                  //IO 状态设置
    RCC->APB2RSTR|=1<<14;                    //复位串口 1
    RCC->APB2RSTR&=~(1<<14);                 //停止复位
    //波特率设置
    USART1->BRR=mantissa;                    //波特率设置
    USART1->CR1|=0X200C;                     //1 位停止,无校验位.
    #ifdef EN_USART1_RX                      //如果使能了接收
    //使能接收中断
    USART1->CR1|=1<<8;                       //PE 中断使能
    USART1->CR1|=1<<5;                       //接收缓冲区非空中断使能
    MY_NVIC_Init(3,3,USART1_IRQChannel,2);   //组 2,最低优先级
    #endif
}
```

主程序如下:

```
int main( void )
{
    u8 i=1;
    Stm32_Clock_Init( 6 );                   //9 倍频
    delay_init( 72 );                        //12M 外部晶振
    uart_init( 72, 9600 );
```

```
    while( 1 )
    {
        printf("i=% d\r\n", i );
        i++;
        delay_ms( 500 );
    }
}
```

4.4　TFT-LCD 应用

TFT-LCD(Thin Film Transistor-Liquid Crystal Display)即薄膜晶体管液晶显示器，与无源 TN-LCD、STN-LCD 的简单矩阵不同，它在液晶显示屏的每一个像素上都设置有一个薄膜晶体管(TFT)，可有效地克服非选通时的串扰，使显示液晶屏的静态特性与扫描线数无关，因而大大提高了图像质量。

STM32-A 平台的 TFT-LCD 模块支持 65 K 色显示，显示分辨率为 320×240，该模块自带的触摸屏控制芯片 XPT2046。模块采用 16 位的并行方式与外部连接，图 4-17 列出了触摸屏芯片的接口。该模块的 8080 并口有如下一些信号线：

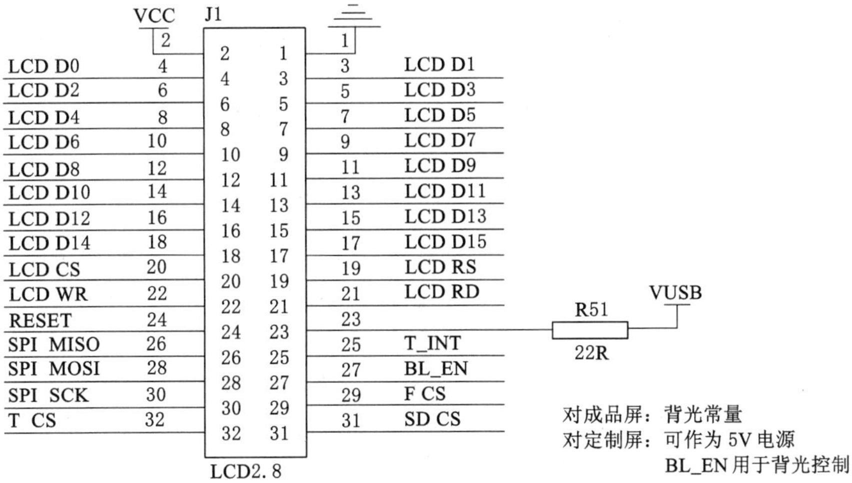

图 4-17　显示屏电路图

① CS：TFTLCD 片选信号；

② WR：向 TFTLCD 写入数据；

③ RD：从 TFTLCD 读取数据；

④ D[15：0]：16 位双向数据线；

⑤ RST：硬复位 TFTLCD；

⑥ RS：命令/数据标志(0，读写命令；1，读写数据)。

模块的 8080 并口读/写的过程为：先根据要写入/读取的数据的类型，设置 RS 为高(数据)/低(命令)，然后拉低片选信号，选中 TETLCD，接着根据是读数据还是要写数据置 RD/

WR 为低，然后：

① 在 RD 的上升沿，使数据锁存到数据线(D[15：0])上；

② 在 WR 的上升沿，使数据写入到数据总线。

在 8080 方式下读数据操作的时候，有时候(例如读显存的时候)需要一个假读命令(DummyRead)，以使得微控制器的操作频率和显存的操作频率相匹配。在读取真正的数据之前，有一个假读的过程。这里的假读，其实就是第一个读到的字节丢弃不要，从第二个开始，才是真正要读的数据。

一般 TFTLCD 模块的使用流程如图 4-18 所示。其中硬复位和初始化序列，只需要执行一次即可。而画点流程就是：设置坐标→写 GRAM 指令→写入颜色数据，然后在 LCD 上面，就可以看到对应的点显示写入的颜色。读点流程为：设置坐标→读 GRAM 指令→读取颜色数据，这样就可以获取到对应点的颜色数据。

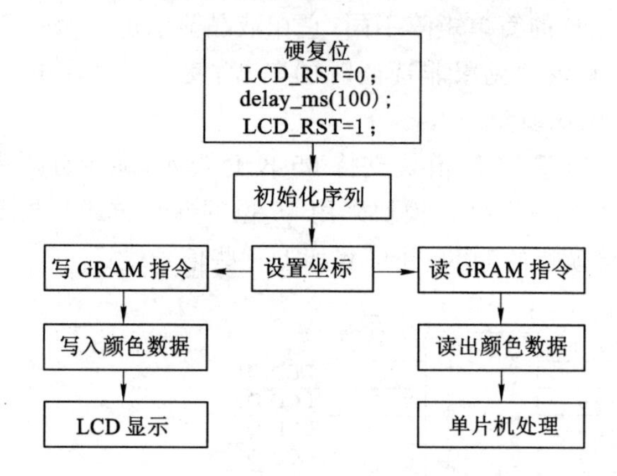

图 4-18　TFTLCD 使用流程

目前最常用的触摸屏有两种：电阻式触摸屏与电容式触摸屏。电阻式触摸屏利用压力感应进行触点检测控制，需要直接应力接触，通过检测电阻来定位触摸位置；而电容式触摸屏是利用人体的电流感应进行工作的。电阻触摸屏的主要部分是一块与显示器表面非常匹配的电阻薄膜屏，这是一种多层的复合薄膜，它以一层玻璃或硬塑料平板作为基层，表面涂有一层透明氧化金属(透明的导电电阻)导电层，上面再盖有一层外表面硬化处理、光滑防擦的塑料层、它的内表面也涂有一层涂层、在他们之间有许多细小的(小于 1/1000 英寸)的透明隔离点把两层导电层隔开绝缘。当手指触摸屏幕时，两层导电层在触摸点位置就有了接触，电阻发生变化，在 X 和 Y 两个方向上产生信号，然后送触摸屏控制器。控制器侦测到这一接触并计算出(X,Y)的位置，再根据获得的位置模拟鼠标的方式运作。

STM32-A 触摸屏控制芯片 XPT2046 是一款 4 导线制触摸屏控制器，内含 12 位分辨率 125 kHz 转换速率逐步逼近型 A/D 转换器。XPT2046 能通过执行两次 A/D 转换查出被按的屏幕位置，除此之外，还可以测量加在触摸屏上的压力。内部自带 2.5V 参考电压可以作为辅助输入、温度测量和电池监测模式之用，电池监测的电压范围为 0～6 V。

以上只是 STM32-A 触摸屏接口最简单的说明，进一步介绍可以参看相关参考资料。下面的实验程序，执行时在显示屏右上角显示有“RST”标志，说明可以使用触摸功能，当用手指在屏上移动时，可以画出移动路线。按下 K1 键，进入屏幕校准程序，触摸校准点进行校准，如果校准失败，则会显示四个校准点的坐标值。并重新校准，直到成功。若校准成功，则会显示“Touch Screen Adjust OK!”字符串，然后进入可触摸界面(屏的右上角有“RST”字样)。LCD 与触摸屏程序的程序比较长，部分函数如下：

```
//写寄存器函数
//data:寄存器值
void LCD_WR_REG(u8 data)
{
    LCD_RS=0;//写地址
    LCD_CS=0;
    DATAOUT(data);
    LCD_WR=0;
    LCD_WR=1;
    LCD_CS=1;
}
//读 LCD 数据
//返回值:读到的值
u16 LCD_RD_DATA(void)
{
    u16 t;
    GPIOD->CRL=0X88888888;                //PB0-7 上拉输入
    GPIOD->CRH=0X88888888;                //PB8-15 上拉输入
    GPIOD->ODR=0X0000;                    //全部输出 0
    LCD_RS=1;
    LCD_CS=0;
    //读取数据(读寄存器时,并不需要读 2 次)
    LCD_RD=0;
    LCD_RD=1;
    t=DATAIN;
    LCD_CS=1;
    GPIOD->CRL=0X33333333;                //PB0-7 上拉输出
    GPIOD->CRH=0X33333333;                //PB8-15 上拉输出
    GPIOD->ODR=0XFFFF;                    //全部输出高
    return t;
}
//读取个某点的颜色值 x:0~ 239  y:0~ 319
//返回值:此点的颜色
u16 LCD_ReadPoint(u16 x,u16 y)
{
    u16 r,g,b;
```

```
    if(x>=LCD_W||y>=LCD_H)return 0; //超过了范围,直接返回
    LCD_SetCursor(x,y);
    if(DeviceCode==0X9341)LCD_WR_REG(0X2E);//ILI9341 发送读 GRAM 指令
    else LCD_WR_REG(R34);              //其他 IC 发送读 GRAM 指令
    GPIOD->CRL=0X88888888;             //PB0-7 上拉输入
    GPIOD->CRH=0X88888888;             //PB8-15 上拉输入
    GPIOD->ODR=0XFFFF;                 //全部输出高
    LCD_RS=1;
    LCD_CS=0;
    //读取数据(读 GRAM 时,需要读 2 次)
    LCD_RD=0;
    LCD_RD=1;
    //dummy READ
    LCD_RD=0;
    LCD_RD=1;
    r=DATAIN;
  if(DeviceCode==0X9341)
  {
    LCD_RD=0;
    LCD_RD=1;
    b=DATAIN;  //读取蓝色值
    g=r&0XFF;  //对于 9341,第一次读取的是 RG 的值,R 在前,G 在后,各占 8 位
    g<<=8;
    }
    LCD_CS=1;
    GPIOD->CRL=0X33333333;             //PB0-7 上拉输出
    GPIOD->CRH=0X33333333;             //PB8-15 上拉输出
    GPIOD->ODR=0XFFFF;                 //全部输出高
    //以下这几种 IC 直接返回颜色值
    if(DeviceCode==0X9325||DeviceCode==0X4535||
       DeviceCode==0X4531||DeviceCode==0X8989||
       DeviceCode==0XB505)
                    return r;
    else if(DeviceCode==0X9341)
                    return (((r>>11)<<11)|((g>>10)<<5)|(b>>11));
                                       //ILI9341 需要公式转换一下
    else return LCD_BGR2RGB(r);        //其他 IC
  }
  //LCD 开启显示
```

```
void LCD_DisplayOn(void)
{
    if(DeviceCode==0X9341)LCD_WR_REG(0X29);   //开启显示
    else LCD_WriteReg(R7,0x0173);             //开启显示
}
//LCD 关闭显示
void LCD_DisplayOff(void)
{
    if(DeviceCode==0X9341)LCD_WR_REG(0X28);   //关闭显示
    else LCD_WriteReg(R7, 0x0);               //关闭显示
}
//画点 x:0~ 239 y:0~ 319
//POINT_COLOR:此点的颜色
void LCD_DrawPoint(u16 x,u16 y)
{
    LCD_SetCursor(x,y);                       //设置光标位置
    LCD_WriteRAM_Prepare();                   //开始写入 GRAM
    LCD_WR_DATA(POINT_COLOR);
}
```

4.5 ADC 应用

ADC 是指模/数转换器，是一种将连续变化的模拟信号转换为离散的数字信号的器件。真实世界的模拟信号，例如温度、压力、声音或者图像等，需要转换成更容易储存、处理和传输的数字形式，模/数转换器可以实现这个功能。

4.5.1 STM32 ADC 简介

STM32ADC 是 12 位逐次逼近型的模拟数字转换器。它有 18 个通道，可测量 16 个外部和 2 个内部信号源，各通道的 A/D 转换可以单次、连续、扫描或间断模式执行。ADC 的结果可以左对齐或右对齐方式存储在 16 位数据寄存器中。模拟看门狗特性允许应用程序检测输入电压是否超出用户定义的高/低阀值。

STM32 的 ADC 最大的转换速率为 1 MHz，也就是转换时间为 1 μs(在 ADCCLK＝14 MHz，采样周期为 1.5 个 ADC 时钟下得到)，不要让 ADC 的时钟超过 14 MHz，否则将导致结果准确度下降。STM32 将 ADC 的转换分为 2 个通道组：规则通道组和注入通道组。规则通道相当于运行的程序，而注入通道，就相当于中断，在程序正常执行的时候，可以被中断打断。同理，注入通道的转换可以打断规则通道的转换，在注入通道被转换完成之后，规则通道才得以继续转换。在工业应用领域中有很多检测和监视探头需要较快地处理，这样对 AD 转换的分组将简化事件处理的程序并提高事件处理的速度。

下面介绍常用的 ADC 寄存器。

(1) ADC 控制寄存器有(ADC_CR1 和 ADC_CR2)

① ADC_CR1

ADC_CR1 的各位描述如图 4-19 所示。

31	30	29	28	27	26	25	24	23	22	21	20	19	18	17	16
保留								AWDEN	JAWDEN	保留		DUALMOD[3:0]			
								rw	rw			rw	rw	rw	rw

15	14	13	12	11	10	9	8	7	6	5	4	3	2	1	0
DISCNUM[2:0]			JDISCEN	DISCEN	JAUTO	AWDSGL	SCAN	JEOCIE	AWDIE	EOCIE	AWDCH[4:0]				
rw	rw	rw	rw	rw	rw	rw	rw	rw	rw	rw	rw	rw	rw	rw	rw

图 4-19　ADC_CR1 寄存器各位描述

ADC_CR1 的 SCAN 位，该位用于设置扫描模式，由软件设置和清除，如果设置为 1，则使用扫描模式，如果为 0，则关闭扫描模式。在扫描模式下，由 ADC_SQRx 或 ADC_JSQRx 寄存器选中的通道被转换。如果设置了 EOCIE 或 JEOCIE，只在最后一个通道转换完毕后才会产生 EOC 或 JEOC 中断。ADC_CR1[19：16]用于设置 ADC 的操作模式，详细的对应关系如图 4-20 所示：

位	描述
位　19:16	DUALMOD[3:0]：双模式选择(Dual mode selection) 软件使用以下位选择操作模式 0000：独立模式 0001：混合的同步规则+注入同步模式 0010：混合的同步规则+交替触发模式 0011：混合同步注入+快速交叉模式 0100：混合同步注入+慢速交叉模式 0101：注入同步模式 0110：规则同步模式 0111：快速交叉模式 1000：慢速交叉模式 1001：交替触发模式 注：　在 ADC2 和 ADC3 中这些位为保留位 在双模式中，改变通道的配置会产生一个重新开始的条件，这将导致同步丢失。建议在进行任何配置改变前关闭双模式

图 4-20　ADC 操作模式

② ADC_CR2

ADC_CR2 寄存器的各位描述如图 4-21 所示：

31	30	29	28	27	26	25	24	23	22	21	20	19	18	17	16
保留								TS VREFE	SW START	JSW START	EXT TRIG	EXTSEL[2:0]			保留
								rw	rw	rw	rw	rw	rw	rw	

15	14	13	12	11	10	9	8	7	6	5	4	3	2	1	0
JEXT TRIG	JEXTSEL[2:0]			ALIGN	保留		DMA	保留				RST CAL	CAL	CONT	ADON
rw	rw	rw	rw	rw			rw					rw	rw	rw	rw

图 4-21　ADC_CR2 寄存器操作模式

该寄存器的 ADON 位用于开关 AD 转换器，而 CONT 位用于设置是否进行连续转换，如果使用单次转换，则 CONT 位必须为 0。CAL 和 RSTCAL 用于 AD 校准。ALIGN 用于设置数据对齐，如使用右对齐，该位设置为 0。EXTSEL[2：0]用于选择启动规则转换组转换的外部事件，详细的设置关系如图 4-22 所示。

<table>
<tr><td rowspan="12">位　19:17</td><td colspan="2">EXTSEL[2:0]：选择启动规则通道组转换的外部事件 (External event select for regular group)
这些位选择用于启动规则通道组转换的外部事件</td></tr>
<tr><td colspan="2">ADC1 和 ADC2 的触发配置如下</td></tr>
<tr><td>000：定时器 1 的 CC1 事件</td><td>100：定时器 3 的 TRGO 事件</td></tr>
<tr><td>001：定时器 1 的 CC2 事件</td><td>101：定时器 4 的 CC4 事件</td></tr>
<tr><td>010：定时器 1 的 CC3 事件</td><td>110：EXTI 线 11/TIM8_TRGO 事件，仅大容量产品具有 TIM8_TRGO 功能</td></tr>
<tr><td>011：定时器 2 的 CC2 事件</td><td>111：SWSTART</td></tr>
<tr><td colspan="2">ADC3 的触发配置如下</td></tr>
<tr><td>000：定时器 3 的 CC1 事件</td><td>100：定时器 8 的 TRGO 事件</td></tr>
<tr><td>001：定时器 2 的 CC3 事件</td><td>101：定时器 5 的 CC1 事件</td></tr>
<tr><td>010：定时器 1 的 CC3 事件</td><td>110：定时器 5 的 CC3 事件</td></tr>
<tr><td>011：定时器 8 的 CC1 事件</td><td>111：SWSTART</td></tr>
</table>

图 4-22　ADC 选择启动规则转换事件设置

如使用软件触发（SWSTART），则设置 EXTSEL[2：0]这 3 个位为 111。ADC_CR2 的 SWSTART 位用于开始规则通道的转换，每次转换（单次转换模式下）都需要向该位写 1。AWDEN 为用于使能温度传感器和 V_{REFINT}。

STM32 的 ADC 在单次转换模式下，只执行一次转换，该模式可以通过 ADC_CR2 寄存器的 ADON 位（只适用于规则通道）启动，也可以通过外部触发启动（适用于规则通道和注入通道），这时 CONT 位为 0。以规则通道为例，一旦所选择的通道转换完成，转换结果将被存在 ADC_DR 寄存器中，EOC（转换结束）标志将被置位，如果设置了 EOCIE，则会产生中断。然后 ADC 将停止，直到下次启动。

(2) ADC 采样事件寄存器（ADC_SMPR1 和 ADC_SMPR2）

这两个寄存器用于设置通道 0～17 的采样时间，每个通道占用 3 个位。ADC_SMPR 的各位描述如图 4-23 和图 4-24 所示。

对于每个要转换的通道，采样时间建议尽量长一点，以获得较高的准确度，但是这样会降低 ADC 的转换速率。ADC 的转换时间可以由以下公式计算：

$$T_{covn}=\text{采样时间}+12.5\text{个周期}$$

其中：T_{covn} 为总转换时间，采样时间是根据每个通道的 SMP 位的设置来决定的。例如，当 ADCCLK＝14 MHz 的时候，设置 1.5 个周期的采样时间，则得到：$T_{covn}=1.5+12.5=14$ 个周期＝1 μs。

(3) ADC 规则序列寄存器（ADC_SQR1～ADC_SQR3）

ADC_SQR 该寄存器总共有 3 个，这几个寄存器的功能基本相同，这里仅介绍 ADC_SQR1，该寄存器的各位描述如图 4-25 所示。

L[3：0]用于存储规则序列的长度，这里只用了 1 个，所以设置这几个位的值为 0。其他的

31	30	29	28	27	26	25	24	23	22	21	20	19	18	17	16
保留								SMP17[2:0]			SMP16[2:0]			SMP15[2:1]	
					rw	rw	rw	rw	rw	rw	rw	rw	rw	rw	rw
15	**14**	**13**	**12**	**11**	**10**	**9**	**8**	**7**	**6**	**5**	**4**	**3**	**2**	**1**	**0**
SMP 15 0	SMP14[2:0]			SMP13[2:0]			SMP12[2:0]			SMP11[2:0]			SMP10[2:0]		
rw	rw	rw	rw	rw	rw	rw	rw	rw	rw	rw	rw	rw	rw	rw	rw

位31:24	保留，必须保持为0
位 23:0	SMPx[2:0]：选择通道x 的采样时间 (Channel x Sample time selection) 这些位用于独立地选择每个通道的采样时间，在采样周期中通道选择位必须保持不变 000：1.5 周期　　100：41.5 周期 001：7.5 周期　　101：55.5 周期 010：13.5 周期　　110：71.5 周期 011：28.5 周期　　111：239.5 周期 注：ADC1 的模拟输入通道16和通道17在芯片内部分别连到了温度传感器和V_{REFINT}， ADC2 的模拟输入通道16和通道17在芯片内部连到了Vss， ADC3 模拟输入通道14、15、16、17与 Vss 相连

图 4-23　ADC_SMPR1 寄存器各位描述

31	30	29	28	27	26	25	24	23	22	21	20	19	18	17	16
保留		SMP9[2:0]			SMP8[2:0]			SMP7[2:0]			SMP6[2:0]			SMP5[2:1]	
		rw	rw	rw	rw	rw	rw	rw	rw	rw	rw	rw	rw	rw	rw
15	**14**	**13**	**12**	**11**	**10**	**9**	**8**	**7**	**6**	**5**	**4**	**3**	**2**	**1**	**0**
SMP 5 0	SMP4[2:0]			MP3[2:0]			SMP2[2:0]			SMP1[2:0]			SMP0[2:0]		
rw	rw	rw	rw	rw	rw	rw	rw	rw	rw	rw	rw	rw	rw	rw	rw

位 31:30	保留，必须保持为0
位 29:0	SMPx[2:0]：选择通道x的采样时间 (Channel x Sample time selection) 这些位用于独立地选择每个通道的采样时间，在采样周期中通道选择位必须保持不变 000：1.5 周期　　100：41.5 周期 001：7.5 周期　　101：55.5 周期 010：13.5 周期　　110：71.5 周期 011：28.5 周期　　111：239.5 周期 注：ADC3模拟输入通道 9与Vss相连

图 4-24　ADC_SMPR2 寄存器各位描述

SQ13～SQL16 则存储了规则序列中第 13～16 通道的编号(编号范围:0～17)。另外两个规则序列寄存器与 ADC_SQR1 大同小异。要说明一点的是:由于选择的是单次转换,所以只有一个通道在规则序列里面,这个序列就是 SQ1,通过 ADC_SQR3 的最低 5 位(也就是 SQ1)设置。

(4) ADC 规则数据寄存器(ADC_DR)

规则序列中的 AD 转化结果都将被存在这个寄存器里,而注入通道的转换结果被保存在 ADC_JDRx 里。ADC_DR 的各位描述如图 4-26 所示,该寄存器的数据可以通过 ADC_CR2 的 ALIGN 位设置左对齐还是右对齐,在读取数据的时候要注意。

31	30	29	28	27	26	25	24	23	22	21	20	19	18	17	16
保留								L[3:0]				SQ16[4:1]			
								rw	rw	rw	rw	rw	rw	rw	rw

15	14	13	12	11	10	9	8	7	6	5	4	3	2	1	0
SQ16_0	SQ15[4:0]					SQ14[4:0]					SQ13[4:0]				
rw	rw	rw	rw	rw	rw	rw	rw	rw	rw	rw	rw	rw	rw	rw	rw

位	描述
位 31:24	保留，必须保持为0
位 23:20	L[3:0]：规则通道序列长度 这些位由软件定义在规则通道转换序列中的通道数目 0000：1 个转换 0001：2 个转换 …… 1111：16 个转换
位 19:15	SQ16[4:0]：规则序列中的第 16个 转换 这些位由软件定义转换序列中的第16 个转换通道的编号 (0~17)
位 14:10	SQ15[4:0]：规则序列中的第15个转换
位 9:5	SQ14[4:0]：规则序列中的第14 个转换
位 4:0	SQ13[4:0]：规则序列中的第13个转换

图 4-25　ADC_SQR1 寄存器各位描述

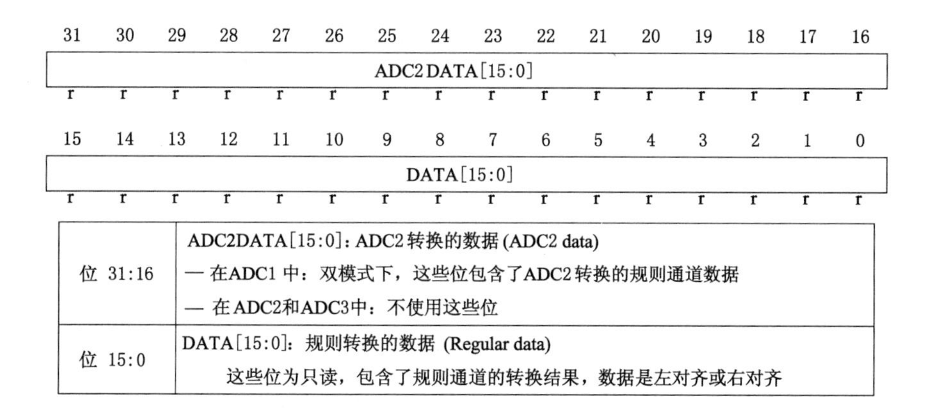

31	30	29	28	27	26	25	24	23	22	21	20	19	18	17	16
ADC2 DATA[15:0]															
r	r	r	r	r	r	r	r	r	r	r	r	r	r	r	r

15	14	13	12	11	10	9	8	7	6	5	4	3	2	1	0
DATA[15:0]															
r	r	r	r	r	r	r	r	r	r	r	r	r	r	r	r

位	描述
位 31:16	ADC2DATA[15:0]：ADC2 转换的数据 (ADC2 data) — 在ADC1 中：双模式下，这些位包含了ADC2 转换的规则通道数据 — 在 ADC2和ADC3中：不使用这些位
位 15:0	DATA[15:0]：规则转换的数据 (Regular data) 这些位为只读，包含了规则通道的转换结果，数据是左对齐或右对齐

图 4-26　ADC_ DR 寄存器各位描述

(5) ADC 状态寄存器(ADC_SR)

该寄存器保存了 ADC 转换时的各种状态，该寄存器的各位描述如图 4-27 所示。

这里要用到的是 EOC 位，程序中通过该位来判断此次规则通道的 AD 转换是否已经完成，如果完成就从 ADC_DR 中读取转换结果，否则等待转换完成。

综上所述，使用 ADC1 的通道 1 来进行 AD 转换，其详细设置步骤如下：

① 开启 PA 口时钟，设置 PA1 为模拟输入。

因为 STM32F103VBT6 的 ADC 通道 1 在 PA1 上，所以，先要使能 PORTA 的时钟，然后设置 PA1 为模拟输入。

② 使能 ADC1 时钟，并设置分频因子。

要使用 ADC1，第一步就是要使能 ADC1 的时钟，在时钟使能后，进行一次 ADC1 的复

31	30	29	28	27	26	25	24	23	22	21	20	19	18	17	16
保留															

15	14	13	12	11	10	9	8	7	6	5	4	3	2	1	0
保留											STRT	JSTRT	JEOC	EOC	AWD
											rc w0	rc w0	rc w0	rc w0	rc w0

位	描述
位 31:15	保留，必须保持为 0
位 4	STRT：规则通道开始位 (Regular channel Start flag) 该位由硬件在规 则通道转换开始时设置，由软件清除 0：规则通道转换未开始 1：规则通道转换已开始
位 3	JSTRT：注入通道开始位 (Injected channel Start flag) 该位由硬件在注入通道组转换开始时设置，由软件清除 0：注入通道组转换未开始 1：注入通道组转换已开始
位 2	JEOC：注入通道转换结束位 (Injected channel end of conversion) 该位由硬件在所有注入通道组转换结束时设置，由软件清除 0：转换未完成 1：转换完成
位 1	EOC：转换结束位 (End of conversion) 该位由硬件在 (规则或注入) 通道组转换结束时设置，由软件清除或由读取ADC_DR时清除 0：转换未完成 1：转换完成
位 0	AWD：模拟看门狗标志位 (Analog watchdog flag) 该位由硬件在转换的电压值超出了ADC_LTR 和ADC_HTR 寄存器定义的范围时设置，由软件清除 0：没有发生模拟看门狗事件 1：发生模拟看门狗事件

图 4-27　ADC_ SR 寄存器各位描述

位。接着就可以通过 RCC_CFGR 设置 ADC1 的分频因子，分频因子要确保 ADC1 的时钟(ADCCLK)不要超过 14 MHz。

③ 设置 ADC1 的工作模式。

在设置完分频因子之后，就可以开始 ADC1 的模式配置，设置单次转换模式、触发方式选择、数据对齐方式等都在这一步实现。

④ 设置 ADC1 规则序列的相关信息。

这里只有一个通道，并且是单次转换的，所以设置规则序列中通道数为 1(ADC_SQR1[23：20]=0000)，然后设置通道 1 的采样周期(通过 ADC_SMPR2[5：3]设置)。

⑤ 开启 AD 转换器并校准。

在设置完以上信息后，就开启 AD 转换器，执行复位校准和 AD 校准，注意这两步是必需的，不校准将导致结果很不准确。

⑥ 读取 ADC 值。

在上面的校准完成之后，ADC 就算准备好了。接下来设置规则序列 1 里面的通道为所用通道(通过 ADC_SQR3[4：0]设置)，然后启动 ADC 转换。在转换结束后，读取 ADC1_DR 里面的值。

通过以上几个步骤的设置，就可以正常地使用 STM32 的 ADC1 来执行 AD 转换操作。

STM32 有一个内部的温度传感器，可以用来测量 CPU 及周围的温度(TA)。该温度传感器在内部和 ADCx_IN16 输入通道相连接，此通道把传感器输出的电压转换成数字值。温度传感器模拟输入推荐采样时间是 17.1 μs。STM32 的内部温度传感器支持的温度范围为：－40～125 ℃，精度为±1.5℃左右。

STM32 内部温度传感器的使用很简单，只要设置一下内部 ADC，并激活其内部通道即可。要使用 STM32 的内部温度传感器，必须先激活 ADC 的内部通道，这里通过 ADC_CR1 的 AWDEN 位(bit23)设置，设置该位为 1 则启用内部温度传感器。STM32 的内部温度传感器固定连接在 ADC 的通道 16 上，所以，设置好 ADC 之后只要读取通道 16 的值，就是温度传感器返回来的电压值了。根据这个值，就可以计算出当前温度。计算公式为：

$$T(℃)=\frac{V_{25}-V_{\text{sense}}}{\text{Avg\_Slope}}+25$$

式中：$V_{25}=V_{\text{sense}}$在 25 ℃时的数值(典型值为：1.43)；Avg_Slope＝温度与 V_{sense} 曲线的平均斜率(单位：mV/℃或 uv/℃)(典型值：4.3 mV/℃)。利用以上公式，就可以方便地计算出当前温度传感器的温度。

4.5.2　硬件设计(图 4-28)

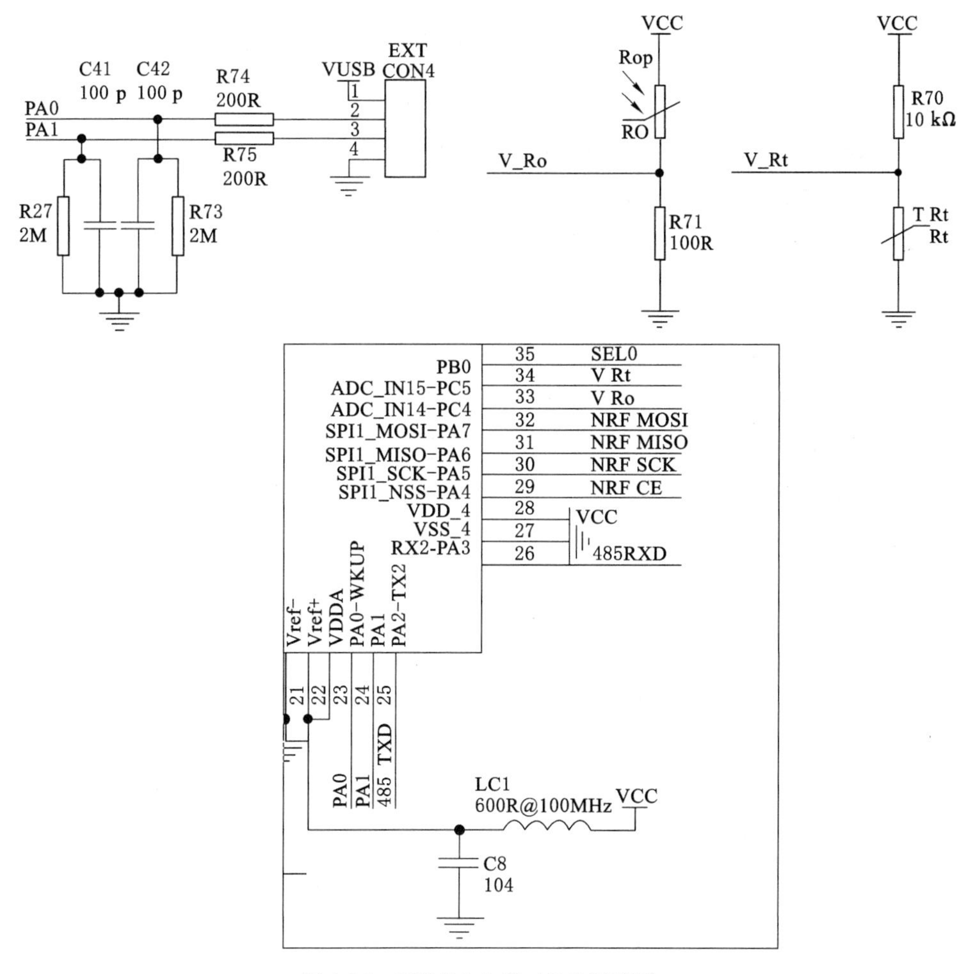

图 4-28　STM32-A 的 ADC 原理图

STM32-A 开发板把 PA0 和 PA1 引出作为 ADC 输入端,用于 ADC 实验。根据 PA0 和 PA1 的输入电压,可转换成不同的 AD 值,通过获取寄存器中的 AD 值,再将其转变为电压值。开发板使用了 3.3 V 的外部参考电压,其中 PA0 和 PA1 的模拟输入信号不要超过 3.3 V。

热敏电阻随温度呈线性变化,光敏电阻电流随光强线性变化。开发板接入一个热敏电阻 V_R_t 和一个光敏电阻 V_R_o,通过 AD(STM32 的 AD 值为 12 位)采集光敏电阻和热敏电阻的输出值,输出对应的 AD 值,光照值直接为 AD 值,而采集的温度 AD 值,通过公式计算或查表可得相应的温度值。V_R_o 和 V_R_t 分别接入到 CPU 的 PC4 和 PC5 端口。

4.5.3 软件设计

开发板可以测量 PA0 或 PA1 的输入电压。设计程序使八段数码管左边三位形成的十进制值为 PA0 槽测到的电压值;右边三位形成的十进制值为 PA1 槽测到的电压值。程序下载运行后,可以观察到数码管的左边三位和右边三位点亮,并显示有精确到小数点后 2 位的数值。当 PA0 或 PA1 槽没有任何接入时,不同的开发板显示的值可能有所不同,但对电压的测量没有影响。程序的主要函数如下:

```
//IO 口初始化、ADC1 初始化、ADC2 初始化
void VoltageAdcInit(void)
{
    //初始化 IO 口
    RCC->APB2ENR|=1<<2;                //使能 PORTA 口时钟
    GPIOA->CRL &=0xffffff00;           //PA0 1 模拟输入
    RCC->CFGR &=~(3<<14);              //分频因子清零
    //6 分频 SYSCLK/DIV2=12MADC 时钟设置为 12 MHz,最大不能超过 14 MHz!
    RCC->CFGR|=2<<14;

    VoltageAdc1Init();
    VoltageAdc2Init();
}
//ADC1 初始化
void VoltageAdc1Init(void)
{
    RCC->APB2ENR|=1<<9;                //ADC1 时钟使能
    RCC->APB2RSTR|=1<<9;               //ADC1 复位
    RCC->APB2RSTR &=~(1<<9);           //复位结束
    ADC1->CR1 &=0xf0ffff;              //工作模式清零
    ADC1->CR1|=0<<16;                  //独立工作模式
    ADC1->CR1 &=~(1<<8);               //非扫描模式
    ADC1->CR2 &=~(1<<1);               //单次转换模式
    ADC1->CR2 &=~(7<<17);
    ADC1->CR2|=7<<17;                  //SWSTART:软件控制转换
    ADC1->CR2|=1<<20;                  //使用外部触发(SWSTART),必须使用一个
```

```
                                   事件来触发
    ADC1->CR2 &=~(1<<11);         //右对齐
    ADC1->SQR1 &=~(0xf<<20);
    ADC1->SQR1 &=0<<20;           //1 个转换在规则序列中,也就是只转换规
                                   则序列 1
    ADC1->SMPR2 &=0xfffffff0;     //通道 0 采样时间清空
    ADC1->SMPR2|=7<<0;            //通道 0 239.5 周期,提高采用时间可以提
                                   高精确度
    ADC1->CR2|=1<<0;              //开启 AD 转换器
    ADC1->CR2|=1<<3;              //使能复位校准
    while(ADC1->CR2 & 1<<3)
      ; //等待校准结束
    ADC1->CR2|=1<<2;              //开启 AD 校准
    while( ADC1->CR2 & 1<<2 )
      ; //等待校准结束
}
//ADC2 初始化
void VoltageAdc2Init(void)
{
    RCC->APB2ENR|=1<<10;          //ADC1 时钟使能
    RCC->APB2RSTR|=1<<10;         //ADC1 复位
    RCC->APB2RSTR &=~(1<<10);     //复位结束
    ADC2->CR1 &=0xf0ffff;         //工作模式清零
    ADC2->CR1|=0<<16;             //独立工作模式
    ADC2->CR1 &=~(1<<8);          //非扫描模式
    ADC2->CR2 &=~(1<<1);          //单次转换模式
    ADC2->CR2 &=~(7<<17);
    ADC2->CR2|=7<<17;             //SWSTART:软件控制转换
    ADC2->CR2|=1<<20;             //使用外部触发(SWSTART),必须使用一个
                                   事件来触发
    ADC2->CR2 &=~(1<<11);         //右对齐
    ADC2->SQR1 &=~(0xf<<20);
    ADC2->SQR1 &=0<<20;           //1 个转换在规则序列中,也就是只转换规
                                   则序列 1
    ADC2->SMPR2 &=~(7<<3);        //通道 1 采样时间清空
    ADC2->SMPR2|=7<<3;            //通道 1 239.5 周期,提高采用时间可以提
                                   高精确度
    ADC2->CR2|=1<<0;              //开启 AD 转换器
    ADC2->CR2|=1<<3;              //使能复位校准
```

```
    while( ADC2->CR2 & 1<<3 )
        ; //等待校准结束
    ADC2->CR2|=1<<2;                    //开启 AD 校准
    while( ADC2->CR2 & 1<<2 )
        ; //等待校准结束
}
//获取 ADC 值函数
//获取 ADC 的值,测量的电压应< 3.3  PA0 或 PA1 接正极,负极接地
//adcx: 1 表示 ADC1; 2 表示 ADC2
//ch: 通道值
//返回得到的 ADC 的值
u16 GetVoltageAdc(u8 adcx, u8 ch)
{
    u16 adcValue=0;
    if( adcx==1 )
    {
      //设置转换序列
      ADC1->SQR3 &=0xffffffe0;        //规则序列 1 通道 ch
      ADC1->SQR3|=ch;
      ADC1->CR2|=1<<22;               //启动规则转换通道
      while( ! (ADC1->SR & 1<<1) )
        ; //等待转换结束
      adcValue=ADC1->DR;
    }
    else if( adcx==2 )
    {
        //设置转换序列
        ADC2->SQR3 &=0xffffffe0;      //规则序列 1 通道 ch
        ADC2->SQR3|=ch;
        ADC2->CR2|=1<<22;             //启动规则转换通道
        while( ! (ADC2->SR & 1<<1) )
          ; //等待转换结束
        adcValue=ADC2->DR;
    }
    return adcValue;                  //返回 ADC 的值
}
//获取电压值函数
//ADC 转化为电压值
//adcx: 1 表示 ADC1; 2 表示 ADC2
```

```
//ch: 通道值
//返回电压值
float GetVoltage(u8 adcx, u8 ch)
{
    u16 adcValue=0;
    float vol=0;
    adcValue=GetVoltageAdc( adcx, ch );
    vol=3.3*(float)adcValue/4096;
    return vol;
}
```

4.6　IIC 设计与应用

IIC(Inter-Integrated Circuit)总线是一种由 PHILIPS 公司开发的两线式串行总线，用于连接微控制器及其外围设备。它是由数据线 SDA 和时钟 SCL 构成的串行总线，可发送和接收数据。在 CPU 与被控 IC 之间、IC 与 IC 之间进行双向传送，高速 IIC 总线传输速度一般可达 400 kbps 以上。IIC 是一种多向控制总线，也就是说多个芯片可以连接到同一总线结构下，同时每个芯片都可以作为实时数据传输的控制源。这种方式简化了信号传输总线接口。

4.6.1　IIC 原理

IIC 总线在传送数据过程中共有三种类型信号：开始信号、结束信号和应答信号。开始信号：SCL 为高电平时，SDA 由高电平向低电平跳变，开始传送数据；结束信号：SCL 为高电平时，SDA 由低电平向高电平跳变，结束传送数据；应答信号：接收数据的 IC 在接收到 8bit 数据后，向发送数据的 IC 发出特定的低电平脉冲，表示已收到数据。CPU 向受控单元发出一个信号后，等待受控单元发出一个应答信号，CPU 接收到应答信号后，根据实际情况作出是否继续传递信号的判断。若未收到应答信号，则判断为受控单元出现故障。

这些信号中，起始信号是必需的，结束信号和应答信号可以不要。IIC 总线时序图如图 4-29 所示：

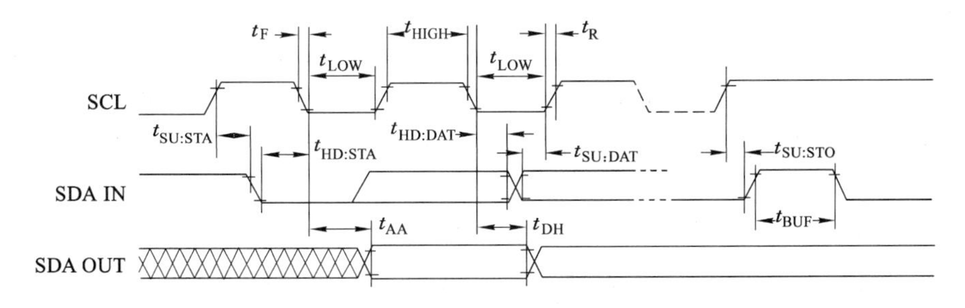

图 4-29　IIC 总线时序图

因 IIC 总线是双线、双向、串行总线，其数据传送必须严格按照一定的格式进行，图 4-30 为 IIC 总线数据传输示意图。由图可以看出，IIC 总线数据传输具有如下一些特点：

① 数据传送顺序必须是：起始位、被控电路地址、数据传输方向位(读/写)、确认位、数

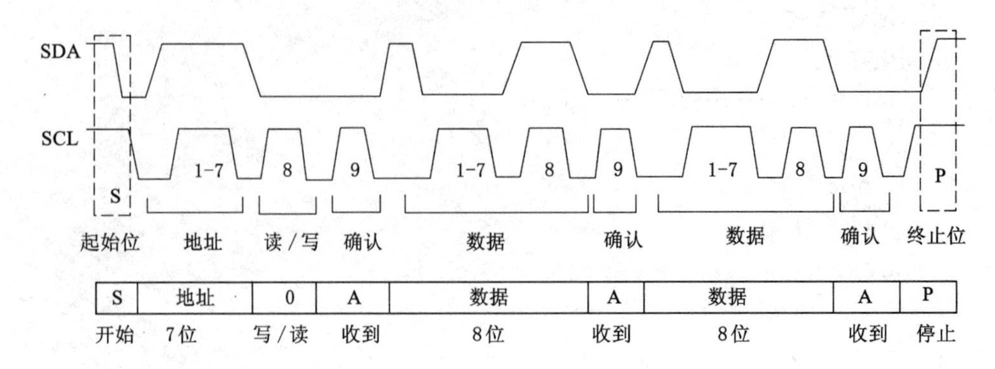

图 4-30 IIC 总线数据传输示意图

据信号、确认位……终止位。

② 在时钟线保持高电平期间，数据线上一个由高到低的跳变定义为起始位，由低到高的跳变定义为终止位。起始位和终止位信号是由主控 CPU 发出的，当 CPU 发出起始位信号后，IIC 总线处于占用状态；同理，当 CPU 发出终止位信号后，IIC 总线处于空闲状态，当 IIC 总线空闲时，SDA、SCL 两线均应保持高电平。

③ 在进行数据传送时，SCL 线为高电平期间，SDA 线上的数据必须保持稳定；在 SCL 线为低电平期间，SDA 线上的数据才允许变化。

④ 在 SDA 线上传输的数据，其字节为 8 位，每次传送的字节总数不限。被控电路的地址占用 7 位；第 8 位为数据传输的方向位，“0”表示 CPU 发送数据，“1”表示 CPU 接收数据。在每传送一个数据字节后，下一位是确认信号。在确认位时钟期间，CPU 释放数据线，以便被控器在这一位上送出应答信息。

在 IIC 总线传输过程中，将两种特定的情况定义为开始和停止条件：当 SCL 保持“高”且 SDA 由“高”变为“低”为开始条件；当 SCL 保持“高”且 SDA 由 “低”变为“高”时为停止条件，开始和停止条件均由主控制器产生。使用硬件接口可以很容易地检测到开始和停止条件，没有这种接口的微机必须每时钟周期至少两次对 SDA 取样，以检测这种变化。

SDA 线上的数据在时钟“高”期间必须是稳定的，只有当 SCL 线上的时钟信号为低时，数据线上的“高”或“低”状态才可以改变。输出到 SDA 线上的每个字节必须是 8 位，每次传输的字节不受限制，但每个字节必须要有一个应答 ACK。如果一接收器件在完成其他功能(如一内部中断)前不能接收另一数据的完整字节时，它可以保持时钟线 SCL 为低，以促使发送器进入等待状态；当接收器准备好接收数据的其他字节并释放时钟 SCL 后，数据传输继续进行。

数据传送必须具有应答。与应答对应的时钟脉冲由主控制器产生，发送器在应答期间必须下拉 SDA 线。当寻址的被控器件不能应答时，数据保持为高并使主控器产生停止条件而终止传输。传输的过程中，在用到主控接收器的情况下，主控接收器必须发出一数据结束信号给被控发送器，从而使被控发送器释放数据线，以允许主控器产生停止条件。合法的数据传输格式如下：

IIC 总线在开始条件后的首字节决定哪个被控器将被主控器选择。当主控器输出一地址时，系统中的每一器件都将开始条件后的前 7 位地址和自己的地址进行比较，如果相同，该器件即认为自己被主控器寻址。而作为被控接收器或被控发送器则取决于R/W位。

4.6.2　硬件设计

STM32-A 开发板板载的 EEPROM 芯片型号为 24C02。该芯片的总容量是 256 个字节，该芯片通过 IIC 总线与外部连接，平台的 IIC 与 EEPROM 连接原理图如图 4-31 所示。

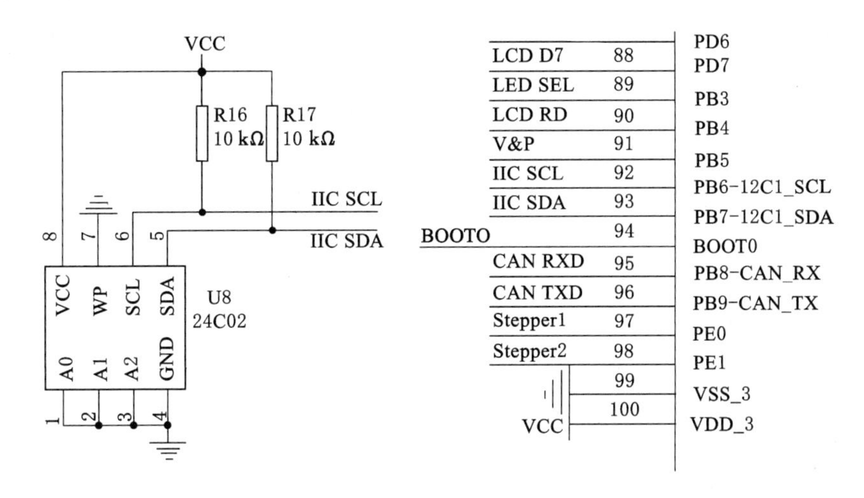

图 4-31　IIC_EEPROM 电路图

4.6.3　软件设计

目前大部分 MCU 都带有 IIC 总线接口，STM32 也有 IIC 接口。但是 STM32 的硬件 IIC 非常复杂，且不稳定，因此通过软件模拟来读写 24C02。由于硬件设计时 EEPROM 就是连接到 STM32 的 IIC 接口，即 PB6 和 PB7，因此有兴趣的读者可以自行实现一下 STM32 的硬件 IIC。

本程序用于测试往 IIC_EEPROM 中写入数据，并使用串口通信显示数据，波特率为 9 600，无校验。程序运行后，往串口发送"这是一个 IIC_EEPROM 测试例程"字符串；在按下一次 K3 键，程序往 IIC_EEPROM 中写入 0x00，0x01，0x02，0x03 等共 20 个数据，在串口助手中有显示，然后会自动读取 IIC_EEPROM 中的数据并发送给 PC 机；若再次按下 K3 键，数据会乘 2 再写入；再按下 K3 键，数据则会乘 3 再写入；依次类推。程序用 LED1 闪烁提示正在正常运行，IIC 操作的主要函数如下：

```
//初始化 IIC
void IIC_Init(void)
{
    RCC->APB2ENR|=1<<3;                  //先使能外设 IO PORTB 时钟
    GPIOB->CRL&=0X00FFFFFF;              //PB6/7 推挽输出
    GPIOB->CRL|=0X73000000;
    GPIOB->ODR|=0X000000C0;              //PB6/7 输出高
}
//产生 IIC 起始信号
void IIC_Start(void)
{
```

```
    IIC_SDA=1;
    IIC_SCL=1;
    delay_us(4);
    IIC_SDA=0;                    //开始信号,当 CLK 高时,SAD 从高到低
    delay_us(4);
    IIC_SCL=0;                    //钳住 I2C 总线,准备发送或接收数据
}
//产生 IIC 停止信号
void IIC_Stop(void)
{
    IIC_SCL=0;
    IIC_SDA=0;                    //结束信号,当 CLK 高时,SAD 从低到高
    delay_us(4);
    IIC_SCL=1;
    IIC_SDA=1;                    //发送 I2C 总线结束信号
    delay_us(4);
}
//等待应答信号到来
//返回值:1,接收应答失败
//        0,接收应答成功
u8 IIC_Wait_Ack(void)
{
    u8 ucErrTime=0;
    IIC_SDA=1;delay_us(1);
    IIC_SCL=1;delay_us(1);
    while(READ_SDA)
    {
        ucErrTime++;
        if(ucErrTime>250)
        {
        IIC_Stop();
        return 1;
        }
    }
    IIC_SCL=0;                    //时钟输出 0
    return 0;
}
//产生 ACK 应答
void IIC_Ack(void)
```

```
{
    IIC_SCL=0;
    SDA_OUT();
    IIC_SDA=0;
    delay_us(2);
    IIC_SCL=1;
    delay_us(2);
    IIC_SCL=0;
}
//不产生 ACK 应答
void IIC_NAck(void)
{
    IIC_SCL=0;
    IIC_SDA=1;
    delay_us(2);
    IIC_SCL=1;
    delay_us(2);
    IIC_SCL=0;
}
//IIC 发送一个字节
//返回从机有无应答
//1,有应答
//0,无应答
void IIC_Send_Byte(u8 txd)
{
    u8 t;
    IIC_SCL=0;                              //拉低时钟开始数据传输
    for(t=0;t<8;t++)
    {
        IIC_SDA=(txd&0x80)>>7;
        txd<<=1;
        delay_us(2);                        //对 TEA5767 这三个延时都是必需的
        IIC_SCL=1;
        delay_us(2);
        IIC_SCL=0;
        delay_us(2);
    }
}
//读 1 个字节,ack=1 时,发送 ACK,ack=0,发送 nACK
```

```
u8 IIC_Read_Byte(unsigned char ack)
{
    unsigned char i,receive=0;
    for(i=0;i<8;i++)
    {
        IIC_SCL=0;
        delay_us(2);
        IIC_SCL=1;
        receive<<=1;
        if(READ_SDA)receive++;
        delay_us(1);
    }
    if (! ack)
        IIC_NAck();                    //发送 nACK
    else
        IIC_Ack();                     //发送 ACK
    return receive;
}
```

4.7 定时器和看门狗

STM32 的定时器功能十分强大，有 TIME1 和 TIME8 等高级定时器，也有 TIME2～TIME5 等通用定时器，还有 TIME6 和 TIME7 等基本定时器。STM32 内部还自带了 2 个看门狗定时器：独立看门狗(IWDG)和窗口看门狗(WWDG)。

4.7.1 STM32 通用定时器

STM32 的通用定时器由一个通过可编程预分频器(PSC)驱动的 16 位自动装载计数器(CNT)和与其相关的自动装载寄存器构成，这个计数器可以向上计数、向下计数或者向上向下双向计数。STM32 的通用定时器可以被用于：测量输入信号的脉冲长度(输入捕获)或者产生输出波形(输出比较和 PWM)等。使用定时器预分频器和 RCC 时钟控制器预分频器，脉冲长度和波形周期可以在几个微秒到几个毫秒间调整。STM32 的每个通用定时器都是完全独立的，没有互相共享的任何资源。

4.7.1.1 相关寄存器

STM32 定时器的详细介绍可参见 STM32 数据手册相关章节，下面介绍几个通用定时器密切相关的几个寄存器。

(1) 控制寄存器 1(TIMx_CR1)

该寄存器的各位描述如图 4-32 所示。TIMx_CR1 的最低位(位 0)，是计数器使能位，该位必须置 1，才能让定时器开始计数。

(2) DMA/中断使能寄存器(TIMx_DIER)

该寄存器是一个 16 位的寄存器，其各位描述如图 4-33 所示：

15	14	13	12	11	10	9	8	7	6	5	4	3	2	1	0
保留						CKD[1:0]		ARPE	CMS[1:0]		DIR	OPM	URS	UDIS	CEN
						rw	rw	rw	rw	rw	rw	rw	rw	rw	rw

位 15：10	保留，始终读为 0。
位 8：9	CKD[1：0]：时钟分频因子 (Clock division) 这 2 位定义在定时器时钟(CK_INT)频率、死区时间和由死区发生器与数字滤波器(ETR，TIx)所用的采样时钟之间的分频比例。 00：tDTS = tCK_INT； 01：tDTS = 2 x tCK_INT； 10：tDTS = 4 x tCK_INT； 11：保留，不要使用这个配置。
位 7	ARPE：自动重装载预装载允许位 (Auto-reload preload enable) 0：TIMx_ARR 寄存器没有缓冲； 1：TIMx_ARR 寄存器被装入缓冲器。
位 5：6	CMS[1：0]：选择中央对齐模式 (Center-aligned mode selection) 00：边沿对齐模式。计数器依据方向位(DIR)向上或向下计数。 01：中央对齐模式 1。计数器交替地向上和向下计数。配置为输出的通道(TIMx_CCMRx 寄存器中 CCxS=00)的输出比较中断标志位，只在计数器向下计数时被设置。 10：中央对齐模式 2。计数器交替地向上和向下计数。配置为输出的通道(TIMx_CCMRx 寄存器中 CCxS=00)的输出比较中断标志位，只在计数器向上计数时被设置。 11：中央对齐模式 3。计数器交替地向上和向下计数。配置为输出的通道(TIMx_CCMRx 寄存器中 CCxS=00)的输出比较中断标志位，在计数器向上和向下计数时均被设置。 注：在计数器开启时(CEN=1)，不允许从边沿对齐模式转换到中央对齐模式。
位 4	DIR：方向 (Direction) 0：计数器向上计数； 1：计数器向下计数。 注：当计数器配置为中央对齐模式或编码器模式时，该位为只读。
位 3	OPM：单脉冲模式 (One pulse mode) 0：在发生更新事件时，计数器不停止； 1：在发生下一次更新事件(清除 CEN 位)时，计数器停止。
位 2	URS：更新请求源 (Update request source)，软件通过该位选择 UEV 事件的源。 0：如果使能了更新中断或 DMA 请求，则下述任一事件产生更新中断或 DMA 请求： —计数器溢出/下溢 —设置 UG 位 —从模式控制器产生的更新 1：如使能了更新中断或 DMA 请求，则只有计数器溢出/下溢才产生更新中断或 DMA 请求。
位 1	UDIS：禁止更新 (Update disable)，软件通过该位允许/禁止 UEV 事件的产生。 0：允许 UEV。更新(UEV)事件由下述任一事件产生： —计数器溢出/下溢 —设置 UG 位 —从模式控制器产生的更新 具有缓存的寄存器被装入它们的预装载值，即更新影子寄存器。 1：禁止 UEV。不产生更新事件，影子寄存器(ARR、PSC、CCRx)保持它们的值。如果设置了 UG 位或从模式控制器发出了一个硬件复位，则计数器和预分频器被重新初始化。
位 0	CEN：使能计数器 (Counter enable) 0：禁止计数器； 1：使能计数器。 注：在软件设置了 CEN 位后，外部时钟、门控模式和编码器模式才能工作。触发模式可以自动地通过硬件设置 CEN 位。 在单脉冲模式下，当发生更新事件时，CEN 被自动清除。

图 4-32　TIMx_CR1 寄存器各位描述

15	14	13	12	11	10	9	8	7	6	5	4	3	2	1	0
保留	TDE	COMDE	CC4DE	CC3DE	CC2DE	CC1DE	UDE	BIE	TIE	COMIE	CC4IE	CC3IE	CC2IE	CC1IE	UIE
rw	rw	rw	rw	rw	rw	rw	rw	rw	rw	rw	rw	rw	rw	rw	rw

位 15	保留,始终读为 0。
位 14	TDE:允许触发 DMA 请求 (Trigger DMA request enable) 0:禁止触发 DMA 请求; 1:允许触发 DMA 请求。
位 13	COMDE:允许 COM 的 DMA 请求 (COM DMA request enable) 0:禁止 COM 的 DMA 请求;1:允许 COM 的 DMA 请求。
位 12	CC4DE:允许捕获/比较 4 的 DMA 请求 (Capture/Compare 4 DMA request enable) 0:禁止捕获/比较 4 的 DMA 请求; 1:允许捕获/比较 4 的 DMA 请求。
位 11	CC3DE:允许捕获/比较 3 的 DMA 请求 (Capture/Compare 3 DMA request enable) 0:禁止捕获/比较 3 的 DMA 请求; 1:允许捕获/比较 3 的 DMA 请求。
位 10	CC2DE:允许捕获/比较 2 的 DMA 请求 (Capture/Compare 2 DMA request enable) 0:禁止捕获/比较 2 的 DMA 请求; 1:允许捕获/比较 2 的 DMA 请求。
位 9	CC1DE:允许捕获/比较 1 的 DMA 请求 (Capture/Compare 1 DMA request enable) 0:禁止捕获/比较 1 的 DMA 请求; 1:允许捕获/比较 1 的 DMA 请求。
位 8	UDE:允许更新的 DMA 请求 (Update DMA request enable) 0:禁止更新的 DMA 请求; 1:允许更新的 DMA 请求。
位 7	BIE:允许刹车中断 (Break interrupt enable) 0:禁止刹车中断; 1:允许刹车中断。
位 6	TIE:触发中断使能 (Trigger interrupt enable) 0:禁止触发中断; 1:使能触发中断。
位 5	COMIE:允许 COM 中断 (COM interrupt enable) 0:禁止 COM 中断; 1:允许 COM 中断。
位 4	CC4IE:允许捕获/比较 4 中断 (Capture/Compare 4 interrupt enable) 0:禁止捕获/比较 4 中断; 1:允许捕获/比较 4 中断。
位 3	CC3IE:允许捕获/比较 3 中断 (Capture/Compare 3 interrupt enable) 0:禁止捕获/比较 3 中断; 1:允许捕获/比较 3 中断。
位 2	CC2IE:允许捕获/比较 2 中断 (Capture/Compare 2 interrupt enable) 0:禁止捕获/比较 2 中断; 1:允许捕获/比较 2 中断。
位 1	CC1IE:允许捕获/比较 1 中断 (Capture/Compare 1 interrupt enable) 0:禁止捕获/比较 1 中断; 1:允许捕获/比较 1 中断。
位 0	UIE:允许更新中断 (Update interrupt enable) 0:禁止更新中断;1:允许更新中断。

图 4-33　TIMx_DIER 寄存器各位描述

TIMx_DIER 的最低位是更新中断允许位,如要用到定时器的更新中断,则该位要设置为 1 来允许由于更新事件所产生的中断。通用和基本定时器的该寄存器有些位保留。

(3) 预分频寄存器(TIMx_PSC)

该寄存器设置对时钟进行分频，然后提供给计数器，作为计数器的时钟。该寄存器的各位描述如图 4-34 所示。

15	14	13	12	11	10	9	8	7	6	5	4	3	2	1	0
PSC[15:0]															
rw	rw	rw	rw	rw	rw	rw	rw	rw	rw	rw	rw	rw	rw	rw	rw

位 15:0	PSC[15:0]：预分频器的值(Prescaler value) 计数器的时钟频率(CK_CNT)等于 $f_{CK\_PSC}/(PSC[15:0]+1)$。 PSC 包含了每次当更新事件产生时，装入当前预分频器寄存器的值；更新事件包括计数器被TIM_EGR的UG位清 0 或被工作在复位模式的从控制器清 0。

图 4-34　TIMx_ PSC 寄存器各位描述

这里，定时器的时钟来源有 4 个：

① 内部时钟(CK_INT)。

② 外部时钟模式 1：外部输入脚(TIx)。

③ 外部时钟模式 2：外部触发输入(ETR)。

④ 内部触发输入(ITRx)：使用 A 定时器作为 B 定时器的预分频器(A 为 B 提供时钟)。

在这些时钟中，具体选择哪个可以通过 TIMx_SMCR 寄存器的相关位来设置。这里的 CK_INT 时钟是从 APB1 倍频得来的，STM32 中除非 APB1 的时钟分频数设置为 1，否则通用定时器 TIMx 的时钟是 APB1 时钟的 2 倍，当 APB1 的时钟不分频的时候，通用定时器 TIMx 的时钟就等于 APB1 的时钟。这里还要注意的就是高级定时器的时钟不是来自 APB1，而是来自 APB2。

TIMx_CNT 寄存器是定时器的计数器，该寄存器存储了当前定时器的计数值。

(4) 自动重装载寄存器(TIMx_ARR)

该寄存器在物理上实际对应着 2 个寄存器。一个是程序员可以直接操作的，另外一个是程序员看不到的，这个看不到的寄存器在《STM32 参考手册》里面被叫做影子寄存器。事实上真正起作用的是影子寄存器。根据 TIMx_CR1 寄存器中 APRE 位的设置：APRE＝0 时，预装载寄存器的内容可以随时传送到影子寄存器，此时 2 者是连通的；而 APRE＝1 时，在每一次更新事件(UEV)时，才把预装在寄存器的内容传送到影子寄存器。自动重装载寄存器的各位描述如图 4-35 所示。

15	14	13	12	11	10	9	8	7	6	5	4	3	2	1	0
ARR[15:0]															
rw	rw	rw	rw	rw	rw	rw	rw	rw	rw	rw	rw	rw	rw	rw	rw

位 15:0	ARR[15:0]：自动重装载的值(Prescaler value) ARR 包含了将要装载入实际的自动重装载寄存器的值。 当自动重装载的值为空时，计数器不工作。

图 4-35　TIMx_ ARR 寄存器各位描述

(5) 状态寄存器(TIMx_SR)

该寄存器用来标记当前与定时器相关的各种事件/中断是否发生。该寄存器的各位描述如图 4-36 所示。

15	14	13	12	11	10	9	8	7	6	5	4	3	2	1	0
保留			CC4OF	CC3OF	CC2OF	CC1OF	保留	BIF	TIF	COMIF	CC4IF	CC3IF	CC2IF	CC1IF	UIF
			rc w0	rc w0	rc w0	rc w0		rc w0	rc w0		rc w0	rc w0	rc w0	rc w0	rc w0

位	描述
位 15:13	保留,始终读为 0。
位 12	CC4OF:捕获/比较 4 重复捕获标记 (Capture/Compare 4 overcapture flag) 参见 CC1OF 描述。
位 11	CC3OF:捕获/比较 3 重复捕获标记 (Capture/Compare 3 overcapture flag) 参见 CC1OF 描述。
位 10	CC2OF:捕获/比较 2 重复捕获标记 (Capture/Compare 2 overcapture flag) 参见 CC1OF 描述。
位 9	CC1OF:捕获/比较 1 重复捕获标记 (Capture/Compare 1 overcapture flag) 仅当相应的通道被配置为输入捕获时,该标记可由硬件置 1,写 0 可清除该位。 0:无重复捕获产生; 1:计数器的值被捕获到 TIMx_CCR1 寄存器时,CC1IF 的状态已经为 1。
位 8	保留,始终读为 0。
位 7	BIF:刹车中断标记 (Break interrupt flag) 一旦刹车输入有效,由硬件对该位置 1。如果刹车输入无效,则该位可由软件清 0。 0:无刹车事件产生; 1:刹车输入上检测到有效电平。
位 6	TIF:触发器中断标记 (Trigger interrupt flag) 当发生触发事件(当从模式控制器处于除门控模式外的其他模式时,在 TRGI 输入端检测到有效边沿,或门控模式下的任一边沿)时由硬件对该位置 1,它由软件清 0。 0:无触发器事件产生; 1:触发中断等待响应。
位 5	COMIF:COM 中断标记 (COM interrupt flag) 一旦产生 COM 事件(当捕获/比较控制位 CCxE、CCxNE、OCxM 已被更新)该位由硬件置 1。它由软件清 0。 0:无 COM 事件产生; 1:COM 中断等待响应。
位 4	CC4IF:捕获/比较 4 中断标记 (Capture/Compare 4 interrupt flag) 参考 CC1IF 描述。
位 3	CC3IF:捕获/比较 3 中断标记 (Capture/Compare 3 interrupt flag) 参考 CC1IF 描述。
位 2	CC2IF:捕获/比较 2 中断标记 (Capture/Compare 2 interrupt flag) 参考 CC1IF 描述。
位 1	CC1IF:捕获/比较 1 中断标记 (Capture/Compare 1 interrupt flag) 如果通道 CC1 配置为输出模式: 当计数器值与比较值匹配时该位由硬件置 1,但在中心对称模式下除外(参考 TIMx_CR1 寄存器的 CMS 位)。它由软件清 0。 0:无匹配发生; 1:TIMx_CNT 的值与 TIMx_CCR1 的值匹配。 当 TIMx_CCR1 的内容大于 TIMx_APR 的内容时,在向上或向上/下计数模式时计数器溢出,或向下计数模式时的计数器下溢条件下,CC1IF 位变高 如果通道 CC1 配置为输入模式: 当捕获事件发生时该位由硬件置 1,它由软件清 0 或通过读 TIMx_CCR1 清 0。 0:无输入捕获产生; 1:计数器值已被捕获(拷贝)至 TIMx_CCR1(在 IC1 上检测到与所选极性相同的边沿)
位 0	UIF:更新中断标记 (Update interrupt flag) 当产生更新事件时该位由硬件置 1,它由软件清 0。 0:无更新事件产生; 1:更新中断等待响应,当寄存器被更新时该位由硬件置 1: —若 TIMx_CR1 寄存器的 UDIS=0、URS=0,当 TIMx_EGR 寄存器的 UG=1 时产生更新事件(软件对计数器 CNT 重新初始化); —若 TIMx_CR1 寄存器的 UDIS=0、URS=0,当计数器 CNT 被触发事件重初始化时产生更新事件(参考同步控制寄存器的说明)。

图 4-36　TIMx_ SR 寄存器各位描述

TIMx_SR 寄存器同样只用到了最低位，当计数器 CNT 被重新初始化的时候，产生更新中断标记，通过这个中断标志位，就可以知道产生中断的类型。

只要对以上几个寄存器进行简单的设置，就可以使用通用定时器了，并且可以产生中断。

4.7.1.2　通用定时器设置步骤

下面以通用定时器 TIM3 为实例，来说明具体设置步骤。

(1) TIM3 时钟使能

通过 APB1ENR 的第 1 位来设置 TIM3，因为 Stm32_Clock_Init 函数里面把 APB1 的分频设置为 2 了，所以 TIM3 时钟就是 APB1 时钟的 2 倍，等于系统时钟(72 MHz)。

(2) 设置 TIM3_ARR 和 TIM3_PSC 的值

将自动重装的值和分频系数分别设置到这两个寄存器。这两个参数加上时钟频率就决定了定时器的溢出时间。

(3) 设置 TIM3_DIER 允许更新中断

因为要使用 TIM3 的更新中断，所以设置 DIER 的 UIE 位为 1，使能更新中断。

(4) 允许 TIM3 工作

配置完后要开启定时器，通过 TIM3_CR1 的 CEN 位来设置。

(5) TIM3 中断分组设置

在定时器配置完了之后，因为要产生中断，必不可少地要设置 NVIC 相关寄存器，以使能 TIM3 中断。

(6) 编写中断服务函数

中断服务函数用来处理定时器产生的相关中断。在中断产生后，通过状态寄存器的值来判断此次产生的中断属于什么类型。然后执行相关的操作，这里使用的是更新(溢出)中断，所以在状态寄存器 SR 的最低位。在处理完中断之后应该向 TIM3_SR 的最低位写 0，来清除该中断标志。

下面通过一个简单数字钟的实例说明定时器的应用。程序运行后，8 位数码管初始化为 00－00－00，分别表示时－分－秒。由定时器计时，每过 1 秒，“秒”的显示值加 1，当“秒”的显示值加到 59 后，再过 1 s，其值变为 00；同时，“分”的值加 1，当“分”的值加到 59，再过 1 分钟，“分”的值变为 00；同时“时”的值加 1，当“时”的值为 23，再过 1 小时后，“时”的值变为 00。以下为数字钟程序的初始化和中断函数：

```
//数字钟的时,分、秒
u8 hour = 0, minute = 0, second = 0;


//通用定时器中断初始化
//这里时钟选择为 APB1 的 2 倍,而 APB1 为 36 M
//arr:自动重装值
//psc:时钟预分频数
//这里使用的是定时器 3
void TimerxInit(u16 arr, u16 psc)
{
```

```
    RCC->APB1ENR|=1<< V1;              //TIM3时钟使能
    TIM3->ARR=arr;                     //设定计数器自动重装值,10为1ms
    TIM3->PSC=psc;                     //预分频器7200,得到10KHZ的计数时钟
    TIM3->DIER|=1<<0;                  //允许更新中断
    TIM3->CR1|=0x01;                   //使能定时器3
    MY_NVIC_Init(1, 3, TIM3_IRQChannel, 2);
                                       //抢占1,子优先级3,组2
}
//定时器3的中断函数
//每次中断,second加1
void TIM3_IRQHandler( void )
{
    if( TIM3->SR & 0x0001)             //溢出中断
    {
      second++;
      if(second>59)
      {
        second=0;
        minute++;
        if(minute>59)
        {
          minute=0;
          hour++;
          if( hour>23 )
            hour=0;
        }
      }
    }
    TIM3->SR &=~(1<<0);                //清除中断标志位
}
```

4.7.2 STM32 独立看门狗

看门狗定时器(WDT,Watch Dog Timer)是嵌入式的一个重要组成部分,它实际上是一个计数器。一般给看门狗一个数字,程序开始运行后看门狗开始倒计数。如果程序运行正常,过一段时间CPU应发出指令让看门狗复位,重新开始倒计数。如果看门狗计数器倒数到0就认为程序没有正常工作,而强制复位系统。因此看门狗定时器对嵌入式系统提供了独立的保护功能,当系统出现故障时,在可控的时钟周期内,看门狗将系统复位或将系统从休眠中唤醒。

STM32的独立看门狗由内部专门的40 kHz低速时钟驱动,即使主时钟发生故障,它也仍然有效。这里需要注意独立看门狗的时钟是一个内部RC时钟,所以并不是准确的40

kHz,而是在 30～60 kHz 之间的一个可变化的时钟,只是在估算的时候,以 40 kHz 的频率来计算。因为看门狗对时间的要求不是很精确,所以,时钟有些偏差,是可以接受的。

4.7.2.1　独立看门狗寄存器

独立看门狗有几个寄存器与本节相关,这里分别介绍这几个寄存器。

(1) 键值寄存器 IWDG_KR

该寄存器的各位描述如图 4-37 所示。

31	30	29	28	27	26	25	24	23	22	21	20	19	18	17	16
保留															

15	14	13	12	11	10	9	8	7	6	5	4	3	2	1	0
KEY[15:0]															
w	w	w	w	w	w	w	w	w	w	w	w	w	w	w	w

位	描述
位 31:16	保留，始终读为 0。
位 15:0	KEY[15:0]：键值(只写寄存器，读出值为 0x0000) (Key value) 软件必须以一定的间隔写入0xAAAA，否则，当计数器为0时，看门狗会产生复位。 写入 0x5555 表示允许访问IWDG_PR 和 IWDG_RLR 寄存器。 写入0xCCCC，启动看门狗工作(若选择了硬件看门狗则不受此命令字限制)。

图 4-37　IWDG_KR 寄存器各位描述

在键值寄存器(IWDG_KR)中写入 0xCCCC,启用独立看门狗,此时计数器开始从其复位值 0xFFF 递减计数。当计数器计数到 0x000 时,会产生一个复位信号(IWDG_RESET)。无论何时,只要键值寄存器(IWDG_KR)中被写入 0xAAAA,IWDG_RLR 中的值就会被重新加载到计数器中从而避免产生看门狗复位。

独立看门狗的预分频寄存器 IWDG_PR 和重装载寄存器 IWDG_RLR 具有写保护功能。要修改这两个寄存器的值,必须先向 IWDG_KR 寄存器中写入 0x5555。将其他值写入这个寄存器将会打乱操作顺序,寄存器将重新被保护。重装载操作(即写入 0xAAAA)也会启动写保护功能。

(2) 预分频寄存器(IWDG_PR)

该寄存器用来设置看门狗时钟的分频系数,最低为 4,最高位 256,该寄存器是一个 32 位的寄存器,但是这里只用了最低 3 位,其他都是保留位。预分频寄存器各位定义如图 4-38 所示。

(3) 重装载寄存器

该寄存器用来保存重装载到计数器中的值。该寄存器也是一个 32 位寄存器,但是只有低 12 位是有效的,该寄存器的各位描述如图 4-39 所示。

4.7.2.2　启动独立看门狗步骤

只要对以上三个寄存器进行相应的设置,就可以启动 STM32 的独立看门狗,启动过程可以按如下步骤实现:

(1) 向 IWDG_KR 写入 0x5555

通过这步,取消 IWDG_PR 和 IWDG_RLR 的写保护。

设置看门狗的分频系数和重装载的值,并由此计算看门狗的喂狗时间(也就是看门狗溢

31	30	29	28	27	26	25	24	23	22	21	20	19	18	17	16
保留															

15	14	13	12	11	10	9	8	7	6	5	4	3	2	1	0
保留													PR[2:0]		
													rw	rw	rw

位 31:3	保留，始终读为 0
位 2:0	PR[2:0]：预分频因子 (Prescaler divider) 这些位具有写保护设置。通过设置这些位来选择计数器时钟的预分频因子。要改变预分频因子，IWDG_SR寄存器的PVU位必须为0。 000：预分频因子=4　　100：预分频因子=64 001：预分频因子=8　　101：预分频因子=128 010：预分频因子=16　　110：预分频因子=256 011：预分频因子=32　　111：预分频因子=256 注意：对此寄存器进行读操作，将从VDD电压域返回预分频值。如果写操作正在进行，则读回 的值可能是无效的。因此，只有当IWDG_SR寄存器的PVU位为0时，读出的值才有效。

图 4-38　IWDG_ PR 寄存器各位描述

31	30	29	28	27	26	25	24	23	22	21	20	19	18	17	16
保留															

15	14	13	12	11	10	9	8	7	6	5	4	3	2	1	0
保留				RL[11:0]											
				rw	rw	rw	rw	rw	rw	rw	rw	rw	rw	rw	rw

位 31:12	保留，始终读为 0。
位 11:0	RL[11:0]：看门狗计数器重装载值 (Watchdog counter reload value) 这些位具有写保护功能，前面已有 介绍。用于定义看门狗计数器的重装载值，每当向 IWDG_KR 寄存器写入 0xAAAA 时，重装载值会被传送到计数器中。随后计数器从这个值开始递减计数。 看门狗超时周期可通过此重装载值和时钟预分频值来计算。 只有当 IWDG_SR 寄存器中的 RVU 位为 0 时，才能对此寄存器进行修改。 注：对此寄存器进行读操作，将从 VDD 电压域返回预分频值。如果写操作正在进行，则读回的值可能是无效的。因此，只有当 IWDG_SR 寄存器的 RVU 位为 0 时，读出的值才有效。

图 4-39　重装载寄存器各位描述

出时间)，该时间的计算方式为：

$$T_{out}=\frac{4\times 2^{prer}\times rlr}{40}$$

其中，T_{out}为看门狗溢出时间(ms)；prer 为看门狗时钟预分频值(IWDG_PR 值)，范围为 0～7；rlr 为看门狗的重装载值(IWDG_RLR 的值)；比如设定 prer 值为 4，rlr 值为 625，那么就可以得到 $T_{out}=64\times 625/40=1\ 000$ ms，这样，看门狗的溢出时间就是 1 s，只要在一秒钟之内有一次写入 0xAAAA 到 IWDG_KR，就不会导致看门狗复位(当然写入多次也是可以的)。这里需要注意的是，看门狗的时钟不是准确的 40 kHz，所以应尽量提早喂狗时间，否则，有可能发生看门狗复位。

(2) 向 IWDG_KR 写入 0xAAAA

向 IWDG_KR 写入 0xAAAA，将使 STM32 重新加载 IWDG_RLR 的值到看门狗计数器里面。即实现独立看门狗的喂狗操作。

(3) 向 IWDG_KR 写入 0xCCCC

向 IWDG_KR 写入 0xCCCC 来启动 STM32 的看门狗。注意 IWDG 一旦启用，就不能再被关闭。想要关闭 IWDG，就只能重新启动系统，所以如果不用 IWDG 的话，就不要去打开它。

通过上面 3 个步骤，就可以启动 STM32 的看门狗了。使能看门狗后，在程序里就必须间隔一定时间喂狗，否则将导致程序复位。

4.7.2.3　独立看门狗的使用

设计程序将实现如下功能：程序一运行则开启 IWDG，并使 L0，L3 常亮，在主循环里面不停地检测 K1 按键是否按下，如果有按下，则喂狗，否则等待看门狗复位。看门狗复位可以看到 L0、L3 不停闪烁，以下程序为独立看门狗实验程序：

```
//初始化独立看门狗
//prer:分频数:0~ 7(只有低 3 位有效)
//分频因子=4*2^prer.但最大值只能是 256
//rlr:重装载寄存器值:低 11 位有效
//时间计算(大概):Tout=((4*2^prer)*rlr)/40 (ms)
void IWDG_Init(u8 prer,u16 rlr)
{
    IWDG->KR=0X5555;        //使能对 IWDG->PR 和 IWDG->RLR 的写
    IWDG->PR=prer;          //设置分频系数
    IWDG->RLR=rlr;          //从加载寄存器 IWDG->RLR
    IWDG->KR=0XAAAA;        //reload
    IWDG->KR=0XCCCC;        //使能看门狗
}
//喂独立看门狗
void IWDG_Feed(void)
{
    IWDG->KR=0XAAAA;        //reload
}
//独立看门狗实验
int main(void)
{
    Stm32_Clock_Init(9);  //系统时钟设置
    delay_init(72);         //延时初始化
    uart_init(72,9600);   //串口初始化
    LED_Init();             //初始化与 LED 连接的硬件接口
    KEY_Init();             //按键初始化
    delay_ms(300);          //延时以便观察到灯灭
```

```
    IWDG_Init(4,625);     //与分频数为 64,重载值为 625,溢出时间为 1s
    LED0=1;               //点亮 LED0 和 LED3
    LED3=1;
    while(1)
    {
        if(KEY_Scan()==1)IWDG_Feed();    //如果 K1 按下,则喂狗
        delay_ms(10);
    }
}
```

4.7.3 STM32 窗口看门狗

窗口看门狗(WWDG)通常用来监测由外部干扰或不可预见的逻辑条件造成的应用程序背离正常运行序列而产生的软件故障。除非递减计数器的值在 T6 位(WWDG－>CR 的第六位)变成 0 前被刷新,看门狗电路在达到预置的时间周期时,会产生一个 MCU 复位。在递减计数器达到窗口配置寄存器(WWDG－>CFR)数值之前,如果 7 位的递减计数器数值(在控制寄存器中)被刷新,那么也将产生一个 MCU 复位。这表明递减计数器需要在一个有限的时间窗口中被刷新。他们的关系可以用图 4-40 来说明。

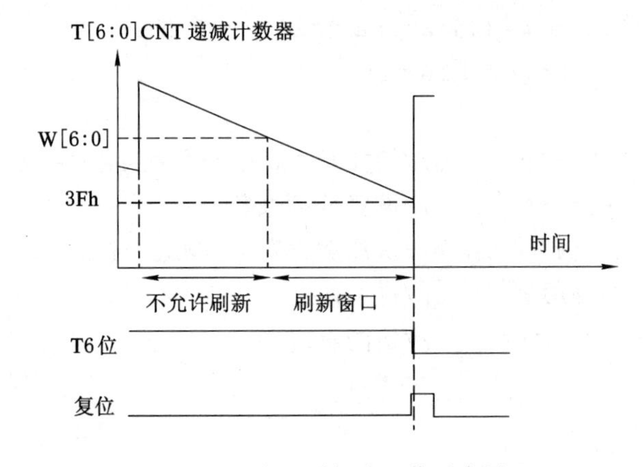

图 4-40　窗口看门狗工作示意图

图 4-40 中,T[6∶0]是 WWDG_CR 的低七位,W[6∶0]是 WWDG－>CFR 的低七位。T[6∶0]就是窗口看门狗的计数器,而 W[6∶0]则是窗口看门狗的上窗口,下窗口值是固定的(0x40)。当窗口看门狗的计数器在上窗口值之外被刷新或者低于下窗口值时都会产生复位。

上窗口值(W[6∶0])是由用户自己设定的,根据实际要求来设计窗口值,但是一定要确保窗口值大于 0x40,否则窗口就不存在了。

窗口看门狗的超时公式如下:

$$T_{wwdg}=\frac{4\ 096\times 2^{WDGTB}\times (T[5:0]+1)}{Fpclk1}$$

其中,T_{wwdg}:WWDG 超时时间,ms;Fpclk1:APB1 的时钟频率,kHz;WDGTB:WWDG 的预分频系数;T[5:0]:窗口看门狗的计数器低 6 位。

根据上面的公式，假设 Fpclk1＝36 MHz，那么可以得到最小最大超时时间如表 4-3 所示：

表 4-3　　36 MHz 时钟下窗口看门狗的最小最大超时表

WDGTB	最小超时值/μs	最大超时值/ms
0	113	7.28
1	227	14.56
2	455	29.12
3	910	58.25

4.7.3.1　窗口看门狗重要寄存器

(1) 控制寄存器(WWDG_CR)

该寄存器的各位描述如图 4-41 所示。

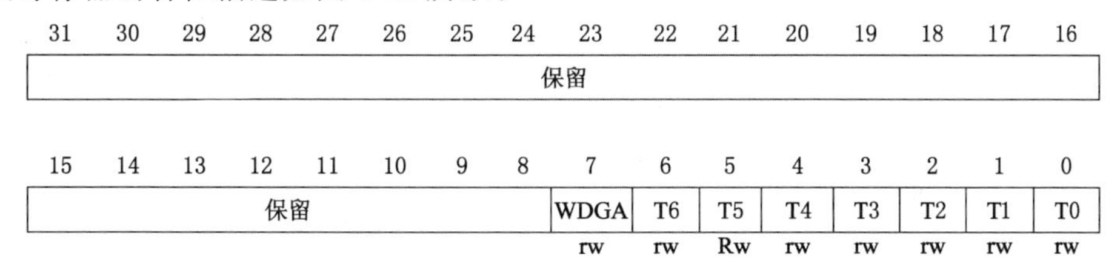

图 4-41　WWDG_CR 寄存器各位描述

可以看出，WWDG_CR 只有低八位有效，T[6：0]用来存储看门狗的计数器值，该值可以随时更新，每个窗口看门狗计数周期(4096×2^WDGTB)减 1，当该计数器的值从 0x40 变为 0x3F 的时候，将产生看门狗复位。

WDGA 位则是看门狗的激活位，该位由软件置 1，以启动看门狗，并且一定要注意的是该位一旦设置，就只能在硬件复位后才能清零。

(2) 配置寄存器(WWDG_CFR)

该寄存器的各位及其描述如图 4-42 所示。

WWDG_CFR 中的 EWI 是提前唤醒中断，也就是在快要产生复位的前一段时间(T[6：0]＝0x40)提醒需要喂狗，否则将复位。因此，一般用该位来设置中断。当窗口看门狗的计数器值减到 0x40 的时候，如果该位设置，并开启了中断，则会产生中断，可以在中断里面向 WWDG_CR 重新写入计数器的值，来达到喂狗的目的。注意这里在进入中断后，必须在不大于 1 个窗口看门狗计数周期的时间(在 PCLK1 频率为 36 MHz 且 WDGTB 为 0 的条件下，该时间为 113 μs)内重新写 WWDG_CR，否则，看门狗将产生复位。

(3) 状态寄存器(WWDG_SR)

该寄存器用来记录当前是否有提前唤醒的标志。该寄存器仅有位 0 有效，其他都是保留位。当计数器值达到 40h 时，此位由硬件置 1，且必须通过软件写 0 来清除，对此位写 1 无效。即使中断未被使能，在计数器的值达到 0X40 的时候，此位也会被置 1。

4.7.3.2　启用 STM32 的窗口看门狗

启用 STM32 的窗口看门狗，且用中断的方式来喂狗的步骤如下：

31	30	29	28	27	26	25	24	23	22	21	20	19	18	17	16
保留															

15	14	13	12	11	10	9	8	7	6	5	4	3	2	1	0
保留						EWI	WDGTB1	WDGTB0	W6	W5	W4	W3	W2	W1	W0
						rs	rw	rw	rw	rw	rw	rw	rw	rw	rw

位	描述
位 31:8	保留。
位 9	EWI: 提前唤醒中断 (Early wakeup interrupt) 此位若置'1', 则当计数器值达到 40 h, 即产生中断。 此中断只能由硬件在复位后清除。
位 8:7	WDGTB[1:0]: 时基 (Timer base) 预分频器的时基可以设置如下: 00: CK计时器时钟 (PCLK1除以 4096)除以 1 01: CK计时器时钟 (PCLK1除以 4096)除以 2 10: CK计时器时钟 (PCLK1除以 4096)除以 4 11: CK计时器时钟 (PCLK1除以 4096)除以 8
位 6: 0	W[6:0]:7 位窗口值 (7-bit window value) 这些位包含了用来与递减计数器进行比较用的窗口值。

图 4-42 WWDG_ CFR 寄存器各位描述

(1) 使能 WWDG 时钟

WWDG 不同于 IWDG，IWDG 有自己独立的 40 kHz 时钟，不存在使能问题。而 WWDG 使用的是 PCLK1 的时钟，需要先使能时钟。

(2) 设置 WWDG_CFR 和 WWDG_CR 两个寄存器

在时钟使能完后，设置 WWDG 的 CFR 和 CR 两个寄存器，对 WWDG 进行配置。包括使能窗口看门狗、开启中断、设置计数器的初始值、设置窗口值并设置分频数 WDGTB 等。

(3) 开启 WWDG 中断并分组

在设置完 WWDG 后，需要配置该中断的分组及使能。这点通过之前所编写的 MY_NVIC_Init 函数就可以实现。

(4) 编写中断服务函数

最后，还是要编写窗口看门狗的中断服务函数，通过该函数来喂狗，喂狗要快，否则当窗口看门狗计数器值减到 0X3F 的时候就会引起软复位。在中断服务函数里面也要将状态寄存器的 EWIF 位清空。

4.7.3.3 使用 STM32 的窗口看门狗

下面用实例说明窗口看门狗的使用。设计程序将实现如下功能：程序一运行则开启 WWDG，并使得 LED0 亮 500 ms 后关闭，进入死循环。等待 WWDG 中断的到来，在中断服务中喂狗，并执行 LED1 的翻转操作。程序运行可以看到 LED1 不停闪烁，而 LED0 只在刚启动的时候闪一下。窗口看门狗实验的初始化及中断等函数如下：

```
//保存 WWDG 计数器的设置值,默认为最大
u8 WWDG_CNT= 0x7f;
//初始化窗口看门狗
//tr:T[6:0],用于存储计数器的值
//wr:W[6:0],用于存储窗口值
```

```
//fprer:窗口看门狗的实际设置
//低 2 位有效.Fwwdg=PCLK1/4096/2^fprer
void WWDG_Init(u8 tr,u8 wr,u8 fprer)
{
    RCC->APB1ENR|=1<<11;                           //使能 wwdg 时钟
    WWDG_CNT=tr&WWDG_CNT;                          //初始化 WWDG_CNT.
    WWDG->CFR|=fprer<<7;                           //PCLK1/4096 再除 2^fprer
    WWDG->CFR|=1<<9;                               //使能提前唤醒中断
    WWDG->CFR&=0XFF80;
    WWDG->CFR|=wr;                                 //设定窗口值
    WWDG->CR|=WWDG_CNT|(1<<7);                     //开启看门狗,设置 7 位计数器
    MY_NVIC_Init(2,3,WWDG_IRQChannel,2);           //抢占 2,子优先级 3,组 2
}
//重设置 WWDG 计数器的值
void WWDG_Set_Counter(u8 cnt)
{
    WWDG->CR|=(cnt&0x7F);                          //重设置 7 位计数器
}
//窗口看门狗中断服务程序
void WWDG_IRQHandler(void)
{
    u8 wr,tr;
    wr=WWDG->CFR&0X7F;
    tr=WWDG->CR&0X7F;
    //只有当计数器的值,小于窗口寄存器的值才能写 CR!!
    if(tr<wr)
        WWDG_Set_Counter(WWDG_CNT);
    WWDG->SR=0X00;                                 //清除提前唤醒中断标志位
    LED1=!LED1;
}
```

4.8　SPI 接口与无线通信

SPI(Serial Peripheral Interface,串行外设接口)总线系统是一种同步串行外设接口,它可以使 MCU 与各种外围设备以串行方式进行通信以交换信息。SPI 总线可直接与各个厂家生产的多种标准外围器件相连。STM32-A 开发板把 SPI1 连接到一个 8 脚插座上,可以直接连接 NRF24L01 无线通信模块。

4.8.1　SPI 接口概述

SPI 是 Motorola 首先在其 MC68HCXX 系列处理器上定义的。SPI 接口广泛应用在

EEPROM,FLASH,实时时钟,AD 转换器,还有数字信号处理器和数字信号解码器之间。在点对点的通信中,SPI 接口不需要进行寻址操作,且为全双工通信,显得简单高效。在多个从设备的系统中,每个从设备需要独立的使能信号,硬件上比 I2C 系统要稍微复杂一些。SPI 在芯片的管脚上只占用四根线,节约了芯片的管脚,为 PCB 的布局节省空间,正是出于这种简单易用的特性,现在越来越多的芯片集成了这种通信协议,STM32 也有 SPI 接口。

SPI 的通信原理很简单,它以主从方式工作,这种模式通常有一个主设备和一个或多个从设备,SPI 接口一般使用 4 条线通信:

MISO 主设备数据输入,从设备数据输出。

MOSI 主设备数据输出,从设备数据输入。

SCLK 时钟信号,由主设备产生。

CS 从设备片选信号,由主设备控制。

SPI 主要特点有:可以同时发出和接收串行数据,可以当作主机或从机工作,提供频率可编程时钟,发送结束中断标志,写冲突保护,总线竞争保护等。

SPI 通信有 4 种不同的模式,不同的从设备可能在出厂时就配置为某种模式,这是不能改变的;但通信双方必须是工作在同一模式下,所以可以对主设备的 SPI 模式进行配置。通过 SPI 控制寄存器 1(SPI_CR1)的 CPOL 位(时钟极性)和 CPHA 位(时钟相位)来控制主设备的通信模式。时钟极性 CPOL 是用来配置 SCLK 的电平出于哪种状态时是空闲态或者有效态,如果 CPOL=0,串行同步时钟的空闲状态为低电平;如果 CPOL=1,串行同步时钟的空闲状态为高电平。时钟相位 CPHA 是用来配置数据采样是在第几个边沿。如果 CPHA=0,在串行同步时钟的第一个跳变沿(上升或下降)数据被采样;如果 CPHA=1,在串行同步时钟的第二个跳变沿(上升或下降)数据被采样。因此对于 SPI 的四种通讯模式,总结起来,就是:

① CPOL=0,CPHA=0:此时空闲态时,SCLK 处于低电平,数据采样是在第 1 个边沿,也就是 SCLK 由低电平到高电平的跳变,所以数据采样是在上升沿;

② CPOL=0,CPHA=1:此时空闲态时,SCLK 处于低电平,数据采样是在第 2 个边沿,也就是 SCLK 由高电平到低电平的跳变,所以数据采样是在下降沿;

③ CPOL=1,CPHA=0:此时空闲态时,SCLK 处于高电平,数据采样是在第 1 个边沿,也就是 SCLK 由高电平到低电平的跳变,所以数据采样是在下降沿;

④ CPOL=1,CPHA=1:此时空闲态时,SCLK 处于高电平,数据采样是在第 2 个边沿,也就是 SCLK 由低电平到高电平的跳变,所以数据采样是在上升沿。

SPI 可分为主、从两种模式,并且支持全双工模式,所以这也就导致 STM32 的 SPI 接口比较复杂。比如:配置 SPI 为主模式、配置 SPI 为从模式、配置 SPI 为单工通信、配置 SPI 为双工通信等。内容比较繁杂,涉及的寄存器的位也比较多,所以这里就不过多介绍,想要了解更多可以查看 STM32F1xx 官方资料的相关章节。

实验将使用 STM32 的 SPI1 的主模式,STM32 的 SPI1 主模式配置步骤如下:

(1) 配置相关引脚的复用功能,使能 SPI1 时钟。

要用 SPI1,第一步就要是能 SPI1 的时钟,SPI1 的时钟通过 APB2ENR 的第 12 位来设置。其次要设置 SPI1 的相关引脚为复用输出,这样才会连接到 SPI1 上否则这些 IO 口还是默认的状态，也就是标准输入输出口。SPI1 使用的是 PA5、6、7 这 3 个（SCK、MISO、MOSI，CS 使用软件管理方式），所以设置这三个为复用 IO。

(2) 设置 SPI1 工作模式。

这一步全部是通过 SPI1_CR1 来设置，设置 SPI1 为主机模式，设置数据格式为 8 位，然后通过 CPOL 和 CPHA 位来设置 SCK 时钟极性及采样方式。并设置 SPI1 的时钟频率（最大 18 Mhz），以及数据的格式（MSB 在前还是 LSB 在前）。

(3) 使能 SPI1。

这一步通过 SPI1_CR1 的 bit6 来设置，以启动 SPI1，在启动之后，就可以开始 SPI 通讯了。

4.8.2　NRF24L01 无线模块

NRF24L01 无线模块，采用的芯片是 NRF24L01，该芯片的主要特点如下：

① 2.4 G 全球开放的 ISM 频段，免许可证使用；

② 最高工作速率 2 Mbps，高效的 GFSK 调制，抗干扰能力强；

③ 125 个可选的频道，满足多点通信和调频通信的需要；

④ 内置 CRC 检错和点对多点的通信地址控制；

⑤ 低工作电压（1.9～3.6V）；

⑥ 可设置自动应答，确保数据可靠传输。

NRF24L01 是一款工作在 2.4 GHz～2.5 GHz 世界通用 ISM 频段的单片无线收发器芯片。该芯片通过 SPI 与外部 MCU 通信，最大的 SPI 速度可以达到 10 MHz。无线收发器包括：频率发生器、增强型 ShockBurst 模式控制器、功率放大器、晶体振荡器调制器、解调器。输出功率频道选择和协议的设置可以通过 SPI 接口进行设置。模块 VCC 脚的电压范围为 1.9～3.6 V，建议不要超过 3.6 V，否则可能烧坏模块，一般用 3.3 V 电压比较合适。除了 VCC 和 GND 脚，其他引脚都可以和 5 V 单片机的 IO 口直连，正是因为其兼容 5 V 单片机的 IO，故在使用上具有很大优势。NRF24L01 功能框图如图 4-43 所示。

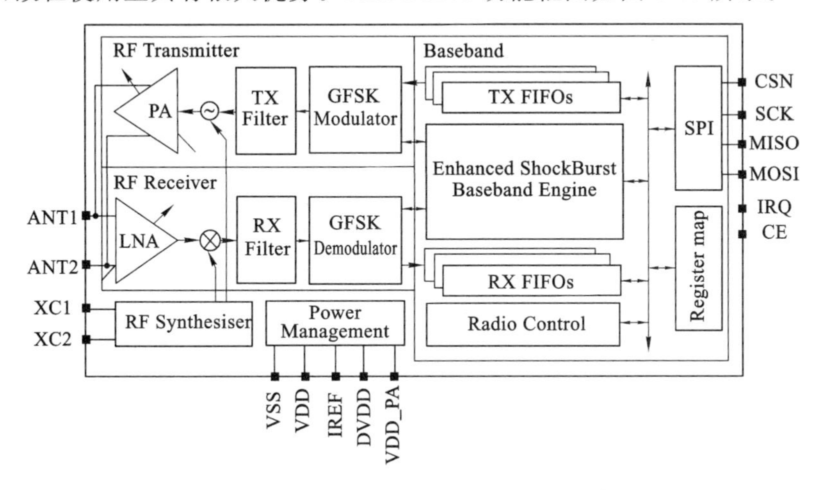

图 4-43　NRF24L01 功能框图

从控制的角度来看，只需要关注图 4-43 右面的六个控制和数据信号，分别为 CSN、SCK、MISO、MOSI、IRQ、CE。

CSN：芯片的片选线，CSN 为低电平芯片工作。

SCK：芯片控制的时钟线（SPI 时钟）。

MISO：芯片控制数据线（Master input slave output）。

MOSI：芯片控制数据线（Master output slave input）。

IRQ：中断信号，无线通信过程中 MCU 主要是通过 IRQ 与 NRF24L01 进行通信。

CE：芯片的模式控制线。在 CSN 为低的情况下，CE 协同 NRF24L01 的 CONFIG 寄存器共同决定 NRF24L01 的状态。

对 24L01 的固件编程的基本步骤如下：

① 置 CSN 为低，使能芯片，配置芯片各个参数，配置参数在 PowerDown 状态中完成。

② 如果是 Tx 模式，填充 TxFIFO。

③ 配置完成以后，通过 CE 与 CONFIG 中的 PWR_UP 与 PRIM_RX 参数确定 24L01 要切换到的状态。

TxMode：PWR_UP＝1；PRIM_RX＝0；CE＝1（保持超过 10 μs 就可以）；

RxMode：PWR_UP＝1；PRIM_RX＝1；CE＝1；

④ IRQ 引脚电平会在以下三种情况变低：

a. TxFIFO 发完并且收到 ACK（使能 ACK 情况下）；

b. RxFIFO 收到数据；

c. 达到最大重发次数。

将 IRQ 接到外部中断输入引脚，通过中断程序进行处理。

4.8.3 硬件设计

NRF24L01 模块已经被大量使用，成熟度和稳定性都相当不错。NRF24L01 模块与 MCU 的连接原理如图 4-44 所示。

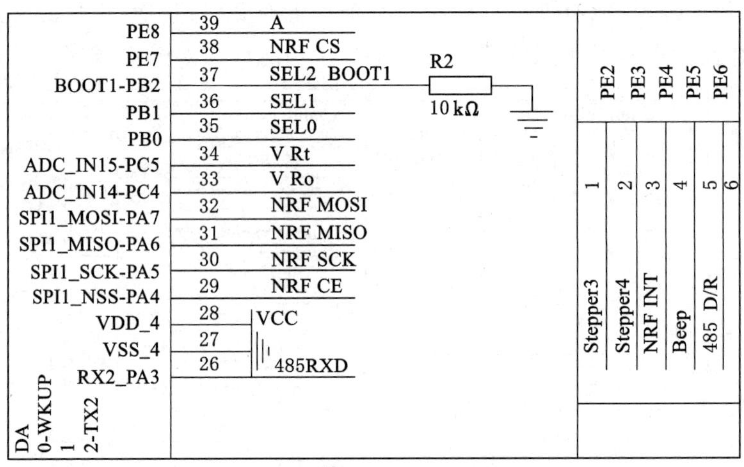

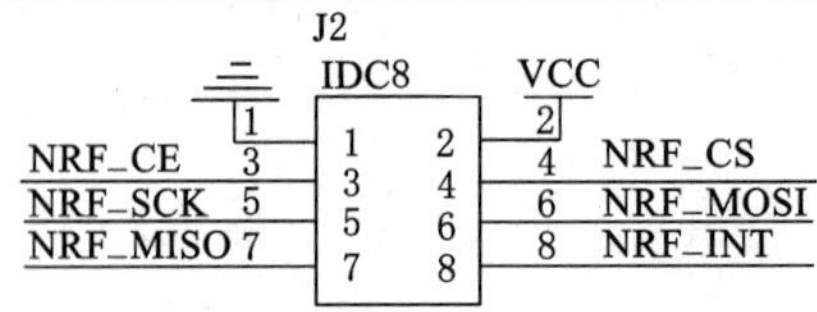

图 4-44 NRF24L01 与 MCU 连接图

4.8.4 软件设计

本程序需要外接无线通信模块，该模块包含NRF24L01控制芯片。程序使用两块开发板(暂设为A、B)，程序运行如果选择将A设为接受板，按下A板的K1键即可；B开发板则按下K2键作为发送板，然后程序会自动发送数据。B板将一直处于发送状态，且A板一直处于接收状态。

主要函数如下：

```
//SPI 口初始化
//这里是针对 SPI1 的初始化
void SPIx_Init(void)
{
    RCC->APB2ENR|=1<<2;            //PORTA 时钟使能
    RCC->APB2ENR|=1<<12;           //SPI1 时钟使能

    //这里只针对 SPI 口初始化
    GPIOA->CRL&=0X000FFFFF;
    GPIOA->CRL|=0XBBB00000;        //PA5.6.7 复用
    GPIOA->ODR|=0X7<<5;            //PA5.6.7 上拉

    SPI1->CR1|=0<<10;              //全双工模式
    SPI1->CR1|=1<<9;               //软件 nss 管理
    SPI1->CR1|=1<<8;

    SPI1->CR1|=1<<2;               //SPI 主机
    SPI1->CR1|=0<<11;              //8bit 数据格式
    //对 24L01 要设置 CPHA=0;CPOL=0;
    SPI1->CR1|=0<<1;               //CPOL=0 时空闲模式下 SCK 为 1
    //SPI1->CR1|=1<<1;             //空闲模式下 SCK 为 1 CPOL=1
    SPI1->CR1|=0<<0;               //第一个时钟的下降沿,CPHA=1 CPOL=1
    SPI1->CR1|=7<<3;               //Fsck=Fcpu/256
    SPI1->CR1|=0<<7;               //MSBfirst
    SPI1->CR1|=1<<6;               //SPI 设备使能
    SPIx_ReadWriteByte(0xff);      //启动传输
}
//SPI 速度设置函数
//SpeedSet:
//SPI_SPEED_2 2 分频 (SPI 36M@ sys 72M)
//SPI_SPEED_8 8 分频 (SPI 9M@ sys 72M)
//SPI_SPEED_16 16 分频 (SPI 4.5M@ sys 72M)
//SPI_SPEED_256 256 分频 (SPI 281.25K@ sys 72M)
```

```
void SPIx_SetSpeed(u8 SpeedSet)
{
    SPI1->CR1&=0XFFC7;              //Fsck=Fcpu/256
    if(SpeedSet==SPI_SPEED_2)       //二分频
    {
        SPI1->CR1|=0<<3;            //Fsck=Fpclk/2=36Mhz
    }else if(SpeedSet==SPI_SPEED_8)  //八分频
    {
        SPI1->CR1|=2<<3;            //Fsck=Fpclk/8=9Mhz
    }else if(SpeedSet==SPI_SPEED_16)  //十六分频
    {
        SPI1->CR1|=3<<3;            //Fsck=Fpclk/16=4.5Mhz
    }else                           //256 分频
    {
        SPI1->CR1|=7<<3;            //Fsck=Fpclk/256=281.25Khz 低速模式
    }
    SPI1->CR1|=1<<6;                //SPI 设备使能
}
//SPIx 读写一个字节
//TxData:要写入的字节
//返回值:读取到的字节
u8 SPIx_ReadWriteByte(u8 TxData)
{
    u8 retry=0;
    while((SPI1->SR&1<<1)==0)       //等待发送区空
    {
        retry++;
        if(retry>200)
            return 0;
    }
    SPI1->DR=TxData;                //发送一个 byte
    retry=0;
    while((SPI1->SR&1<<0)==0)       //等待接收完一个 byte
    {
        retry++;
        if(retry>200)
            return 0;
    }
    return SPI1->DR;                //返回收到的数据
```

```
}

//初始化 24L01 的 IO 口
void NRF24L01_Init(void)
{
    RCC->APB2ENR|=1<<2;              //使能 PORTA 口时钟
    RCC->APB2ENR|=1<<6;              //使能 PORTE 口时钟
    GPIOA->CRL&=0XFFF0FFFF;          //PA4 输出
    GPIOA->CRL|=0X00030000;
    GPIOA->ODR|=1<<4;                //PA2.3.4 输出 1
    GPIOE->CRL&=0X0FF0FFFF;          //PC4 输出 PC5 输出
    GPIOE->CRL|=0X30080000;
    GPIOE->ODR|=1<<4;                //上拉
    GPIOE->ODR|=1<<7;
    SPIx_Init();                     //初始化 SPI
    NRF24L01_CE=0;                   //使能 24L01
    NRF24L01_CSN=1;                  //SPI 片选取消
}
//检测 24L01 是否存在
//返回值:0,成功;1,失败
u8 NRF24L01_Check(void)
{
    u8 buf[5]={0XA5,0XA5,0XA5,0XA5,0XA5};
    u8 i;
    //spi 速度为 9Mhz(24L01 的最大 SPI 时钟为 10Mhz)
    SPIx_SetSpeed(SPI_SPEED_8);
    NRF24L01_Write_Buf(WRITE_REG+ TX_ADDR,buf,5);
                                     //5 个字节的地址
    NRF24L01_Read_Buf(TX_ADDR,buf,5);
                                     //读出写入的地址
    for(i=0;i<5;i++)
        if(buf[i]! =0XA5)
            break;
    if(i! =5) return 1;              //检测 24L01 错误
    return 0;                        //检测到 24L01
}
//SPI 写寄存器
//reg:指定寄存器地址
//value:写入的值
```

```
u8 NRF24L01_Write_Reg(u8 reg,u8 value)
{
    u8 status;
    NRF24L01_CSN=0;                         //使能 SPI 传输
    status=SPIx_ReadWriteByte(reg);         //发送寄存器号
    SPIx_ReadWriteByte(value);              //写入寄存器的值
    NRF24L01_CSN=1;                         //禁止 SPI 传输
    return(status);                         //返回状态值
}
//读取 SPI 寄存器值
//reg:要读的寄存器
u8 NRF24L01_Read_Reg(u8 reg)
{
    u8 reg_val;
    NRF24L01_CSN=0;                         //使能 SPI 传输
    SPIx_ReadWriteByte(reg);                //发送寄存器号
    reg_val= SPIx_ReadWriteByte(0XFF);      //读取寄存器内容
    NRF24L01_CSN=1;                         //禁止 SPI 传输
    return(reg_val);                        //返回状态值
}
//在指定位置读出指定长度的数据
//reg:寄存器(位置)
//*pBuf:数据指针
//len:数据长度
//返回值,此次读到的状态寄存器值
u8 NRF24L01_Read_Buf(u8 reg,u8 * pBuf,u8 len)
{
    u8 status,u8_ctr;
    NRF24L01_CSN=0;                         //使能 SPI 传输
    status=SPIx_ReadWriteByte(reg);         //发送寄存器值(位置),读取状态值
    for(u8_ctr=0;u8_ctr<len;u8_ctr++)
        pBuf[u8_ctr]=SPIx_ReadWriteByte(0XFF);
                                            //读出数据
    NRF24L01_CSN= 1;                        //关闭 SPI 传输
    return status;                          //返回读到的状态值
}
//在指定位置写指定长度的数据
//reg:寄存器(位置)
//*pBuf:数据指针
```

```
//len:数据长度
//返回值,此次读到的状态寄存器值
u8 NRF24L01_Write_Buf(u8 reg, u8 *pBuf, u8 len)
{
    u8 status,u8_ctr;
    NRF24L01_CSN=0;                        //使能 SPI 传输
    status= SPIx_ReadWriteByte(reg);       //发送寄存器值(位置),读取状态值
    for(u8_ctr=0; u8_ctr<len; u8_ctr++)
        SPIx_ReadWriteByte(*pBuf++);       //写入数据
    NRF24L01_CSN=1;                        //关闭 SPI 传输
    return status;                         //返回读到的状态值
}
```

4.9　485 通信应用

RS-485 通信是 20 世纪 80 年代早期批准的一个平衡传输标准，它以其构造简单、技术成熟、造价低廉、便于维护等特点广泛应用于工业现场中。

4.9.1　RS-485 概述

RS-485 总线采用平衡发送和差动接收方式实现通信，具有很高的通信可靠性，同时使用一主带多从的通信方式，最多可接 256 个从设备。RS485 采用差分信号负逻辑，－2 V～－6 V 表示“0”，＋2 V～＋6 V 表示“1”。四线制只能实现点对点的通信方式，很少采用，现在多采用的是两线制接线方式。图 4-45 是两线制的 RS-485 总线拓扑图。从图中可以看出在总线的两端跨接了两个电阻，这两个电阻叫做终端电阻，它的阻值必须与电缆特性阻抗相匹配，一般为 120 Ω。终端电阻的目的是消除信号反射带来的信号失真，在短距低速时可只加在一端，长距离或高速时必须两端同时加终端电阻。同时总线上通过加入总线偏置电阻分别上拉和下拉了一根信号线和地线，使总线在空闲时处于稳定状态。

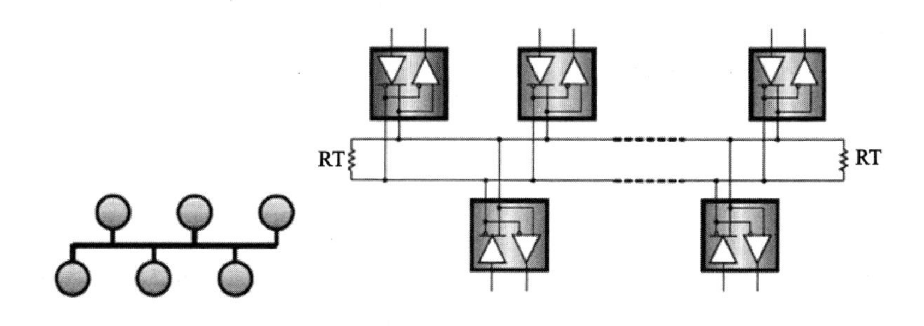

图 4-45　RS-485 总线结构与半双工总线结构

RS-485 只定义了用于平衡多点传输线的驱动器和接收器的电气特性，因此很多更高层标准都将其作为物理层引用。

总线节点以菊花链或总线拓扑方式联网，如图 4-45 所示。也就是说，每个节点都通过

很短的线头连接到主线缆。该接口总线通常设计为用于半双工传输，也就是说它只用一对信号线，驱动数据和接收数据只能在不同时刻出现在信号线上。这就需要通过方向控制信号(例如驱动器/接收器使能信号)控制节点操作的协议，以确保任何时刻总线上都只能有一个驱动器在活动，而必须避免多个驱动器同时访问总线导致总线竞争。

RS-485 总线的两条信号线形成一对平衡双绞线，可以实现半双工通信，RS-485 总线传输速率最高可达到 10 Mbps，最大距离为 1 200 m。为了保证通信的可靠性和传输距离，传输速率一般不要设置太高，传输电缆采用带屏蔽的多芯铜双绞线。

由于 RS-485 通讯是一种半双工通讯，发送和接收共用同一物理信道。在任意时刻只允许一台单机处于发送状态。因此要求应答的单机必须在侦听到总线上呼叫信号已经发送完毕，并且没有其他单机发出应答信号的情况下，才能应答。半双工通讯对主机和从机的发送和接收时序有严格的要求。

4.9.2 硬件设计

RS-485 接口电路主要包括低功耗的半双工 RS-485 收发器 MAX3485，符合 RS-485 串行协议的电气规范，数据传输速率可达 10 Mbps；它可以使 STM32 通过 USART 串口方便地接入到 RS-485 总线网络中，电路如图 4-46 所示。图中 485_TXD 连接到 CPU 的 PA2，485_RXD 连接到 CPU 的 PA3，即用 STM32 的 USART2。

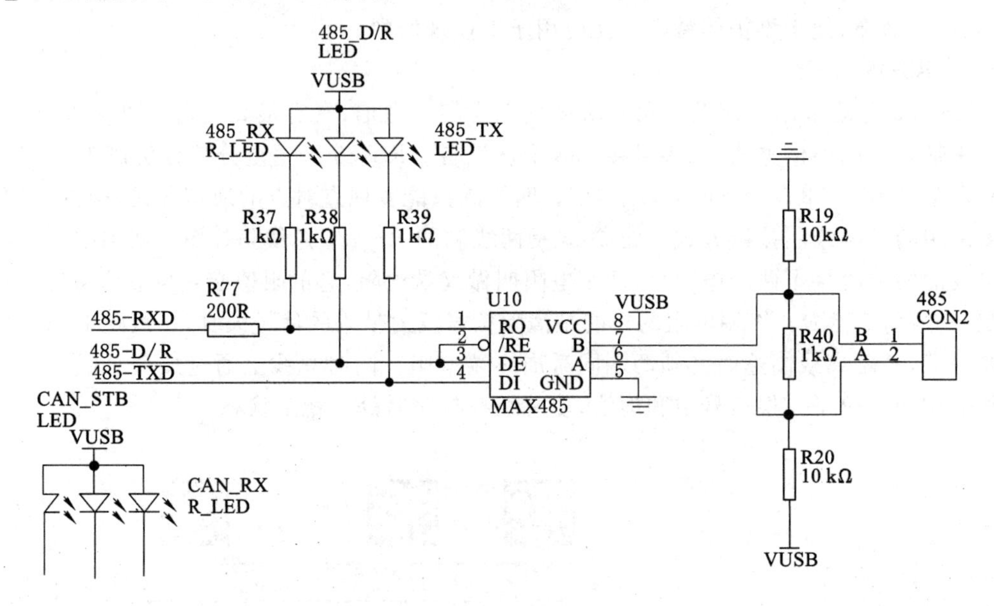

图 4-46 485 双机通信电路图

485_D/R 为 MAX485 使能信号，当 485_D/R 电平为高时，485 为发送态，当为低时，485 为接收态。485_D/R 连接到 CPU 的 PE6 脚，485_D/R LED 指示 485_D/R 值的状态。

485_D/R 为 MAX485 使能，当为高时，485 为发送态，当为低时，485 为接收态。485_D/R LED 指示 485_D/R 值的状态。

485_RXD 引脚接收数据，485_RX LED 点亮时表示正在接收数据。

485_TXD 引脚发送数据，485_TX LED 点亮时表示正在发送数据。

A、B 端口与另一个开发板上的 MAX485 的 A、B 连接实现双机通信。

本开发板 485 通信的收发使用寄存器 P_SW2 的最低一位进行切换。使用 RS485 进行通信与 RS-232 通信的逻辑是一致的：首先初始化波特率，设置好串口通信模式；发送数据时将数据放入 BUF，并软件清零 RI；接收数据时从 BUF 读取数据，并软件清零 TI。

4.9.3　软件设计

本程序实验通过 RS-485 进行通信，其中 KEY3 控制值加 1，KEY2 控制值减 1。KEY1 控制数据通过 RS-485 发送，用外部中断实现。通过数码管显示通信的数据，需两块开发板，将两块开发板 485 接口的 A 与 A 插槽，B 与 B 插槽分别对应连接。

主要程序如下：

```
//初始化 IO 串口 2 程序，设置串口 2 的波特率，并使能串 2 中断
//pclk1:PCLK1 时钟频率(Mhz)
//bound:波特率
void uart2_init(u32 pclk1,u32 bound)
{
    float temp;
    u16 mantissa;
    u16 fraction;
    temp=(float)(pclk1*1000000)/(bound*16); //得到 USARTDIV
    mantissa=temp;                          //得到整数部分
    fraction=(temp-mantissa)*16;            //得到小数部分
    mantissa<<=4;
    mantissa+=fraction;
    RCC->APB2ENR|=1<<2;                     //使能 PORTA 口时钟
    RCC->APB2ENR|=1<<6;                     //使能 PORTE 口时钟,485D/R
    RCC->APB1ENR|=1<<17;                    //使能串口时钟
    GPIOA->CRL&=0XFFFF00FF;
    GPIOA->CRL|=0X00008B00;
    GPIOE->CRL&=0XF0FFFFFF;
    GPIOE->CRL|=0X03000000;                 //IO 状态设置
    RCC->APB2ENR|=1<<0;                     //AFIO 端口时钟使能
    AFIO->MAPR&=~ (1<<3);                   //UART2_REMAP 重置为 0
    RCC->APB1RSTR|= 1<<17;                  //复位串口 2
    RCC->APB1RSTR&=~ (1<<17);               //停止复位
    //波特率设置
    USART2->BRR=mantissa;                   //波特率设置
    USART2->CR1|=0X200C;                    //1 位停止,无校验位
    GPIOE->ODR&=~ (1<<6);                   //默认状态 485 为接收态
    # ifdef EN_USART2_RX                    //如果使能了接收
    //使能接收中断
        USART2->CR1|=1<<8;                  //PE 中断使能
```

```
        USART2->CR1|=1<<5;                    //接收缓冲区非空中断使能
        MY_NVIC_Init(3,3,USART2_IRQChannel,2);//组 2,最低优先级
    # endif
}
```

串口 2 中断服务程序,把从串口 2 接收到的数据保存在 num 变量中,外部变量 num 存储的数据用于在八段数码管上显示。

```
void USART2_IRQHandler(void)
{
    extern u8 num;
    if(USART2->SR&(1<<5))  //接收到数据
    {
        //对 USART_DR 寄存器读操作时将 USART2->SR&(1<<5)位清零
        num=USART2->DR;
    }
}
```

主程序使用按键控制数码管值加减和发送,KEY3 控制值加 1,KEY2 控制值减 1,KEY3 和 KEY2 是按键扫描实现;KEY1 控制数据发送,是通过外部中断实现。

```
u8 num ;                    //发送、接收或用按键改变的数值,显示在八段数码管上
int main()
{
    u8 i=0;
    num=0;
    Stm32_Clock_Init( 6 );
    delay_init( 72 );
    LED_Init();
    LED_SEL=0;              //0 选择数码管,1 选择二极管
    KeyInit() ;
    EXTIX_Init() ;
    uart2_init(36,9600) ;

    while(1)
    {
        i=KeyScan() ;
        SetLed(7,num) ;

        if(i==2)
        {
            num--;          //KEY2 控制值减 1
        }
```

```
        if(i==3)
        {
            num++;          //KEY3 控制值加 1
        }
    }
}
```

其中的外部中断 2 服务程序为检测按键 KEY1 按下，并实现 485 的发送功能，主要程序如下：

```
void EXTI2_IRQHandler(void)
{
    extern u8 num ;
    delay_ms(30) ;                          //消抖
    if(key1==0)
    {
        GPIOE->ODR|=1<<6;                   //改变 485 为发送态
        USART2->DR=num ;
        while((USART2->SR&0X40)==0);        //等待发送结束
        GPIOE->ODR&=~ (1<<6);               //改变 485 为接收态
    }
    EXTI->PR=1<<2;                          //清除 LINE2 上的中断标志位
}
```

4.10　CAN 通信应用

CAN 是控制器局域网络(Controller Area Network, CAN)的简称，是由以研发和生产汽车电子产品著称的德国 BOSCH 公司开发的，并最终成为国际标准(ISO 11898)，是国际上应用最广泛的现场总线之一。

4.10.1　CAN 概述

与一般的通信总线相比，CAN 总线的数据通信具有优秀的可靠性、实时性和灵活性。由于其良好的性能及独特的设计，CAN 总线越来越受到人们的重视。它在汽车领域上的应用是最广泛的，世界上一些著名的汽车制造厂商，如 BENZ(奔驰)、BMW(宝马)、PORSCHE(保时捷)、ROLLS－ROYCE(劳斯莱斯)和 JAGUAR(美洲豹)等都采用了 CAN 总线来实现汽车内部控制系统与各检测和执行机构间的数据通信。目前，其应用范围已不再局限于汽车行业，而向自动控制、航空航天、航海、过程工业、机械工业、纺织机械、农用机械、机器人、数控机床、医疗器械及传感器等领域发展。

CAN 协议的一个最大特点是废除了传统的站地址编码，而采取对通信数据块进行编码。采用这种方法的优点可使网络内的节点个数在理论上不受限制，数据块的标识符可由 11 位或 29 位二进制数组成，因此可以定义 2 个或 2 个以上不同的数据块，这种按数据块编码的方式，还可使不同的节点同时接收到相同的数据，这一点在分布式控制系统中非常有用。数据段长度最多为 8 个字节，可满足通常工业领域中控制命令、工作状态及测试数据的一般要求。同时，8 个字节不会占用总线时间过长，从而保证了通信的实时性。CAN 协议采用 CRC 检验并可提供相应的错误处理功能，保证了数据通信的可靠性。

CAN 总线以报文为单位进行数据传送，报文的优先级结合在 11 位标识符中，具有最低二进制数的标识符有最高的优先级。这种优先级一旦在系统设计时被确立后就不能再更改。总线读取中的冲突可通过位仲裁解决。当几个站同时发送报文时，如站 1 的报文标识符为 0111111；站 2 的报文标识符为 0100110；站 3 的报文标识符为 0100111。所有标识符都有相同的两位 01，直到第 3 位进行比较时，站 1 的报文被丢掉，因为它的第 3 位为高，而其他两个站的报文第 3 位为低。站 2 和站 3 报文的 4、5、6 位相同，直到第 7 位时，站 3 的报文才被丢失。注意，总线中的信号持续跟踪最后获得总线读取权的站的报文。在此例中，站 2 的报文被跟踪。这种非破坏性位仲裁方法的优点在于，在网络最终确定哪一个站的报文被传送以前，报文的起始部分已经在网络上传送了。所有未获得总线读取权的站都成为具有最高优先权报文的接收站，并且不会在总线再次空闲前发送报文。

CAN 协议经过 ISO 标准化后有两个标准：ISO11898 标准和 ISO11519-2 标准。其中 ISO11898 是针对通信速率为 125 Kbps～1 Mbps 的高速通信标准，而 ISO11519-2 是针对通信速率为 125 Kbps 以下的低速通信标准。这里使用的是 450 Kbps 的通信速率，是 ISO11898 标准，该标准的物理层特征如图 4-47 所示：

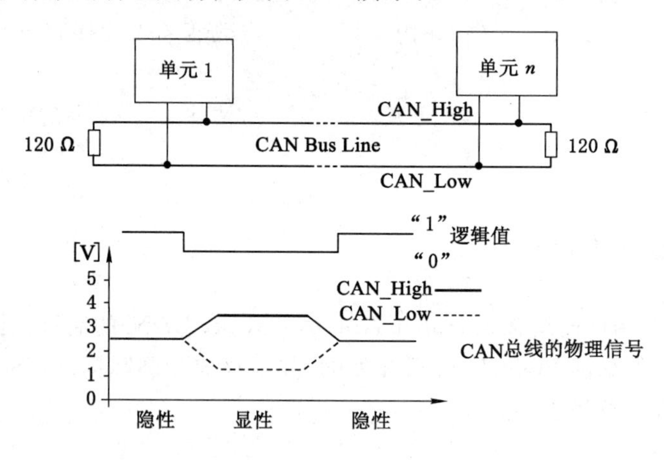

图 4-47　CAN 的物理层特性

从该特性可以看出，显性电平对应逻辑 0，CAN_H 和 CAN_L 之差为 2.5 V 左右。而隐性电平对应逻辑 1，CAN_H 和 CAN_L 之差为 0 V。在总线上显性电平具有优先权，只要有一个单元输出显性电平，总线上即为显性电平。而隐形电平则具有包容的意味，只有所有的单元都输出隐性电平，总线上才为隐性电平（显性电平比隐性电平更强）。另外，在 CAN 总线的起止端都有一个 120 Ω 的终端电阻，来做阻抗匹配，以减少回波反射。

4.10.2　STM32 的 bxCAN

STM32 具有 bxCAN 控制器（Basic Extended CAN），它支持 CAN 协议 2.0A 和 2.0B，它的设计目标是以最小的 CPU 负荷来高效处理大量收到的报文。bxCAN 接口可以自动接收和发送 CAN 报文，支持标准标识符和扩展标识符。它具有 3 个发送邮箱，发送报文的优先级可以使用软件配置,可以记录发送的时间。有2个3级深度的接收FIFO,可以使用过滤功能只接收或不接收某些ID号的报文。可以配置成自动重发,不支持使用DMA进行数据收发。

STM32的CAN中共有3个发送邮箱供软件来发送报文。发送调度器根据优先级决定哪个邮箱的报文先被发送。

STM32的CAN中共有14个位宽可变/可配置的标识符过滤器组,软件通过对它们编程在引脚收到的报文中选择它需要的报文,而把其他报文丢弃掉。

STM32的CAN中共有2个接收FIFO,每个FIFO都可以存放3个完整的报文。它们完全由硬件来管理。

(1) CAN的ID过滤器分析

在CAN协议里,报文的标识符不代表节点的地址,而是跟报文的内容相关的。因此,发送者以广播的形式把报文发送给所有的接收者。节点在接收报文时,根据标识符(CANID)的值决定软件是否需要该报文;如果需要,就拷贝到SRAM里;如果不需要,报文就被丢弃且无需软件的干预。为满足这一需求,bxCAN为应用程序提供了14个位宽可变的、可配置的过滤器组(0～13),以便只接收那些软件需要的报文。硬件过滤的做法节省了CPU开销,否则就必须由软件过滤从而占用一定的CPU资源。

过滤器可配置为屏蔽位模式和标识符列表模式。在屏蔽位模式下,标识符寄存器和屏蔽寄存器一起,指定报文标识符的任何一位,应该按照“必须匹配”或“不用关心”处理。而在标识符列表模式下,屏蔽寄存器也被当作标识符寄存器用。因此,不是采用一个标识符加一个屏蔽位的方式,而是使用2个标识符寄存器。接收报文标识符的每一位都必须跟过滤器标识符相同。

在接收一个报文时,其标识符首先与配置在标识符列表模式下的过滤器相比较;如果匹配上,报文就被存放到相关联的FIFO中,并且所匹配的过滤器的序号被存入过滤器匹配序号中。如果没有匹配,报文标识符接着与配置在屏蔽位模式下的过滤器进行比较。如果报文标识符没有跟过滤器中的任何标识符相匹配,那么硬件就丢弃该报文,且不会对软件有任何打扰。

例如,设置过滤器组0工作在:1个32位过滤器－标识符屏蔽模式,然后设置CAN_F0R1＝0XFFFF0000,CAN_F0R2＝0XFF00FF00。其中存放到CAN_F0R1的值就是期望收到的ID,即我们希望收到的映像(STID＋EXTID＋IDE＋RTR)最好是:0XFFFF0000。而0XFF00FF00就是设置我们需要必须关心的ID,表示收到的映像,其位[31:24]和位[15:8]这16个位必须和CAN_F0R1中对应的位一模一样,而另外的16个位则不关心,可以一样,也可以不一样,都认为是正确的ID,即收到的映像必须是0XFFxx00xx,才算是正确的(x表示不关心)。

(2) CAN发送流程

CAN发送流程为:程序选择1个空置的邮箱(TME＝1)→设置标识符(ID),数据长度和发送数据→设置CAN_TIxR的TXRQ位为1,请求发送→邮箱挂号(等待成为最高优先级)→预定发送(等待总线空闲)→发送→邮箱空置。整个流程如图4-48所示:

(3) CAN接收流程

CAN接收到的有效报文被存储在3级邮箱深度的FIFO中。FIFO完全由硬件来管

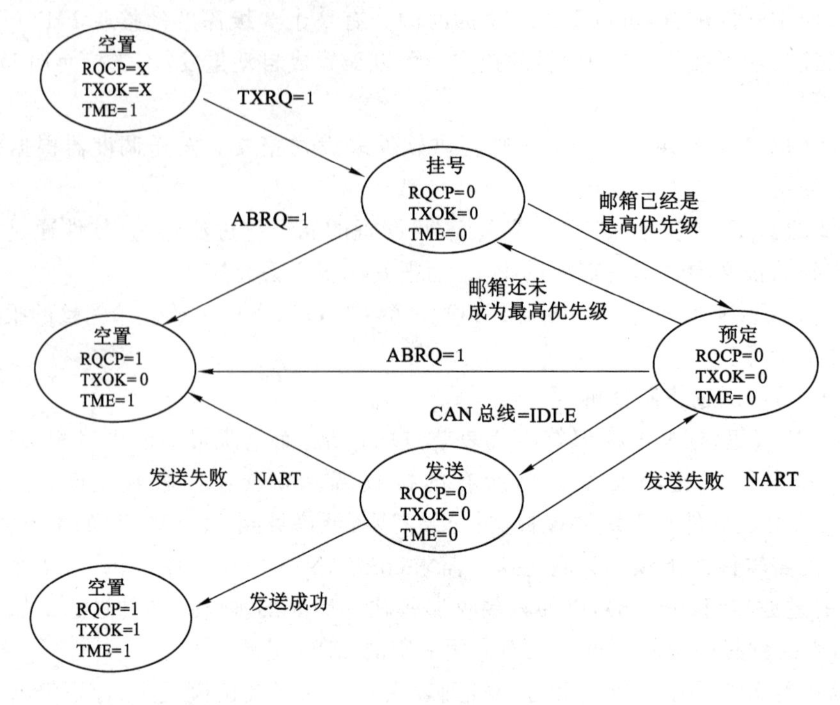

图 4-48 发送邮箱状态

理,从而节省了 CPU 的处理负荷,简化了软件并保证了数据的一致性。应用程序只能通过读取 FIFO 输出邮箱,来读取 FIFO 中最先收到的报文。这里的有效报文是指那些正确被接收的(直到 EOF 都没有错误)且通过了标识符过滤的报文。前面我们知道 CAN 的接收有 2 个 FIFO,每个过滤器组都可以设置其关联的 FIFO,通过 CAN_FFA1R 的设置,可以将过滤器组关联到 FIFO0/FIFO1。

CAN 接收流程为:FIFO 空→收到有效报文→挂号_1(存入 FIFO 的一个邮箱,这个由硬件控制,不需要理会)→收到有效报文→挂号_2→收到有效报文→挂号_3→收到有效报文→溢出。

这个流程里面,没有考虑从 FIFO 读出报文的情况,实际情况是:必须在 FIFO 溢出之前,读出至少 1 个报文,否则下个报文到来,将导致 FIFO 溢出,从而出现报文丢失。每读出 1 个报文,相应的挂号就减 1,直到 FIFO 空。CAN 接收流程如图 4-49 所示。

(4) CAN 相关寄存器

① CAN 的主控制寄存器(CAN_MCR)。

CAN 主控制寄存器的第 0 位为 INRQ,软件对该位清 0,可使 CAN 从初始化模式进入正常工作模式:当 CAN 在接收引脚检测到连续的 11 个隐性位后,CAN 就达到同步,并为接收和发送数据作好准备了。为此,硬件相应地对 CAN_MSR 寄存器的 INAK 位清“0”。

软件对该位置 1 可使 CAN 从正常工作模式进入初始化模式:一旦当前的 CAN 活动(发送或接收)结束,CAN 就进入初始化模式。相应地,硬件对 CAN_MSR 寄存器的 INAK 位置“1”。

所以在 CAN 初始化的时候,先要设置该位为 1,然后进行初始化(尤其是 CAN_BTR 的设置,该寄存器必须在 CAN 正常工作之前设置),之后再设置该位为 0,让 CAN 进入正常工

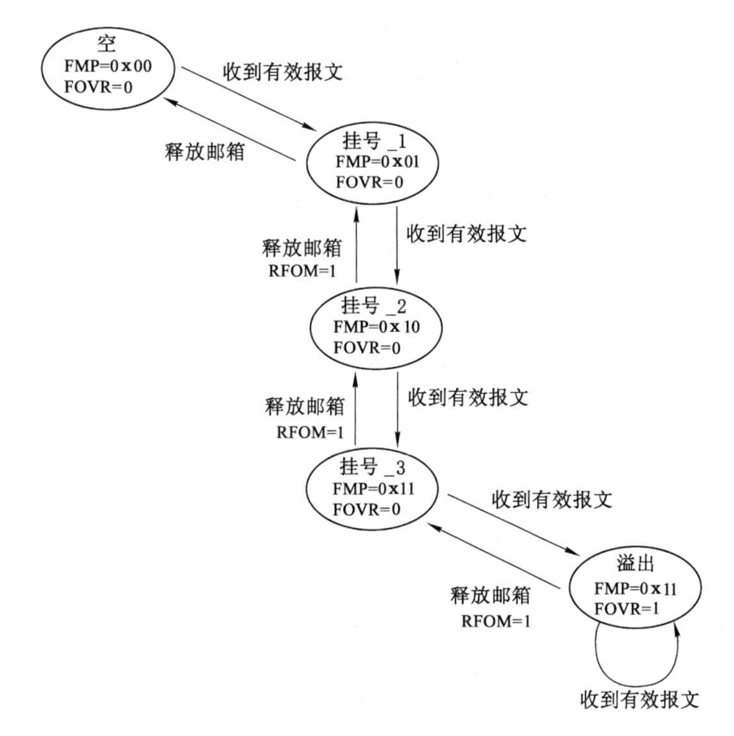

图 4-49 接收 FIFO 状态

作模式。

② CAN 位时序寄存器(CAN_BTR)。

CAN 位时序寄存器用于设置分频、Tbs1、Tbs2 以及 Tsjw 等非常重要的参数,直接决定了 CAN 的波特率。另外该寄存器还可以设置 CAN 的工作模式。

③ CAN 发送邮箱标识符寄存器(CAN_TIxR)(x=0～3)。

该寄存器主要用来设置标识符(包括扩展标识符),另外还可以设置帧类型,通过设置 TXRQ 值为 1 来请求邮箱发送。因为有 3 个发送邮箱,所以寄存器 CAN_TIxR 有 3 个。

④ 发送邮箱数据长度和时间戳寄存器(CAN_TDTxR) (x=0～2)。

该寄存器仅用来设置数据长度,即最低 4 个位,比较简单。

⑤ CAN 发送邮箱低字节数据寄存器(CAN_TDLxR) (x=0～2)。

该寄存器用来存储将要发送的数据,这里只能存储低 4 个字节,另外还有一个寄存器 CAN_TDHxR,该寄存器用来存储高 4 个字节,这样总共就可以存储 8 个字节。

⑥ CAN 接收 FIFO 邮箱标识符寄存器(CAN_RIxR) (x=0/1)。

该寄存器各位同 CAN_TIxR 寄存器几乎一样,只是最低位为保留位,该寄存器用于保存接收到的报文标识符等信息,可以通过读该寄存器获取相关信息。

同样,CAN 接收 FIFO 邮箱数据长度和时间戳寄存器(CAN_RDTxR)、CAN 接收 FIFO 邮箱低字节数据寄存器(CAN_RDLxR)和 CAN 接收 FIFO 邮箱高字节数据寄存器(CAN_RDHxR)分别和发送邮箱的:CAN_TDTxR、CAN_TDLxR 以及 CAN_TDHxR 类似。

⑦ CAN 过滤器模式寄存器(CAN_FM1R)。

该寄存器用于设置各过滤器组的工作模式，对 14 个过滤器组的工作模式，都可以通过该寄存器设置，不过该寄存器必须在过滤器处于初始化模式下(CAN_FMR 的 FINIT 位=1)，才可以进行设置。

⑧ CAN 过滤器位宽寄存器(CAN_FS1R)。

该寄存器用于设置各过滤器组的位宽，对 14 个过滤器组的位宽设置，都可以通过该寄存器实现。该寄存器也只能在过滤器处于初始化模式下进行设置。

⑨ CAN 过滤器 FIFO 关联寄存器(CAN_FFA1R)。

该寄存器设置报文通过过滤器组之后，被存入的 FIFO，如果对应位为 0，则存放到 FIFO0；如果为 1，则存放到 FIFO1。该寄存器也只能在过滤器处于初始化模式下配置。

⑩ CAN 过滤器激活寄存器(CAN_FA1R)。

⑪ CAN 的过滤器组 i 的寄存器 x(CAN_FiRx)(i=0～13)。

每个过滤器组的 CAN_FiRx 都由 2 个 32 位寄存器构成，即：CAN_FiR1 和 CAN_FiR2。根据过滤器位宽和模式的不同设置，这两个寄存器的功能也不尽相同。

(5) CAN 的初始化配置步骤

① 配置相关引脚的复用功能，使能 CAN 时钟。

要使用 CAN，第一步就要使能 CAN 的时钟，CAN 的时钟通过 APB1ENR 的第 25 位来设置。其次要设置 CAN 的相关引脚为复用输出，这里需要设置 PB8 为上拉输入(CAN_RX 引脚)PB9 为复用输出(CAN_TX 引脚)，并使能 PB 口的时钟。

② 设置 CAN 工作模式及波特率等。

这一步通过先设置 CAN_MCR 寄存器的 INRQ 位，让 CAN 进入初始化模式，然后设置 CAN_MCR 的其他相关控制位。再通过 CAN_BTR 设置波特率和工作模式(正常模式/环回模式)等信息。最后设置 INRQ 为 0，退出初始化模式。

③ 设置过滤器。

本章实验程序将使用过滤器组 0，并工作在 32 位标识符屏蔽位模式下。先设置 CAN_FMR 的 FINIT 位，让过滤器组工作在初始化模式下，然后设置过滤器组 0 的工作模式以及标识符 ID 和屏蔽位。最后激活过滤器，并退出过滤器初始化模式。

至此，CAN 就可以开始正常工作了。如果用到中断，就还需要进行中断相关的配置。

4.10.3 CAN 收发器 82C250

CAN 总线收发器(也称 CAN 总线驱动器)提供 CAN 控制器与物理总线之间的接口，对总线提供差动发送能力，并对 CAN 控制器提供差动接收能力，是影响 CAN 网络通信的一个重要因素。

PCA82C250 是 NXP 半导体公司生产的 CAN 总线收发器，是目前使用最广泛的 CAN 总线收发器，具有以下特性：

① 与 ISO11898 标准完全兼容；

② 高速率(最高可达 1 Mbps)；

③ 具有抗汽车环境下瞬间干扰和保护总线的能力；

④ 防止总线与电源及地之间发生短路；

⑤ 热保护；

⑥ 降低射频干扰(RFI)和斜率(slope)控制；

⑦ 低电流待机方式；

⑧ 某一节点掉电将会自动关闭输出，不会影响总线其他节点工作；

⑨ 可连接110个节点。

PCA82C250的组成和结构如图4-50所示，引脚信息和器件参考数据见表4-4和表4-5。

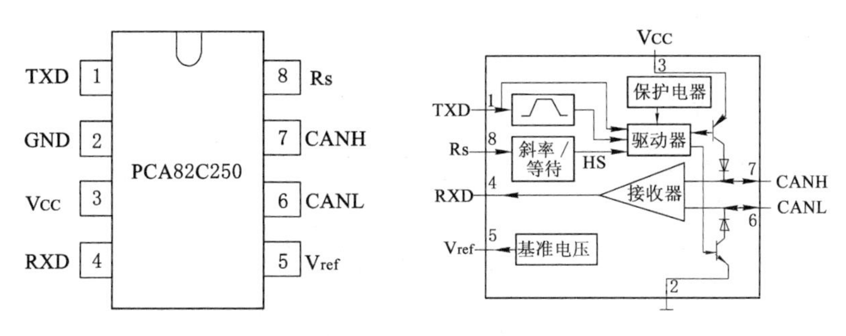

图4-50 PCA82C250组成结构

表4-4 PCA82C250引脚信息

符号	引脚	功能描述	符号	引脚	功能描述
TXD	1	发送数据输入	V_{ref}	5	参考电压输出
GND	2	地	CANL	6	低电平CAN电压输入或输出
V_{CC}	3	电源电压	CANH	7	高电平CAN电压输入或输出
RXD	4	接收数据输出	R_S	8	斜率电阻输入

表4-5 PCA82C250器件参考数据

符号	参 数	条 件	最 小	最大	单位
V_{CC}	提供电压		4.5	5.5	V
I_{CC}	提供电流	待机模式	—	170	μA
$1/t_{bit}$	最大发送速度	电源电压	1	—	Mbaud
V_{can}	CANL和CANH输入/输出电压	非归零码	−8	+18	V
V_{diff}	差动总线电压		1.5	3.0	V
t_{pd}	传输延迟时间	高速模式	—	50	ns
T	工作环境温度		−40	+125	℃

4.10.4 硬件设计

STM32开发板的CAN连接原理图如图4-51所示。其中，CAN_RX引脚接到PB8上，CAN_TX引脚接到PB9上，CAN_STB连接到PC13上，并且用PCA82C250作为CAN总线收发器。CAN_RX、CAN_TX和CAN_STB引脚上分别连接LED指示灯，用以指示线路的状态。

4.10.5 软件设计

本程序利用2个STM32开发板的bxCAN控制器构成CAN网络，利用CAN接口，实

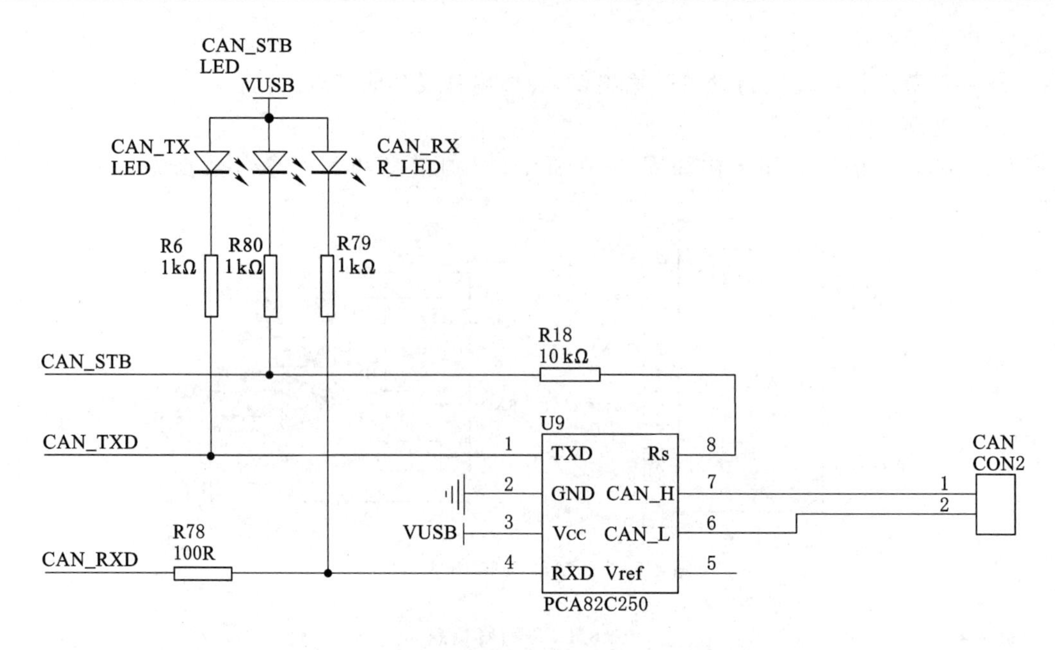

图 4-51　PCA82C250 与 STM32 连接原理图

现双 CAN 通信。采用主从模式，一个定义为主机（主动发送节点），一个定义为从机（被动接收节点）。上位机程序向主机发送待传输的数据，主机获得传输内容后，通过协议将数据封装成自定义报文，发送到 CAN 网络。从机通过中断服务函数接收报文，并根据报文协议中定义的扩展 ID 过滤报文，将接收到的报文数据内容处理后，再发送给主机，主机以同样的方式接收报文。主机和从机都通过 USART 向终端打印信息。整个双 CAN 通信过程实现了上位机与 STM32 下位机通信，并完成打包报文、发送报文、接收报文的功能。

八段数码管左边显示是收到的数值，复位时为 00，右边显示的是本机的数值，复位值为 00。通过按键控制需要发送的数值即可，KEY3 发送数据，KEY2 数值减 1，KEY1 数值加 1。

程序的主要函数如下：

```
void CAN_setup(void)
{
    u8 brp=20;                    //获取主时钟频率 APB1ENR 时钟频率为 36M
    RCC->APB1ENR|=1<<25;          //RCC_APB1ENR_CANEN; //开启 CAN 使能时钟
    RCC->APB2ENR|=1<<0;           //RCC_APB2ENR_AFIOEN; //开启辅助时钟
    AFIO->MAPR&=0XFFFF9FFF;       //清除复用重映射配置寄存器 13,14 位，
    AFIO->MAPR|=0X00004000;       //配置为 10;IO 口重映射至 PB8.PB9
    RCC->APB2ENR|=1<<3;           //RCC_APB2ENR_IOPBEN; //开启 IO 口 B 时钟
    GPIOB->CRH&=~(0X0F<<0);       //清除 PB8 状态寄存器~(1111<<0)
    GPIOB->CRH|=(0X08<<0);        //设定 pb8 上下拉输入 1000
    GPIOB->CRH&=~(0XF<<4);        //清空 pb9 状态寄存器
    GPIOB->CRH|=(0X0B<<4);        //设定 PB9 推挽输出
```

```
    RCC->APB2ENR|=1<<4;          //使能 PORTC 时钟
    GPIOC->CRH&=0XFF0FFFFF;
    GPIOC->CRH|=0X00600000;      //PC13 CAN_STB 开漏输出
    GPIOC->ODR|=13<<0;           //PC13 输出低
    MY_NVIC_Init(1,1,USB_HP_CAN_TX_IRQChannel,2);
                                 //发送中断使能
    MY_NVIC_Init(1,1,USB_LP_CAN_RX0_IRQChannel,2);
                                 //接收中断使能
    CAN->MCR|=1<<4;              //置 NART 位为 1,禁止自动重传
    CAN->MCR|=1<<0;              //置 INRQ 位为 1,请求初始化
    CAN->IER|=1<<0;              //发送邮箱空中断允许
    CAN->IER|=1<<1;              //FIFO0 消息挂号中断允许
    //清空 BTR 寄存器相关位
    CAN->BTR&=~(((0X03)<<24)|((0x07)<<20)|((0x0f)<<16)|(0x1ff));
    //设置 BTR 寄存器
    CAN->BTR|=(((1&0X03)<<24)|((7&0X07)<<20)|((8&0X0F)<<16)
                                                  |(brp-1));
}

////////////从初始化模式进入正常工作模式////////////
void CAN_start(void)
{
    CAN->MCR&=0xfffffffe;
    while(CAN->MSR&(0x01));
    CAN->MCR&=0xfffffffd;        //清零 INRQ 位,进入正常模式
    while(~(CAN->MSR&0x01));     //等待硬件对 INAK 位清零,确认退出初始化
}

void USB_HP_CAN_TX_IRQHandler (void)
{
    //邮箱 0 请求完成当发送完成后硬件对该位置 1
    if(CAN->TSR & (1<<0))        //检测是否置 1 来判断发送已完成
    {
        //复位邮箱 0 请求,对该位写 1 可以清 0 该位
        CAN->TSR|=1<<0;
        CAN->IER &=~(1<<0);      //禁止发送邮箱空中断
        CAN_TxRdy=1;
    }
}
```

```
void USB_LP_CAN_RX0_IRQHandler (void)
{
    //接收到 CAN 报文,通过判断报文数目判断是否有报文
    if (CAN->RF0R & (1<<0))
    {
        //接收报文
        CAN_rdMsg (&CAN_RxMsg);
        CAN_RxRdy=1;
    }
}
///////////////发送数据/////////////////
void CAN_wrMsg(CAN_msg*msg)
{
    CAN->sTxMailBox[0].TIR=(u8)0;        //发送邮箱标示符寄存器复位清零
    if(msg->format==STANDARD_FORMAT)   //如果是标准 11 位标示符帧
    {
        msg->id=33 ;
        //(msg->id<<21)|CAN_ID_STD;
        //则标示符左移 21 位,高 11 位为标准标示符,标示符选择位置 0
        CAN->sTxMailBox[0].TIR|=0x4200000;
    }
    else                               //如果是 29 位扩展标示符帧
    {
        //标示符左移 3 位,高 29 位为标示符(扩展标示符)
        CAN->sTxMailBox[0].TIR|=(u8)(msg->id<<3)|CAN_ID_EXT;
    }
    if(msg->type==DATA_FRAME)          //如果消息为数据帧
    {
        CAN->sTxMailBox[0].TIR|=0;     //标示符寄存器 RTR 位置 0,数据帧
    }
    else                               //如果为远程帧
    {
        CAN->sTxMailBox[0].TIR|=2;     //标示符寄存器 RTR 置 1,远程帧
    }
    //数据位低 4 字节写入发送邮箱 0
    CAN->sTxMailBox[0].TDLR=(((u8)msg->data[3]<<24)|((u8)msg->data
                            [2]<<16)|((u8)msg->data[1]<<8)|((u8)
                            msg->data[0]));
```

```
    //数据位高 4 字节写入发送邮箱 0
    CAN->sTxMailBox[0].TDHR=(((u8)msg->data[7]<<24)|((u8)msg->data
                            [6]<<16)|((u8)msg->data[5]<<8)|((u8)
                            msg->data[4]));
    CAN->sTxMailBox[0].TDTR&=0xfffffff0; //设置消息长度 DLC 清 0
    CAN->sTxMailBox[0].TDTR|=0x00000004; //设置消息长度为 4 个字节
    CAN->IER|=1<<0;                      //发送邮箱空中断使能
    CAN->sTxMailBox[0].TIR|=1<<0;        //发送消息
}
///////////////读取邮箱数据并释放//////////////////
void CAN_rdMsg(CAN_msg*msg)
{
    if((CAN->sFIFOMailBox[0].RIR&CAN_ID_EXT)==0) //如果是 11 位标准标识符
    {
        msg->format=STANDARD_FORMAT;       //消息为标准格式
        //标示符等于标示符位右移 21 位与 0x7ff
        msg->id=(u32)0x000007ff&(CAN->sFIFOMailBox[0].RIR>>21);
    }
    else                                   //如果是 29 位扩展标识符
    {
        msg->format=EXTENDED_FORMAT;       //消息格式为扩展标示符格式
        //标示符等于标示符位右移 3 位与上 0x3ffff
        msg->id=(u32)0x0003ffff&(CAN->sFIFOMailBox[0].RIR>>3);
    }
    if((CAN->sFIFOMailBox[0].RIR& 2)==0)  //如果消息为数据帧
    {
        msg->type=DATA_FRAME;
    }
    else                                   //数据位远程帧
    {
        msg->type=REMOTE_FRAME;
    }
    //读取数据长度
    msg->len=(unsigned char)0x0000000F & CAN->sFIFOMailBox[0].RDTR;
    //读取数据低 4 字节
    msg->data[0]=(unsigned int)0x000000FF&(CAN->sFIFOMailBox[0].RDLR);
    msg->data[1]=(unsigned int)0x000000FF&(CAN->sFIFOMailBox[0].RDLR>>8);
    msg->data[2]=(unsigned int)0x000000FF&(CAN->sFIFOMailBox[0].RDLR>>16);
    msg->data[3]=(unsigned int)0x000000FF&(CAN->sFIFOMailBox[0].RDLR>>24);
```

```
    //读取数据高 4 字节
    msg->data[4]=(unsigned int)0x000000FF&(CAN->sFIFOMailBox[0].RDHR);
    msg->data[5]=(unsigned int)0x000000FF&(CAN->sFIFOMailBox[0].RDHR>>8);
    msg->data[6]=(unsigned int)0x000000FF&(CAN->sFIFOMailBox[0].RDHR>>16);
    msg->data[7]=(unsigned int)0x000000FF&(CAN->sFIFOMailBox[0].RDHR>>24);

    CAN->RF0R|=1<<5;                                    //释放接收邮箱 0
}
```

4.11 习　题

1. 用中断、库函数方式实现键盘功能。
2. 设置看门狗,使系统在特定情况下重启复位。
3. 设计程序实现在 TFT-LCD 上显示 JPG 图形。
4. 设计程序实现触摸屏控制功能。
5. 实现 485 多机通讯传输信息。
6. 用 CAN 实现多机通讯功能。
7. 通过 NRF24L01 实现多机通讯。
8. 实现光照和温度计功能。
9. 用注入方式实现 ADC 的温度和光照数据采集。
10. 利用定时器产生 PWM 来控制 LED 的亮度,实现 LED 从暗->亮->暗的循环变化。

4.12 参考文献

[1] JOSEPH YIU. Cortex-M3 权威指南[M]. 宋岩,译. 北京:北京航空航天大学出版社,2009.

[2] ARM. Procedure Call Standard for the ARM Architecture. [2015-7-12]. http://infocenter.arm.com/help/topic/com.arm.doc.ihi0042f/IHI0042F_aapcs.pdf

[3] ARM. ARM[a] Cortex[a]-M3 Processor Technical Reference Manual. [2015-7-12]. http://infocenter.arm.com/help/topic/com.arm.doc.100165_0201_00_en/arm_cortexm3_processor_trm_100165_0201_00_en.pdf.

[4] 邬宽明. CAN 总线原理和应用系统设计[M]. 北京:北京航空航天大学出版社,1996.

[5] ST MIRCOELECTRONICS LIMITED. RM0008 Reference manual (Rev16)[EB/OL]. [2015-7-12]. http://www2.st.com/content/ccc/resource/technical/document/programming_manual/5b/ca/8d/83/56/7f/40/08/CD00228163.pdf/files/CD00228163.pdf/_jcr_content/translations/en.CD00228163.pdf.

[6] ST MIRCOELECTRONICS LIMITED. STM32F103x8, STM32F103xB[EB/OL]. [2015-9-22]. http://www.st.com/web/cn/catalog/mmc/FM141/SC1169/SS1031/LN1565/PF164493.

[7] 彭刚，秦志强．基于ARM Cortex-M3的STM32系列嵌入式微控制器应用实践[M]．北京：电子工业出版社，2011．
[8] 刘军，张洋，严汉宇．例说STM32(第2版工程师经验手记)[M]．北京：北京航空航天大学出版社，2014．
[9] 刘军，张洋，严汉宇．原子教你玩STM32(寄存器版)[M]．北京：北京航空航天大学出版社，2013．

第5章 μC/OS-Ⅱ及应用开发

在嵌入式应用系统的设计中，实时操作系统的应用越来越受到重视。μC/OS-Ⅱ是一个免费的源代码公开的实时嵌入式内核，它提供了实时系统所需的基本功能。μC/OS-Ⅱ不仅使用户得到廉价的解决方案，而且由于μC/OS-Ⅱ的开源特性，用户还可以针对自己的硬件优化代码，以获得更好的性能。

5.1 μC/OS-Ⅱ操作系统

5.1.1 μC/OS-Ⅱ简介

μC/OS-Ⅱ实际上是一个实时操作系统内核，它只包含了任务调度、任务管理、时间管理、内存管理和任务间的通信与同步等基本功能，而没有提供输入输出管理、文件系统、网络之类的额外服务。但是，由于μC/OS-Ⅱ的可移植性和开源性，用户可以自己添加所需的各种服务。μC/OS-Ⅱ包含全部功能的核心部分代码只占用8.3 KB，而且由于μC/OS-Ⅱ是可裁剪的，所以用户系统中实际的代码最少可达2.7 KB，可谓短小精悍。目前，已经出现了第三方为μC/OS-Ⅱ开发的文件系统、TCP/IP协议栈、用户显示接口等。

μC/OS-Ⅱ的任务调度是按抢占式多任务系统设计的，即它总是执行处于就绪条件下优先级最高的任务。为了简化系统的设计，μC/OS-Ⅱ规定所有任务的优先级必须不同，任务的优先级同时也唯一地标识了该任务。即使两个任务的重要性是相同的，它们也必须有优先级上的差异，这也就意味着高优先级的任务在处理完成后必须进入等待或挂起状态，否则低优先级的任务永远也不可能执行。系统通过两种方法进行任务调度：一是时钟节拍或其他硬件中断到来后，系统会调用函数OSIntCtxSw()执行切换功能；二是任务主动进入挂起或等待状态，这时系统通过发出软中断命令或依靠处理器执行陷阱指令来完成任务切换，中断服务例程或陷阱处理程序的向量地址必须指向函数OSCtxSw()。

μC/OS-Ⅱ最多可以管理64个任务，2.82版本以后增加到256个，这些任务通常都是一个无限循环的函数。在目前的版本中，系统保留了优先级为0、1、2、3、OS_LOWEST_PRIO-3、OS_LOWEST_PRIO-2、OS_LOWEST_PRIO-1、OS_LOWEST_PRIO的任务，因此用户可以最多同时启动56个任务。μC/OS-Ⅱ提供了任务管理的各种函数调用，包括创建任务、删除任务、改变任务的优先级、挂起和恢复任务等。系统初始化时会自动产生两个任务：一是空闲任务OSTaskIdle()，它的优先级最低，为OS_LOWEST_PRIO，该任务只是不停地给一个32位的整型变量加一；另一个是统计任务OSTaskStat()，它的优先级为OS_LOWEST_PRIO-1，该任务每秒运行一次，负责计算当前CPU的利用率。

μC/OS-Ⅱ要求用户提供一个被称为时钟节拍的定时中断，该中断每秒发生10～100次，时钟节拍的实际频率是由用户控制的。任务申请延时或超时控制的计时基准就是该时钟节拍。该时钟节拍同时还是任务调度的时间基准。μC/OS-Ⅱ提供了与时钟节拍相关的系统服务，允许任务延时一定数量的时钟节拍或以h、min、s、ms为单位进行延时。

对于一个多任务操作系统来说，任务间的通信与同步是必不可少的。μC/OS-Ⅱ提供了四种同步对象，分别是信号量、邮箱、消息队列和事件。通过邮箱和消息队列还可以进行任务间的通信。所有的同步对象都有相应的创建、等待、发送的函数。但这些对象一旦创建就不能删除，因此要避免创建过多的同步对象以节约系统资源。

为了消除多次动态分配与释放内存所引起的内存碎片，μC/OS-Ⅱ把连续的大块内存按分区来管理。每个分区中都包含整数个大小相同的内存块，但不同分区之间内存块的大小可以不同。用户需要动态分配内存时，选择一个适当的分区，按块来分配内存。释放内存时将该块放回它以前所属的分区。这样，就能有效解决内存碎片的问题。

μC/OS-Ⅱ的大部分代码是用ANSI C写成的，只有与处理器硬件相关的一部分代码用汇编语言编写。因此μC/OS-Ⅱ的移植性很强，可以在绝大多数8位、16位、32位微处理器、数字信号处理器上运行。μC/OS-Ⅱ的移植并不复杂，只要编写4个汇编语言的函数、6个C函数，再定义3个宏和1个常量即可，这些宏和函数都非常简单，其中的5个C函数甚至只需声明不必包含代码，用户可以根据需要自己编写移植代码。μC/OS-Ⅱ的网站上(www.micrium.com)有针对不同微处理器的移植代码可供下载。目前网站上提供的移植实例包括Intel的80x86、8051、80196等，Motorola的PowerPC、68K、CPU32等，TI的TMS320系列，Zilog的z-80、z-180，还包括Analog Device、ARM、日立、三菱、飞利浦和西门子的各种微处理器。

作为一个源代码公开的实时嵌入式内核，μC/OS-Ⅱ给学习和使用实时操作系统提供了极大的帮助。而μC/OS-Ⅱ自身也因此获得了快速的发展，许多开发者已经成功地把μC/OS-Ⅱ应用于自己的系统之中。随着μC/OS-Ⅱ的不断完善，它必将会有更加广阔的应用空间。

5.1.2　μC/OS-Ⅱ特点

(1) 公开源代码

Jean J. Labrosse撰写的《Micro C/OS-Ⅱ The Real-Time Kernel》一书，邵贝贝将其译为中文，并在中国出版，中文名称为《嵌入式实时操作系统μC/OS-Ⅱ》。该书包含μC/OS-Ⅱ的全部源代码。这份源码清晰易读且结构协调，有详尽的注解，源程序组织有序。

(2) 可移植性

绝大部分μC/OS-Ⅱ的源码是用移植性很强的ANSI C写的。只有与微处理器硬件相关的那部分是用汇编语言写的。使用汇编语言写的部分已经减少到最小，使得μC/OS-Ⅱ便于移植到其他微处理器上。如同μC/OS一样，μC/OS-Ⅱ可以移植到许多微处理器上。条件是只要该微处理器有堆栈指针，有CPU内部寄存器入栈、出栈指令。另外，使用的C语言编译器必须支持内嵌汇编或者该C语言可扩展、可连接汇编模块，使得关中断、开中断能在C语言程序中实现。μC/OS-Ⅱ可以在绝大多数8位、16位、32位以至64位微处理器、微控制器、数字信号处理器上运行。从移植了的μC/OS升级到μC/OS-Ⅱ，全部工作一个小时左右就可完成。因为μC/OS-Ⅱ和μC/OS是向下兼容的，应用程序从μC/OS升级到μC/OS-Ⅱ几乎不需要改动或根本不需要改动，移植的范例可以很方便从互联网上找到。

(3) 可固化

μC/OS-Ⅱ是为嵌入式应用而设计的，这就意味着，只要读者有固化手段（C 语言编译、连接、下载和固化），μC/OS-Ⅱ就可以嵌入到读者的产品中成为产品的一部分。

（4）可裁剪

可裁剪是指可以只使用 μC/OS-Ⅱ中应用程序需要的那些系统服务。也就是说某产品可以只使用很少几个 μC/OS-Ⅱ调用，而另一个产品则可能使用了几乎所有 μC/OS-Ⅱ的功能。这样可以减少产品中的 μC/OS-Ⅱ所需的存储空间（RAM 和 ROM），这种可裁剪性是靠条件编译实现的。只要在用户的应用程序中（用＃define constants 语句）定义哪些 μC/OS-Ⅱ中的功能是应用程序需要的就可以了。

（5）占先式

μC/OS-Ⅱ占先式的实时内核。这意味着 μC/OS-Ⅱ总是运行就绪条件下优先级最高的任务。大多数商业内核也是占先式的，μC/OS-Ⅱ在性能上和它们类似。

（6）多任务

μC/OS-Ⅱ可以管理 64 个任务，但目前这一版本保留了 8 个任务给系统，应用程序最多可以有 56 个任务。赋予每个任务的优先级必须是不同的，这意味着 μC/OS-Ⅱ不支持轮询调度法（Round-robin Scheduling，该调度法适用于调度优先级平等的任务）。

（7）可确定性

全部 μC/OS-Ⅱ的函数调用与服务的执行时间具有可确定性，也就是全部 μC/OS-Ⅱ的函数调用与服务的执行时间是可预知的。μC/OS 系统服务的执行时间不依赖于应用程序任务的多少。

（8）任务栈

μC/OS-Ⅱ允许每个任务有不同的栈空间，每个任务有自己单独的栈，以便压低应用程序对 RAM 的需求。使用 μC/OS-Ⅱ的栈空间校验函数，可以确定每个任务到底需要多少栈空间。

（9）系统服务

μC/OS-Ⅱ提供很多系统服务，例如邮箱、消息队列、信号量、块大小固定的内存的申请与释放、时间相关函数等。

（10）中断管理

中断可以使正在执行的任务暂时挂起。如果优先级更高的任务被该中断唤醒，则高优先级的任务在中断嵌套全部退出后立即执行，中断嵌套层数可达 255 层。

（11）稳定性与可靠性

μC/OS-Ⅱ是基于 μC/OS 的，μC/OS 自 1992 年以来已经有好几百个商业应用。μC/OS-Ⅱ与 μC/OS 的内核相同，只不过是提供了更多的功能。

5.1.3 μC/OS-Ⅱ内核结构

（1）临界段

与其他内核一样，μC/OS-Ⅱ为了处理临界段代码需要关中断，处理完毕后再开中断。这使得 μC/OS-Ⅱ能够避免同时有其他任务或中断服务进入临界段代码。关中断的时间是实时内核的最重要的指标之一，因为这个指标影响用户系统对实时事件的响应性。μC/OS-Ⅱ努力使关中断时间降至最短，但关中断的时间在很大程度上还是取决于微处理器的架构以及编译器所生成的代码质量。

微处理器一般都有关中断/开中断指令，且用户使用的 C 语言编译器必须有某种机制能够在 C 语言中直接实现关中断/开中断的操作。某些 C 语言编译器允许在用户的 C 语言源代码中插入汇编语言的语句，这使得通过插入微处理器指令来关中断/开中断很容易实现。而有的编译器把从 C 语言中关中断/开中断放在语言的扩展部分。μC/OS-Ⅱ定义两个宏来关中断和开中断，以便避开不同 C 语言编译器厂商选择不同的方法来处理关中断和开中断。μC/OS-Ⅱ中的这两个宏分别是：OS_ENTER_CRITICAL()和 OS_EXIT_CRITICAL()。因为这两个宏的定义取决于所用的微处理器，故在文件 OS_CPU.H 中可以找到相应宏定义。每种微处理器都有自己的 OS_CPU.H 文件。

(2) 任务

一个任务通常是一个无限的循环。一个任务看起来像其他 C 语言的函数一样，有函数返回类型，有形式参数变量，但是任务是绝不会返回的。故任务函数的返回参数必须定义成 void。

与函数不同的是，当任务完成以后，任务可以自我删除。当然任务代码并非真的删除了，μC/OS-Ⅱ只是简单地不再理会这个任务了，这个任务的代码也不会再运行，如果任务调用了 OSTaskDel()，这个任务绝不会返回什么。

μC/OS-Ⅱ可以管理多达 64 个任务，但目前版本的 μC/OS-Ⅱ有两个任务已经被系统占用了。系统保留了优先级为 0、1、2、3、OS_LOWEST_PRIO－3、OS_LOWEST_PRI0－2、OS_LOWEST_PRI0－1 以及 OS_LOWEST_PRI0 这 8 个任务以备将来使用。OS_LOWEST_PRI0 在 OS_CFG.H 文件中是作为常数用＃define 定义的。因此用户可以有多达 56 个应用任务。必须给每个任务赋以不同的优先级，优先级可以从 0 到 OS_LOWEST_PR10－2。优先级号越小，任务的优先级越高。μC/OS-Ⅱ总是运行进入就绪态的优先级最高的任务。目前版本的 μC/OS-Ⅱ中，任务的优先级号就是任务编号(ID)。优先级号(或任务的 ID 号)也被一些内核服务函数使用，如改变优先级函数 OSTaskChangePrio()，以及任务删除函数 OSTaskDel()。

为了使 μC/OS-Ⅱ能管理用户任务，用户必须在建立一个任务的时候，将任务的起始地址与其他参数一起传给下面两个函数中的一个：OSTaskCreat 或 OSTaskCreatExt()。OSTaskCreateExt()是 OSTaskCreate()的扩展，扩展了一些附加的功能。

(3) 任务状态

图 5-1 是 μC/OS-Ⅱ控制下的任务状态转换图。在任一给定的时刻，任务的状态一定是在这五种状态之一。

睡眠态(DORMANT)指任务驻留在程序空间之中，还没有交给 μC/OS-Ⅱ管理。把任务交给 μC/OS-Ⅱ是通过调用下述两个函数之一：OSTaskCreate()或 OSTaskCreateExt()。任务一旦建立，这个任务就进入就绪态准备运行。任务的建立可以是在多任务运行开始之前，也可以是动态地被一个运行着的任务建立。如果一个任务是被另一个任务建立的，而这个任务的优先级高于建立它的那个任务，则这个刚刚建立的任务将立即得到 CPU 的控制权。一个任务可以通过调用 OSTaskDel()返回到睡眠态，或通过调用该函数让另一个任务进入睡眠态。

调用 OSStart()函数将会启动进入就绪态的优先级最高的任务。就绪的任务只有当所有优先级高于这个任务的任务转为等待状态，或者是被删除了，才能进入运行态。

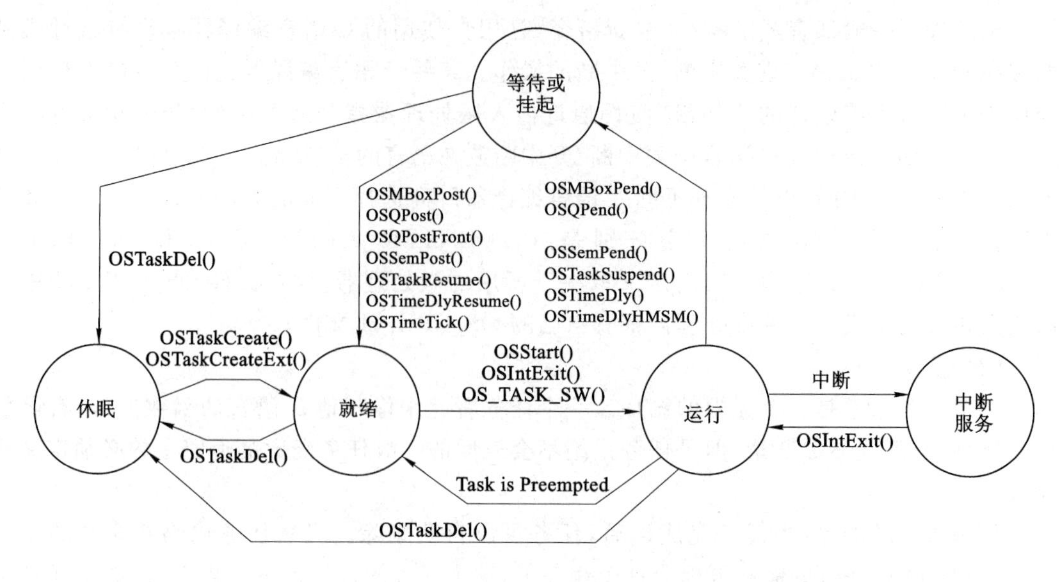

图 5-1　任务的状态

正在运行的任务可以通过调用两个函数之一将自身延迟一段时间，这两个函数是 OSTimeDly()或 OSTimeDlyHMSM()。这个任务于是进入等待状态，等待这段时间过去，下一个优先级最高的并进入了就绪态的任务立刻被赋予了 CPU 的控制权。等待的时间过去以后，系统服务函数 OSTimeTick()使延迟了的任务进入就绪态。

正在运行的任务期待某一事件的发生时也要等待，方法是调用以下 3 个函数之一：OSSemPend()，OSMboxPend()，OSQPend()。调用后任务进入了等待状态(WAITING)。当任务因等待事件被挂起(Pend)，下一个优先级最高的任务立即得到了 CPU 的控制权。当事件发生了，被挂起的任务进入就绪态。事件发生的报告可能来自另一个任务，也可能来自中断服务子程序。

正在运行的任务是可以被中断的，除非该任务将中断关闭，或者 μC/OS-Ⅱ将中断关闭。被中断了的任务就进入了中断服务态(ISR)。响应中断时，正在执行的任务被挂起，中断服务子程序控制了 CPU 的使用权。中断服务子程序可能会报告一个或多个事件的发生，而使一个或多个任务进入就绪态。在这种情况下，从中断服务子程序返回之前，μC/OS-Ⅱ要判定，被中断的任务是否还是就绪态任务中优先级最高的。如果中断服务子程序使一个优先级更高的任务进入了就绪态，则新进入就绪态的这个优先级更高的任务将得以运行，否则原来被中断了的任务继续运行。

当所有的任务都在等待事件发生或等待延迟时间结束，μC/OS-Ⅱ执行空闲任务(idle task)，即执行 OSTaskIdle()函数。

(4) 任务控制块

一旦任务建立了，对应的任务控制块 OS_TCBs 将被赋值。任务控制块是一个数据结构，当任务的 CPU 使用权被剥夺时，μC/OS-Ⅱ用它来保存该任务的状态。当任务重新得到 CPU 使用权时，任务控制块能确保任务从当时被中断的那一点丝毫不差地继续执行。OS_TCBs 全部驻留在 RAM 中。系统在组织这个数据结构时，考虑到了各成员的逻辑分组。任务建立的时候，OS_TCBs 就被初始化了。

应用程序中可以有的最多任务数(OS_MAX_TASKS)是在文件 OS_CFG.H 中定义的。这个最多任务数也是 μC/OS-Ⅱ分配给用户程序的最多任务控制块 OS_TCBs 的数目。将 OS_MAX_TASKS 的数目设置为用户应用程序实际需要的任务数可以减小 RAM 的需求量。所有的任务控制块 OS_TCBs 都是放在任务控制块列表数组 OSTCBTbl[]中的。μC/OS-Ⅱ分配给系统任务 OS_N_SYS_TASKS 若干个任务控制块供其内部使用(见文件 μC/OS-Ⅱ.H)。目前,一个用于空闲任务,另一个用于任务统计(如果 OS_TASK_STAT_EN 是设为1的)。如图5-2所示,在 μC/OS-Ⅱ初始化的时候,所有任务控制块 OS_TCBs 被链接成单向空任务链表。当任务一旦建立,空任务控制块指针 OSTCBFreeList 指向的任务控制块便赋给了该任务,然后 OSTCBFreeList 的值调整为指向下一链表中下一个空的任务控制块。一旦任务被删除,任务控制块就还给空任务链表。

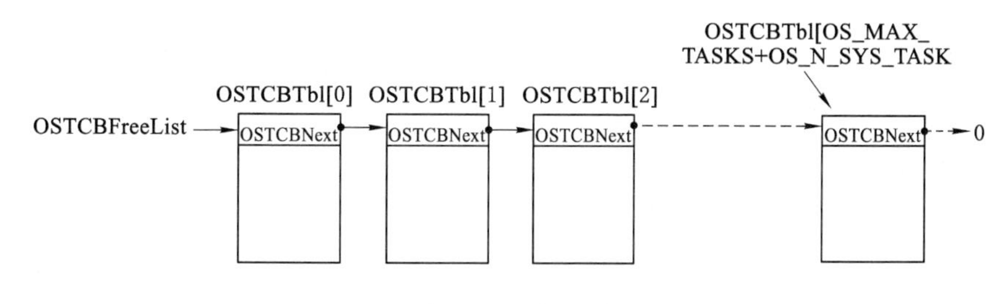

图5-2　空任务列表

(5) 任务调度

μC/OS-Ⅱ总是运行进入就绪态任务中优先级最高的那一个。确定哪个任务优先级最高,以及下面该哪个任务运行的工作是由调度器(Scheduler)完成的。任务级的调度是由函数 OSSched()完成的。

μC/OS-Ⅱ任务调度所花的时间是常数,与应用程序中建立的任务数无关。如果在中断服务子程序中调用 OSSched(),此时中断嵌套层数 OSIntNesting>0,或者由于用户至少调用了一次给任务调度上锁函数 OSSchedLock(),使 OSLockNesting>0。如果不是在中断服务子程序调用 OSSched(),并且任务调度是允许的,即没有上锁,则任务调度函数将找出那个进入就绪态且优先级最高的任务,进入就绪态的任务在就绪任务表中有相应的位置。一旦找到那个优先级最高的任务,OSSched()检验这个优先级最高的任务是不是当前正在运行的任务,以此来避免不必要的任务调度。注意,在 μC/OS 中曾经是先得到 OSTCBHighRdy 然后和 OSTCBCur 进行比较。因为这个比较是两个指针型变量的比较,在8位和一些16位微处理器中这种比较相对较慢。而在 μC/OS-Ⅱ中是两个整数的比较。并且,除非用户实际需要做任务切换,在查任务控制块优先级表 OSTCBPrioTbl[]时,不需要用指针变量来查 OSTCBHighRdy。综合这两项改进,即用整数比较代替指针的比较和当需要任务切换时再查表,使得 μC/OS-Ⅱ比 μC/OS 在8位和一些16位微处理器上要更快一些。

为实现任务切换,OSTCBHighRdy 必须指向优先级最高的那个任务控制块 OS_TCB,这是通过将 OSTCBPrioTbl[]数组中以 OSPrioHighRdy 为下标的那个元素赋给 OSTCBHighRdy 来实现的。接着,统计计数器 OSCtxSwCtr 加1,以跟踪任务切换次数。最后宏调用 OS_TASK_SW()来完成实际上的任务切换。

任务切换很简单，将被挂起任务的微处理器寄存器推入堆栈，然后将较高优先级的任务的寄存器值从栈中恢复到寄存器中，就完成了任务切换。在 μC/OS-Ⅱ中，就绪任务的栈结构总是看起来像刚刚发生过中断一样，所有微处理器的寄存器都保存在栈中。换句话说，μC/OS-Ⅱ运行就绪态的任务所要做的一切，只是恢复所有的 CPU 寄存器并运行中断返回指令。为了做任务切换，可以运行 OS_TASK_SW()，通过模仿一次中断来触发任务切换。多数微处理器由软中断指令或者陷阱指令 TRAP 来实现上述操作。中断服务子程序或陷阱处理(Trap Handler)，也称作事故处理(Exception Handler)，必须提供中断向量给汇编语言函数 OSCtxSw()。OSCtxSw()除了需要 OS_TCBHighRdy 指向即将被挂起的任务，还需要让当前任务控制块 OSTCBCur 指向即将被挂起的任务。

OSSched()的所有代码都属临界段代码。在寻找进入就绪态的优先级最高的任务过程中，为防止中断服务子程序把一个或几个任务的就绪位置位，中断是被关闭的。为缩短切换时间，OSSched()全部代码都可以用汇编语言写。不过为增加可读性，可移植性和将汇编语言代码最少化，OSSched()是用 C 语言写的。

(6) 空闲任务

μC/OS-Ⅱ总是建立一个空闲任务，这个任务在没有其他任务进入就绪态时会投入运行。这个空闲任务[OSTaskIdle()]永远设为最低优先级，即 OS_LOWEST_PRI0。空闲任务 OSTaskIdle()什么也不做，只是在不停地给一个 32 位的名为 OSIdleCtr 的计数器加 1，统计任务使用这个计数器以确定现行应用软件实际消耗的 CPU 时间。在计数器加 1 前后，中断是先关掉再开启的，因为 8 位以及大多数 16 位微处理器的 32 位加 1 需要多条指令，要防止高优先级的任务或中断服务子程序切入。空闲任务不可能被应用软件删除。

5.2 μC/OS-Ⅱ的内核

5.2.1 任务管理

μC/OS-Ⅱ系统提供了任务管理的各种函数调用，包括创建任务、删除任务、改变任务的优先级、任务挂起和恢复等系。

(1) 建立任务，OSTaskCreate()

要想让 μC/OS-Ⅱ管理用户的任务，用户必须要先建立任务。用户可以通过传递任务地址和其他参数到以下两个函数之一来建立任务：OSTaskCreate()或 OSTaskCreateExt()。OSTaskCreate()与 μC/OS 是向下兼容的，OSTaskCreateExt()是 OSTaskCreate()的扩展版本，提供了一些附加的功能。用两个函数中的任何一个都可以建立任务。任务可以在多任务调度开始前建立，也可以在其他任务的执行过程中被建立。在开始多任务调度(即调用 OSStart())前，用户必须建立至少一个任务。任务不能由中断服务程序(ISR)来建立。

OSTaskCreate()需要四个参数：task 是任务代码的指针，pdata 是当任务开始执行时传递给任务的参数的指针，ptos 是分配给任务的堆栈的栈顶指针，prio 是分配给任务的优先级。

(2) 删除任务，OSTaskDel()

有时候删除任务是很有必要的。删除任务，是指任务将返回并处于休眠状态，而并不是指任务的代码被删除了，只是任务的代码不再被 μC/OS-Ⅱ调用。通过调用 OSTaskDel()

就可以完成删除任务的功能。OSTaskDel()一开始应确保用户所要删除的任务并非是空闲任务,因为删除空闲任务是不允许的。不过,用户可以删除 statistic 任务。接着,OSTaskDel()还应确保用户不是在 ISR 例程中去试图删除一个任务,因为这也是不被允许的。调用此函数的任务可以通过指定 OS_PRIO_SELF 参数来删除自己。接下来 OSTaskDel()会保证被删除的任务是确实存在的。

(3) 改变任务的优先级,OSTaskChangePrio()

在用户建立任务的时候会分配给任务一个优先级。在程序运行期间,用户可以通过调用 OSTaskChangePrio()来改变任务的优先级。换句话说,就是 μC/OS-Ⅱ允许用户动态地改变任务的优先级。

用户不能改变空闲任务的优先级,但用户可以改变调用本函数的任务或者其他任务的优先级。为了改变调用本函数的任务的优先级,用户可以指定该任务当前的优先级或 OS_PRIO_SELF,OSTaskChangePrio()会决定该任务的优先级。用户还必须指定任务的新(即想要的)优先级。因为 μC/OS-Ⅱ不允许多个任务具有相同的优先级,因此 OSTaskChangePrio()需要检验新优先级是否是合法的(即不存在具有新优先级的任务)。如果新优先级是合法的,μC/OS-Ⅱ通过将某些东西储存到 OSTCBPrioTbl[newprio]中保留这个优先级。如此就使得 OSTaskChangePrio()可以重新允许中断,因为此时其他任务已经不可能建立拥有该优先级的任务,也不能通过指定相同的新优先级来调用 OSTaskChangePrio()。接下来 OSTaskChangePrio()可以预先计算新优先级任务的 OS_TCB 中的某些值。而这些值用来将任务放入就绪表或从该表中移除。

接着,OSTaskChangePrio()将检验目前的任务是否想改变它的优先级,然后检查想要改变优先级的任务是否存在。如果要改变优先级的任务就是当前任务,这个测试就会成功。但是,如果 OSTaskChangePrio()想要改变优先级的任务不存在,它必须将保留的新优先级放回到优先级表 OSTCBPrioTbl[]中,并返回给调用者一个错误码。

现在,OSTaskChangePrio()可以通过插入 NULL 指针将指向当前任务 OS_TCB 的指针从优先级表中移除了。这就使得当前任务的旧的优先级可以重新使用了。然后可以检验一下 OSTaskChangePrio()想要改变优先级的任务是否就绪,如果该任务处于就绪状态,它必须在当前的优先级下从就绪表中移除,然后在新的优先级下插入到就绪表中。在此需要注意的是,OSTaskChangePrio()所用的是重新计算的值将任务插入就绪表中的。

如果任务已经就绪,它可能会正在等待一个信号量、一封邮件或是一个消息队列。如果 OSTCBEventPtr 非空(不等于 NULL),OSTaskChangePrio()就会知道任务正在等待以上的某件事。如果任务在等待某一事件的发生,OSTaskChangePrio()必须将任务从事件控制块的等待队列(在旧的优先级下)中移除。并在新的优先级下将事件插入到等待队列中。任务也有可能正在等待延时期满或是被挂起。

接着,OSTaskChangePrio()将指向任务 OS_TCB 的指针存到 OSTCBPrioTbl[]中。新的优先级被保存在 OS_TCB 中,重新计算的值也被保存在 OS_TCB 中。OSTaskChangePrio()完成了关键性的步骤后,在新的优先级高于旧的优先级或新的优先级高于调用本函数的任务的优先级情况下,任务调度程序就会被调用。

(4) 挂起任务,OSTaskSuspend()

挂起任务可通过调用 OSTaskSuspend()函数来完成。被挂起的任务只能通过调用

OSTaskResume()函数来恢复。任务挂起是一个附加功能。也就是说,如果任务在被挂起的同时也在等待延时期满,那么,挂起操作会被取消,而任务继续等待延时期满,并转入就绪状态。任务可以挂起自己或者其他任务。

通常 OSTaskSuspend()需要检验临界条件。首先,OSTaskSuspend()要确保用户的应用程序不是在挂起空闲任务,接着确认用户指定优先级是有效的。接着,OSTaskSuspend()检验用户是否通过指定 OS_PRIO_SELF 来挂起调用本函数的任务本身。用户也可以通过指定优先级来挂起调用本函数的任务。在这两种情况下,任务调度程序都需要被调用。这就是为什么要定义局部变量 self 的原因,该变量在适当的情况下会被测试。如果用户没有挂起调用本函数的任务,OSTaskSuspend()就没有必要运行任务调度程序,因为正在挂起的是较低优先级的任务。

然后,OSTaskSuspend()检验要挂起的任务是否存在。如果该任务存在的话,它就会从就绪表中被移除。注意要被挂起的任务有可能没有在就绪表中,因为它有可能在等待事件的发生或延时的期满。在这种情况下,要被挂起的任务在 OSRdyTbl[]中对应的位已被清除了(即为 0)。现在,OSTaskSuspend()就可以在任务的 OS_TCB 中设置 OS_STAT_SUSPEND 标志了,以表明任务正在被挂起。最后,OSTaskSuspend()只有在被挂起的任务是调用本函数的任务本身的情况下才调用任务调度程序。

(5) 恢复任务,OSTaskResume()

被挂起的任务只有通过调用 OSTaskResume()才能恢复。因为 OSTaskSuspend()不能挂起空闲任务,所以必须要确认用户的应用程序不是在恢复空闲任务。要恢复的任务必须是存在的,因为用户需要操作它的任务控制块 OS_TCB,并且该任务必须是被挂起的。OSTaskResume()是通过清除 OSTCBStat 域中的 OS_STAT_SUSPEND 位来取消挂起的。要使任务处于就绪状态,OS_TCBDly 域必须为 0,这是由于在 OSTCBStat 中没有任何标志表明任务正在等待延时的期满。只有当以上两个条件都满足的时候,任务才处于就绪状态。最后,任务调度程序会检查被恢复的任务拥有的优先级是否比调用本函数的任务的优先级高。

(6) 获得有关任务的信息,OSTaskQuery()

用户的应用程序可以通过调用 OSTaskQuery()来获得自身或其他应用任务的信息。实际上,OSTaskQuery()获得的是对应任务的 OS_TCB 中内容的拷贝。用户能访问的 OS_TCB 的数据域的多少决定于用户的应用程序的配置(参看 OS_CFG. H)。由于 μC/OS-Ⅱ是可裁剪的,它只包括那些用户的应用程序所要求的属性和功能。

要调用 OSTaskQuery(),用户的应用程序必须要为 OS_TCB 分配存储空间。这个 OS_TCB 与 μC/OS-Ⅱ分配的 OS_TCB 是完全不同的数据空间。在调用了 OSTaskQuery()后,这个 OS_TCB 包含了对应任务的 OS_TCB 的副本。用户必须十分小心地处理 OS_TCB 中指向其他 OS_TCB 的指针(即 OSTCBNext 与 OSTCBPrev),且不要试图去改变这些指针。一般来说,本函数通常只用来了解任务正在干什么,此外,本函数也是有用的调试工具。

5.2.2 时间管理

μC/OS-Ⅱ系统的时间管理是通过定时中断来实现的。该定时中断,一般为 10 ms 或 100 ms 发生一次,时间频率依靠用户对硬件系统的定时器编程来实现。中断发生的时间间隔是固定不变的,该中断也成为一个时钟节拍。μC/OS-Ⅱ系统要求用户在定时中断的服务程序中，调用系统提供的与时钟节拍相关的系统函数，例如中断级的任务切换函数和系统时间函数。

(1) 任务延时函数，OSTimeDly()

μC/OS-Ⅱ提供了这样一个系统服务：申请该服务的任务可以延时一段时间，这段时间的长短是用时钟节拍的数目来确定的。实现这个系统服务的函数称为OSTimeDly()。调用该函数会使μC/OS-Ⅱ进行一次任务调度，并且执行下一个优先级最高的就绪态任务。任务调用OSTimeDly()后，一旦规定的时间期满或者有其他的任务通过调用OSTimeDlyResume()取消了延时，它将立即进入就绪状态。注意，只有当该任务在所有就绪任务中具有最高的优先级时，它才会立即运行。

用户的应用程序是通过提供延时的时钟节拍数——一个1～65 535的数来调用该函数的。如果用户指定0值，则表明用户不想延时任务，函数会立即返回到调用者。非0值会使得任务延时函数OSTimeDly()将当前任务从就绪表中移除。接着，这个延时节拍数会被保存在当前任务的OS_TCB中，并且系统通过OSTimeTick()每隔一个时钟节拍就减少一个延时节拍数。最后，既然任务已经不再处于就绪状态，任务调度程序会执行下一个优先级最高的就绪任务。

(2) 按时分秒延时函数，OSTimeDlyHMSM()

OSTimeDly()虽然是一个非常有用的函数，但用户的应用程序需要知道延时时间对应的时钟节拍的数目。用户可以使用定义全局常数OS_TICKS_PER_SEC(参看OS_CFG.H)的方法将时间转换成时钟段，但这种方法有时显得比较烦琐。为此系统增加了OSTimeDlyHMSM()函数，用户就可以按小时、分、秒和毫秒来定义时间了，这样会显得更自然些。与OSTimeDly()一样，调用OSTimeDlyHMSM()函数也会使μC/OS-Ⅱ进行一次任务调度，并且执行下一个优先级最高的就绪态任务。任务调用OSTimeDlyHMSM()后，一旦规定的时间期满或者有其他的任务通过调用OSTimeDlyResume()取消了延时，它就会马上处于就绪态。同样，只有当该任务在所有就绪态任务中具有最高的优先级时，它才会立即运行。

(3) 让处在延时期的任务结束延时，OSTimeDlyResume()

μC/OS-Ⅱ允许用户结束正处于延时期的任务。延时的任务可以不等待延时期满，而是通过其他任务取消延时来使自己处于就绪态。这可以通过调用OSTimeDlyResume()和指定要恢复的任务的优先级来完成。实际上，OSTimeDlyResume()也可以唤醒正在等待事件的任务，虽然这一点并没有提到过。在这种情况下，等待事件发生的任务会考虑是否终止等待事件。

用户的任务有可能是通过暂时等待信号量、邮箱或消息队列来延时的。可以简单地通过控制信号量、邮箱或消息队列来恢复这样的任务。这种情况存在的唯一问题是它要求用户分配事件控制块，因此用户的应用程序会多占用一些RAM。

(4) 系统时间，OSTimeGet()和OSTimeSet()

无论时钟节拍何时发生，μC/OS-Ⅱ都会将一个32位的计数器加1。这个计数器在用户调用OSStart()初始化多任务或4,294,967,295个节拍执行完一遍的时候从0开始计数。在时钟节拍的频率等于100 Hz的时候，这个32位的计数器每隔497天就重新开始计数。用户可以通过调用OSTimeGet()来获得该计数器的当前值。也可以通过调用

OSTimeSet()来改变该计数器的值。在访问 OSTime 的时候中断是关掉的，这是因为在大多数 8 位处理器上增加和拷贝一个 32 位的数都需要数条指令，这些指令一般都需要一次执行完毕，而不能被中断等因素打断。

5.2.3 任务之间的通信与同步

对一个多任务的操作系统来说，任务间的通信和同步是必不可少的。μC/OS-Ⅱ中提供了 4 种同步对象，分别是信号量、邮箱、消息队列和事件。所有这些同步对象都有创建、等待、发送、查询的接口用于实现进程间的通信和同步。

(1) 事件控制块 ECB

所有的通信信号都被看成是事件(Event)，μC/OS-Ⅱ通过 uCOS_II. H 中定义的一个被称为事件控制块(ECB，Event Control Block)的数据结构 OS_EVENT 来表征每一个具体事件。事件控制块 ECB 用来维护一个事件控制块的所有信息，该结构中除了包含了事件本身的定义，如用于信号量的计数器，用于指向邮箱的指针以及指向消息队列的指针数组等，还定义了等待该事件的所有任务的列表。ECB 的数据结构如下：

```
typedef struct
{
    INT8U OSEventType;                    //事件类型
    INT8U OSEventGrp;                     //等待任务所在的组
    INT16U OSEventCnt;                    //当事件是信号量时的计数器
    void *OSEventPtr;                     //指向消息或消息队列的指针
    INT8U OSEventTbl[OS_EVENT_TBL_SIZE];//等待任务列表
}OS_EVENT;
```

ECB 反映了一种朴素的简化程序逻辑结构的思想。用统一的数据结构来描述对象的属性，再在处理程序里统一处理。对信号量/邮箱/消息队列的创建、维护都只是读写 ECB，在调度程序里，统一处理 ECB。

ECB 结构与 TCB 类似，使用两个链表，空闲链表与使用链表。对于事件控制块进行的一些通用操作包括：

① 初始化一个事件控制块；

② 将一个任务置就绪态；

③ 将一个任务置等待该事件发生的状态；

④ 由于等待超时而将一个任务置就绪态。

μC/OS-Ⅱ系统将上面的操作通过系统函数：OS_EventWaitListInit()，OS_EventTaskRdy()，OS_EventTaskWait()等来实现。这些函数是对内的，即这些函数可以被 μC/OS-Ⅱ调用，用户应用程序不可以直接调用这些函数。

(2) 信号量

μC/OS-Ⅱ系统中信号量由两部分组成，信号量的计数值和等待该信号任务的等待任务表。信号量的计数值可以为二进制，也可以是其他整数。信号量在多任务系统中用于控制共享资源的使用权，标志事件的发生，使两个任务的行为同步。

在使用一个信号量之前，首先要建立该信号量，也即调用 OSSemCreate()函数。

对信号量的初始计数值赋值。该初始值为 0 到 65 535 之间的一个数。如果信号量是用来表示一个或多个事件的发生,那么该信号量的初始值应该设为0;如果信号量是用于对共享资源的访问,那么该信号量的初始值应设为1;如果该信号量是用来表示允许任务,访问n个相同的资源,那么该初始值显然应该是n,并把该信号量作为一个可计数的信号量使用。

μC/OS-Ⅱ系统提供了五个对信号量进行操作的函数,分别是OSSemCreate(),OSSemPend(),OSSemPost(),OSSemAccept()和OSSemQuery()函数;他们分别用来建立一个信号量,等待一个信号量,发送一个信号量,无等待地请求一个信号量,查询一个信号量的当前状态。

系统通过OSSemPend()和OSSemPost()来支持信号量的两种原子操作P()和V()。P()操作减少信号量的值,如果新的信号量的值不大于0,则操作阻塞;V()操作增加信号量的值。

(3) 邮箱

邮箱是μC/OS-Ⅱ系统中另一种通信机制,它可以使一个任务或者中断服务子程序向另一个任务发送一个指针型的变量。该指针指向一个包含了特定"消息"的数据结构。为了在μC/OS-Ⅱ中使用邮箱,必须在OS_CFG.H文件中将OS_MBOX_EN常数置为1。

使用邮箱之前,必须先建立该邮箱。该操作可以通过调用OSMboxCreate()函数来完成,并且要指定指针的初始值。一般情况下,这个初始值是NULL,但也可以初始化一个邮箱,使其在最开始就包含一条消息。如果使用邮箱的目的是用来通知一个事件的发生,那么就要初始化该邮箱为NULL;如果用户用邮箱来共享某些资源,那么就要初始化该邮箱为一个非NULL的指针,此时邮箱被当成一个二值信号量使用。

μC/OS-Ⅱ提供了五种对邮箱的操作函数,分别是OSMboxCreate(),OSMboxPend(),OSMboxPost(),OSMboxAccept()和OSMboxQuery()函数;它们分别用来建立一个邮箱,等待一个邮箱中的消息,发送一个消息到邮箱中,无等待地从邮箱中得到一个消息,查询一个邮箱的状态。

(4) 消息队列

消息队列也是μC/OS-Ⅱ中的一种通信机制,它可以使一个任务或者中断服务子程序向另一个任务发送以指针方式定义的变量。因具体的应用有所不同,每个指针指向的数据结构变量也有所不同。为了使μC/OS-Ⅱ的消息队列功能,需要将在OS_CFG.H文件中OS_Q_EN常数设置为1,并且通过常数OS_MAX_QS来决定μC/OS-Ⅱ支持的最多消息队列数。

在使用一个消息队列之前,必须先建立该消息队列。这可以通过调用OSQCreate()函数,并定义消息队列中的消息来完成。μC/OS-Ⅱ提供了七个对消息队列进行操作的函数,分别是:OSQCreate(),OSQPend(),OSQPost(),OSQPostFront(),OSQAccept(),OSQFlush()和OSQQuery()函数。

5.2.4 内存管理

在ANSI C中可以用malloc()和free()两个函数动态地分配内存和释放内存。但是,在嵌入式实时操作系统中,多次这样做会把原来很大的一块连续内存区域逐渐地分割成许多非常小而且彼此又不相邻的内存区域,也就是内存碎片。由于这些碎片的大量存在,使得程序到后来连非常小的内存也分配不到。并且由于内存管理算法的原因,malloc()和free()

函数执行时间是不确定的。

在 μC/OS-Ⅱ中,操作系统把连续的大块内存按分区来管理。每个分区中包含有整数个大小相同的内存块。利用这种机制,μC/OS-Ⅱ对 malloc()和 free()函数进行了改进,使得它们可以分配和释放固定大小的内存块。这样,malloc()和 free()函数的执行时间就固定了。

在一个系统中可以有多个内存分区。这样,用户的应用程序就可以从不同的内存分区中得到不同大小的内存块。但是,特定的内存块在释放时必须重新放回它以前所属的内存分区。显然,采用这样的内存管理算法,上面的内存碎片问题就得到了解决。

(1) 内存控制块

为了便于内存的管理,在 μC/OS-Ⅱ中使用内存控制块(memory control blocks)的数据结构来跟踪每一个内存分区,系统中的每个内存分区都有它自己的内存控制块。

如果要在 μC/OS-Ⅱ中使用内存管理,需要在 OS_CFG. H 文件中将开关量 OS_MEM_EN 设置为 1。这样 μC/OS-Ⅱ在启动时就会对内存管理器进行初始化。该初始化主要建立一个内存控制块链表,其中的常数 OS_MAX_MEM_PART(见文件 OS_CFG. H)定义了最大的内存分区数,该常数值至少应为 2。

(2) 建立一个内存分区,OSMemCreate()

在使用一个内存分区之前,必须先建立该内存分区。这个操作可以通过调用 OSMemCreate()函数来完成。

(3) 分配一个内存块,OSMemGet()

应用程序可以调用 OSMemGet()函数从已经建立的内存分区中申请一个内存块。该函数的唯一参数是指向特定内存分区的指针,该指针在建立内存分区时,由 OSMemCreate()函数返回。显然,应用程序必须知道内存块的大小,并且在使用时不能超过该容量。例如,如果一个内存分区内的内存块为 32 字节,那么,应用程序最多只能使用该内存块中的 32 字节。当应用程序不再使用这个内存块后,必须及时把它释放,重新放入相应的内存分区中。

(4) 释放一个内存块,OSMemPut()

当用户应用程序不再使用一个内存块时,必须及时地把它释放并放回到相应的内存分区中。这个操作由 OSMemPut()函数完成。必须注意的是,OSMemPut()并不知道一个内存块是属于哪个内存分区的。例如,用户任务从一个包含 32 字节内存块的分区中分配了一个内存块,用完后,把它返还给了一个包含 120 字节内存块的内存分区。当用户应用程序下一次申请 120 字节分区中的一个内存块时,它会只得到 32 字节的可用空间,其他 88 字节属于其他的任务,这就有可能使系统崩溃。

(5) 查询一个内存分区的状态,OSMemQuery()

在 μC/OS-Ⅱ中,可以使用 OSMemQuery()函数来查询一个特定内存分区的有关消息。通过该函数可以知道特定内存分区中内存块的大小、可用内存块数和正在使用的内存块数等信息。所有这些信息都放在 OS_MEM_DATA 的数据结构中。

5.2.5 μC/OS 中的中断处理

μC/OS 中,中断服务子程序要使用汇编语言。但如果用户使用的 C 语言编译器支持在线汇编语言的话,用户可以直接将中断服务子程序代码放在 C 语言的程序文件中。

μC/OS-Ⅱ需要知道用户在进行中断服务，故用户应该调用OSIntEnter()，或者将全局变量OSIntNesting直接加1，如果用户使用的微处理器有存储器直接加1的单条指令的话。如果用户使用的微处理器没有这样的指令，必须先将OSIntNesting读入寄存器，再将寄存器加1，然后再写回到变量OSIntNesting中去，这就不如调用OSIntEnter()高效。OSIntNesting是共享资源。OSIntEnter()把上述三条指令用开中断、关中断保护起来，以保证处理OSIntNesting时的排他性。直接给OSIntNesting加1比调用OSIntEnter()快得多，可能时，直接加1更好。要注意的是，在有些情况下，从OSIntEnter()返回时，会把中断打开。遇到这种情况，在调用OSIntEnter()之前要先清中断源，否则，中断将连续反复进入，用户应用程序就会崩溃。

上述两步完成以后，用户可以开始服务于请求中断的设备了。μC/OS-Ⅱ允许中断嵌套，且跟踪嵌套层数OSIntNesting。然而，为允许中断嵌套，在多数情况下，用户应在开中断之前先清中断源。

调用脱离中断函数OSIntExit()标志着中断服务子程序的终结，OSIntExit()将中断嵌套层数计数器减1。当嵌套计数器减到零时，所有中断，包括嵌套的中断就都完成了，此时μC/OS-Ⅱ要判定有没有优先级较高的任务被中断服务子程序(或任一嵌套的中断)唤醒了。如果有优先级高的任务进入了就绪态，μC/OS-Ⅱ就返回到那个高优先级的任务，OSIntExit()返回到调用点。保存的寄存器的值是在这时恢复的，然后是执行中断返回指令。注意，如果调度被禁止了(OSIntNesting>0)，μC/OS-Ⅱ将被返回到被中断了的任务，如图5-3所示。

如果中断来到了但还不能被CPU识别，也许是由于中断被μC/OS-Ⅱ或用户应用程序关闭了，或者是由于CPU还没执行完当前指令。一旦CPU响应了这个中断，CPU的中断向量(至少大多数微处理器是如此)将跳转到中断服务子程序。如上所述，中断服务子程序保存CPU寄存器(也称为CPU context)，一旦做完，用户中断服务子程序通知μC/OS-Ⅱ进入中断服务子程序，方法是调用OSIntEnter()或者给OSIntNesting直接加1。然后用户中断服务代码开始执行。用户中断服务中做的事要尽可能地少，要把大部分工作留给任务去做。中断服务子程序通知某任务去做事的方法是调用以下函数之一：OSMboxPost()，OSQPost()，OSQPostFront()，OSSemPost()。中断发生并由上述函数发出消息时，接收消息的任务可能是挂起在邮箱、队列或信号量上的任务。用户中断服务完成以后，要调用OSIntExit()。从时序图上可以看出，对被中断了的任务来说，如果没有高优先级的任务被中断服务子程序激活而进入就绪态，OSIntExit()只占用很短的运行时间。进而，在这种情况下，CPU寄存器只是简单地恢复并执行中断返回指令。如果中断服务子程序使一个高优先级的任务进入了就绪态，则OSIntExit()将占用较长的运行时间，因为这时要进行任务切换。新任务的寄存器内容要恢复并执行中断返回指令。

OSIntExit()看起来非常像OSSched()但它们有三点不同之处：第一点，OSIntExit()使中断嵌套层数减1而调度函数OSSched()的调度条件是中断嵌套层数计数器和锁定嵌套计数器(OSLockNesting)二者都必须是零。第二点，OSRdyTbl[]所需的检索值Y是保存在全程变量OSIntExitY中的。这是为了避免在任务栈中安排局部变量。这个变量在哪儿和中断任务切换函数OSIntCtxSw()有关，(见中断任务切换函数)。最后一点，如果需要做任务切换，OSIntExit()将调用OSIntCtxSw()而不是调用OS_TASK_SW()，正如在OSSched()函

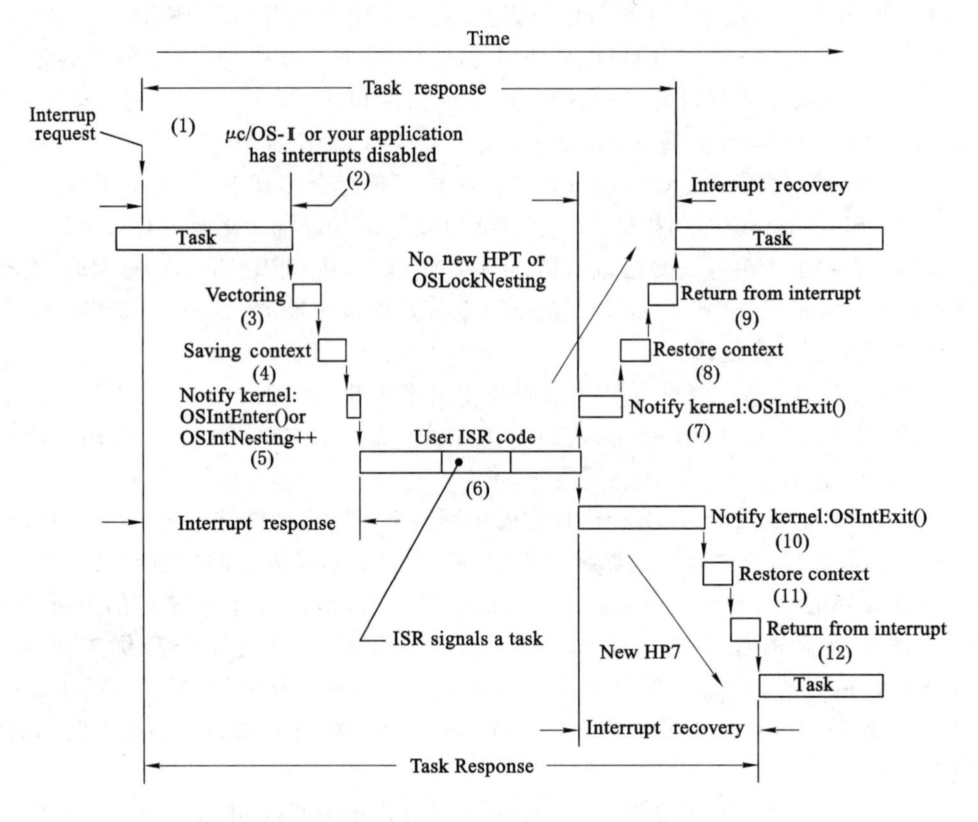

图 5-3　中断服务

数中那样。

调用中断切换函数 OSIntCtxSw()而不调用任务切换函数 OS_TASK_SW()有以下原因：首先，如图 5-4 所示，一半的工作，即 CPU 寄存器入栈的工作已经做完了；其次，在中断服务子程序中调用 OSIntExit()时，将返回地址推入了堆栈。OSIntExit()中的进入临界段函数 OS_ENTER_CRITICAL()或许将 CPU 的状态字也推入了堆栈，这取决于中断是怎么被关掉的；最后，调用 OSIntCtxSw()时的返回地址又被推入了堆栈，除了栈中不相关的部分，当任务挂起时，栈结构应该与 μC/OS-Ⅱ 所规定的完全一致。OSIntCtxSw()只需要对栈指针进行简单调整，如图 5-4 所示。换句话说，调整栈结构要保证所有挂起任务的栈结构看起来是一样的。

有的微处理器，如 Motorola 68HC11 中断发生时 CPU 寄存器是自动入栈的，且要想允许中断嵌套的话，在中断服务子程序中要重新开中断，这可以视作一个优点。确实，如果用户中断服务子程序执行得非常快，用户不需要通知任务自身进入了中断服务，只要不在中断服务期间开中断，也不需要调用 OSIntEnter()或 OSIntNesting 加 1。一个任务和这个中断服务子程序通信的唯一方法是通过全程变量。

5.2.6　μC/OS-Ⅱ 初始化

在调用 μC/OS-Ⅱ 的任何其他服务之前，μC/OS-Ⅱ 要求用户首先调用系统初始化函数 OSInit()。OSInit()初始化 μC/OS-Ⅱ 所有的变量和数据结构(见 OS_CORE. C)。

OSInit()建立空闲任务 idle task，这个任务总是处于就绪态的。空闲任务

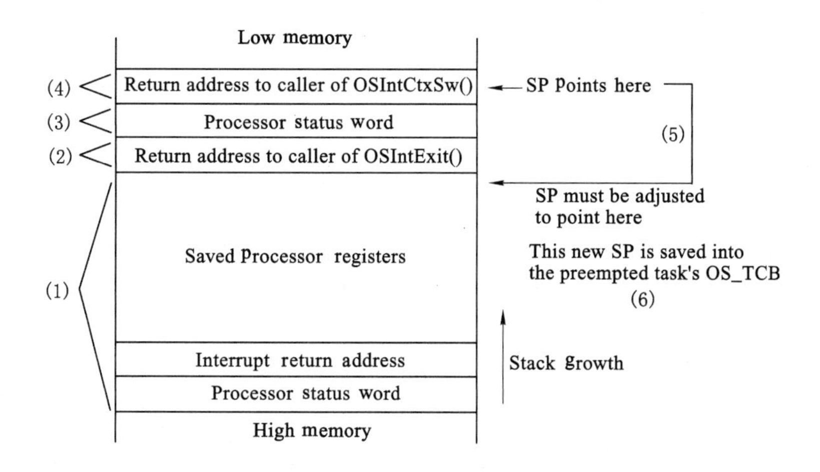

图 5-4　中断中的任务切换函数 OSIntCtxSw()对栈结构的调整

OSTaskIdle()的优先级总是设成最低，即 OS_LOWEST_PRIO。如统计任务允许变量 OS_TASK_STAT_EN 和任务建立扩展允许变量都设为 1，则 OSInit()还得建立统计任务 OSTaskStat()并且让其进入就绪态。OSTaskStat 的优先级总是设为 OS_LOWEST_PRIO－1。

图 5-5 表示调用 OSInit()之后，一些 μC/OS-Ⅱ变量和数据结构之间的关系。其解释是基于以下假设的：

① 在文件 OS_CFG. H 中，OS_TASK_STAT_EN 是设为 1 的。

② 在文件 OS_CFG. H 中，OS_LOWEST_PRIO 是设为 63 的。

③ 在文件 OS_CFG. H 中，最多任务数 OS_MAX_TASKS 是设成大于 2 的。

以上两个任务的任务控制块(OS_TCBs)是用双向链表链接在一起的。OSTCBList 指向这个链表的起始处。当建立一个任务时，这个任务对应的任务控制块总是被放在这个链表的起始处。换句话说，OSTCBList 总是指向最后建立的那个任务。链的终点指向空字符 NULL(也就是零)。

因为这两个任务都处在就绪态，在就绪任务表 OSRdyTbl[]中的相应位是设为 1 的。还有，因为这两个任务的相应位是在 OSRdyTbl[]的同一行上，即属同一组，故 OSRdyGrp 中只有 1 位是设为 1 的。

μC/OS-Ⅱ还初始化了 4 个空数据结构缓冲区，如图 5-6 所示。每个缓冲区都是单向链表，允许 μC/OS-Ⅱ从缓冲区中迅速得到或释放一个缓冲区中的元素。注意，空任务控制块在空缓冲区中的数目取决于最多任务数 OS_MAX_TASKS，这个最多任务数是在 OS_CFG. H 文件中定义的。μC/OS-Ⅱ自动安排总的系统任务数 OS_N_SYS_TASKS(见文件 μC/OS-Ⅱ. H)，控制块 OS_TCB 的数目也就自动确定了，当然，这也包括有足够的任务控制块分配给统计任务和空闲任务。

5.2.7　μC/OS-Ⅱ的启动

多任务的启动是用户通过调用 OSStart()实现的。然而，启动 μC/OS-Ⅱ之前，用户至少要建立一个应用任务。

当调用 OSStart()时，OSStart()从任务就绪表中找出那个用户建立的优先级最高任务

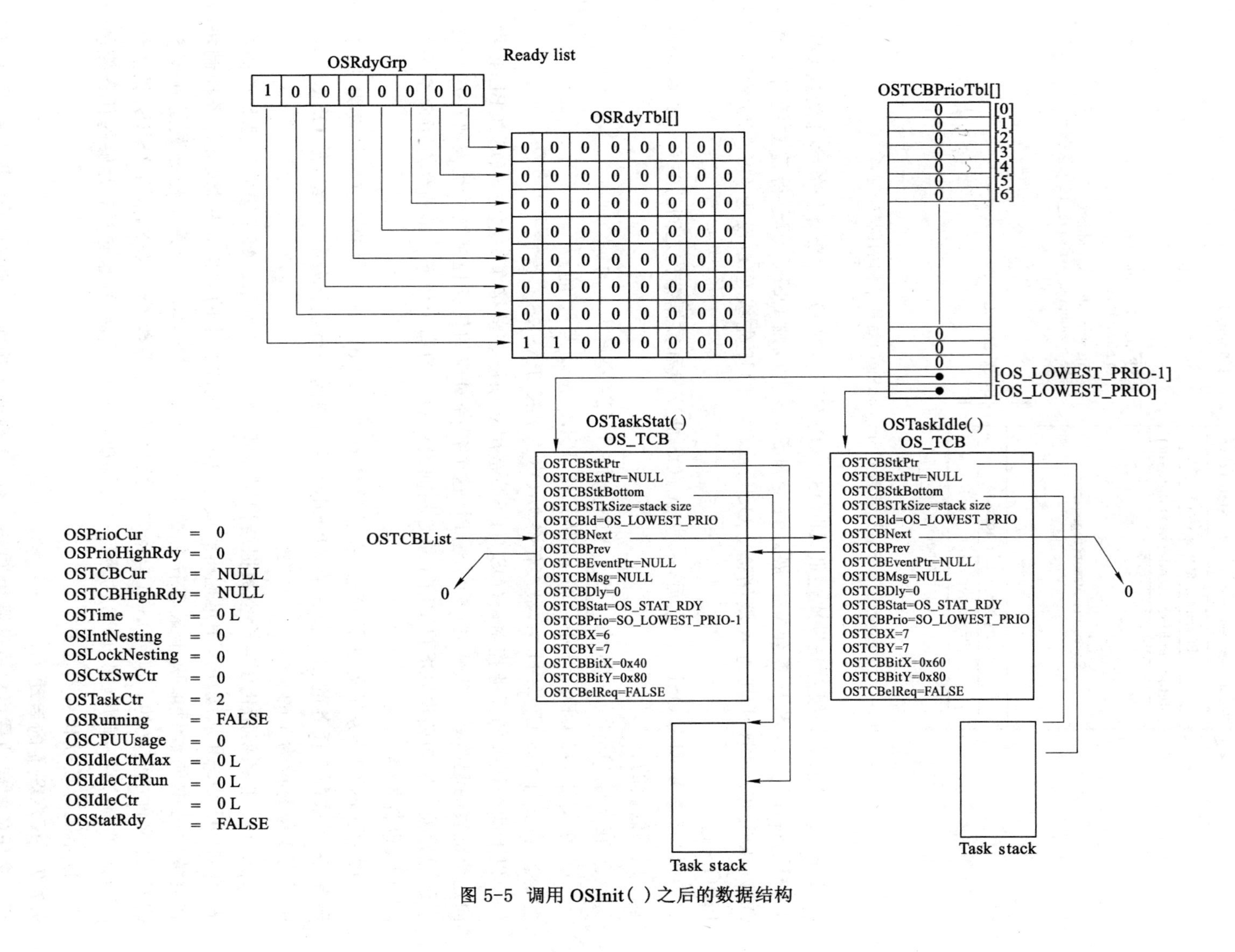

图 5-5 调用 OSInit( )之后的数据结构

的任务控制块。然后，OSStart()调用高优先级就绪任务启动函数 OSStartHighRdy()。实质上，函数 OSStartHighRdy()是将任务栈中保存的值弹回到 CPU 寄存器中，然后执行一条中断返回指令，中断返回指令强制执行该任务代码。注意，OSStartHighRdy()将永远不返回到 OSStart()。

多任务启动以后变量与数据结构中的内容如图 5-7 所示。这里假设用户建立的任务优先级为 6，注意，OSTaskCtr 指出已经建立了 3 个任务。OSRunning 已设为"真"，指出多任务已经开始，OSPrioCur 和 OSPrioHighRdy 存放的是用户应用任务的优先级，OSTCBCur 和 OSTCBHighRdy 二者都指向用户任务的任务控制块。

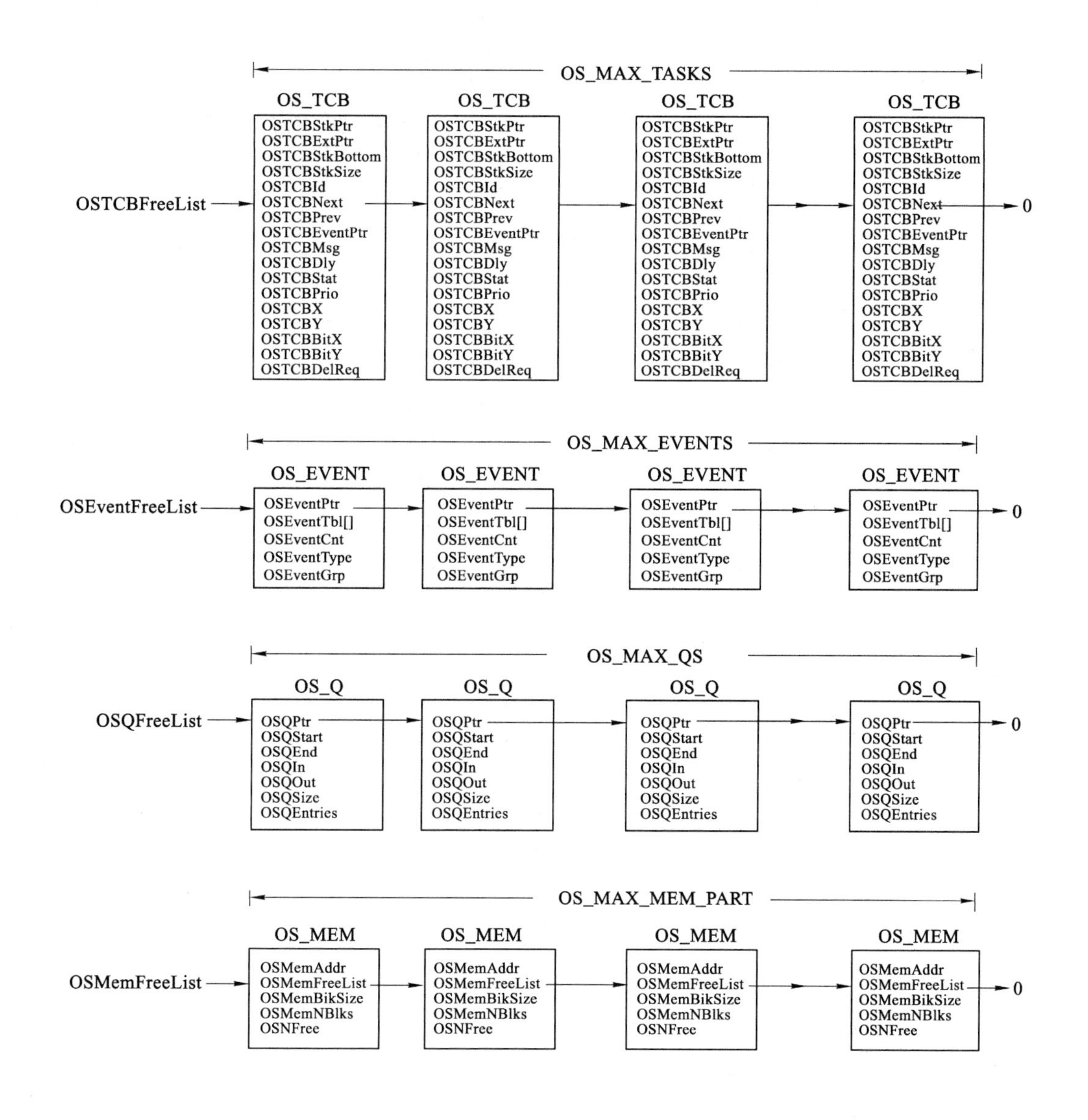

图 5-6　空缓冲区

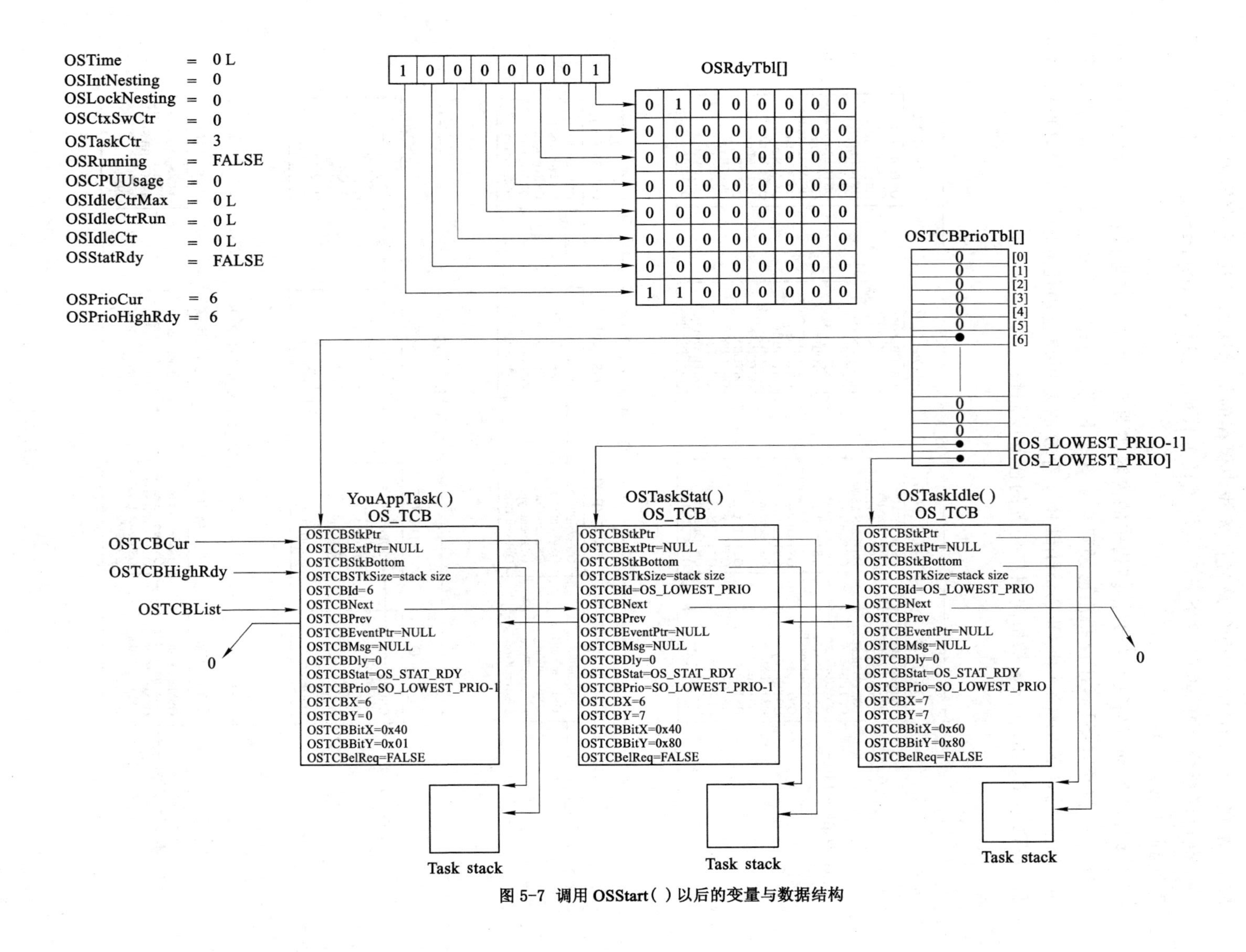

图 5-7 调用 OSStart( ) 以后的变量与数据结构

5.3　μC/OS-Ⅱ在 Cortex-M3 上的移植

μC/OS-Ⅱ可以简单地看做是一个多任务调度器，在这个任务调度器上完善地添加了与多任务操作系统相关的一些系统服务，如信号量、邮箱等。其 90％的代码是用 C 语言写的，可以直接移植到有 C 语言编译器的处理器上。移植工作主要都集中在多任务切换的实现上，因为这部分代码是用来保存和恢复 CPU 现场的(即写/读相关寄存器)，不能用 C 语言，只能使用汇编语言完成。将 μC/OS-Ⅱ移植到 ARM 处理器上，需要修改 3 个与 ARM 体系结构相关的文件。以下分别介绍这 3 个文件的移植工作。

移植工作主要需要修改 3 个文件：os_cpu. h、os_cpu_c. c 和 os_cpu_a. asm。

5.3.1　os_cpu. h

OS_CPU. H 包括了用＃defines 定义的与处理器相关的常量，宏和类型定义。OS_CPU. H 的大体结构代码清单如下所示。

```
# ifdef  OS_CPU_GLOBALS
# define OS_CPU_EXT
# else
# define OS_CPU_EXT  extern
# endif
/* * * * * * * * * * * * * * * * * * * * * * * * * * * * * * * * * * *
* 数据类型
*                              (与编译器相关)
* * * * * * * * * * * * * * * * * * * * * * * * * * * * * * * * * * * * /
typedef unsigned char  BOOLEAN;
typedef unsigned char  INT8U;     /* 无符号 8 位整数       */
typedef signed   char  INT8S;     /* 有符号 8 位整数       */
typedef unsigned int   INT16U;    /* 无符号 16 位整数      */
typedef signed   int   INT16S;    /* 有符号 16 位整数      */
typedef unsigned long  INT32U;    /* 无符号 32 位整数      */
typedef signed   long  INT32S;    /* 有符号 32 位整数      */
typedef float          FP32;      /* 单精度浮点数          */
typedef double         FP64;      /* 双精度浮点数          */
typedef unsigned int   OS_STK;    /* 堆栈入口宽度为 16 位 */
/* * * * * * * * * * * * * * * * * * * * * * * * * * * * * * * * * * *
* 与处理器相关的代码
* * * * * * * * * * * * * * * * * * * * * * * * * * * * * * * * * * * * /
# define  OS_ENTER_CRITICAL()     /* 进入临界段* /
# define  OS_EXIT_CRITICAL()      /* 退出临界段* /
# define  OS_STK_GROWTH 1         /* 定义堆栈的增长方向:1=向下,0=向上* /
# define  OS_TASK_SW()
```

因为不同的微处理器有不同的字长，所以 μC/OS-Ⅱ的移植包括了一系列的类型定义以确保其可移植性。尤其是 μC/OS-Ⅱ代码不使用 C 的 short，int 和 long 等数据类型，因为它们是与编译器相关的，不可移植。OS_CPU. H 定义的数据结构既是可移植的又是直观的，例如 INT16U 数据类型总是代表 16 位的无符号整数。将 μC/OS-Ⅱ移植到 32 位的处理器上也就意味着 INT16U 实际被声明为无符号短整型数据结构而不是无符号整型数据结构。但是，μC/OS-Ⅱ所处理的仍然是 INT16U。与所有的实时内核一样，μC/OS-Ⅱ需要先禁止中断再访问代码的临界段，并且在访问完毕后重新允许中断。这就使得 μC/OS-Ⅱ能够保护临界段代码免受多任务或中断服务例程(ISRs)的破坏。中断禁止时间是商业实时内核公司提供的重要指标之一，因为它将影响到用户的系统对实时事件的响应能力。虽然 μC/OS-Ⅱ尽量使中断禁止时间达到最短，但是 μC/OS-Ⅱ的中断禁止时间还主要依赖于处理器结构和编译器产生的代码的质量。通常每个处理器都会提供一定的指令来禁止/允许中断，因此用户的 C 编译器必须要有一定的机制来直接从 C 中执行这些操作。有些编译器能够允许用户在 C 源代码中插入汇编语言声明。这样就使得插入处理器指令来允许和禁止中断变得很容易了。其它一些编译器实际上包括了语言扩展功能，可以直接从 C 中允许和禁止中断。为了隐藏编译器厂商提供的具体实现方法，μC/OS-Ⅱ定义了两个宏来禁止和允许中断：OS_ENTER_CRITICAL()和 OS_EXIT_CRITICAL()。

执行这两个宏的第一个也是最简单的方法是在 OS_ENTER_CRITICAL()中调用处理器指令来禁止中断，以及在 OS_EXIT_CRITICAL()中调用允许中断指令。但是，在这个过程中还存在着小小的问题。如果用户在禁止中断的情况下调用 μC/OS-Ⅱ函数，在从 μC/OS-Ⅱ返回的时候，中断可能会变成是允许的了！如果用户禁止中断就表明用户想在从 μC/OS-Ⅱ函数返回的时候中断还是禁止的。在这种情况下，光靠这种执行方法可能是不够的。

执行 OS_ENTER_CRITICAL()的第二个方法是先将中断禁止状态保存到堆栈中，然后禁止中断。而执行 OS_EXIT_CRITICAL()的时候只是从堆栈中恢复中断状态。如果用这个方法的话，不管用户是在中断禁止还是允许的情况下调用 μC/OS-Ⅱ服务，在整个调用过程中都不会改变中断状态。如果用户在中断禁止的时候调用 μC/OS-Ⅱ服务，其实用户是在延长应用程序的中断响应时间。用户的应用程序还可以用 OS_ENTER_CRITICAL()和 OS_EXIT_CRITICAL()来保护代码的临界段。但是，用户在使用这种方法的时候还得十分小心，因为如果用户在调用象 OSTimeDly()之类的服务之前就禁止中断，很有可能用户的应用程序会崩溃。发生这种情况的原因是任务被挂起直到时间期满，而中断是禁止的，因而用户不可能获得节拍中断。很明显，所有的 PEND 调用都会涉及到这个问题，用户得十分小心。一个通用的办法是用户应该在中断允许的情况下调用 μC/OS-Ⅱ的系统服务。

通常绝大多数的微处理器和微控制器的堆栈是从上往下长的。但是某些处理器是用另外一种方式工作的。μC/OS-Ⅱ被设计成两种情况都可以处理，只要在结构常量 OS_STK_GROWTH 中指定堆栈的生长方式就可以了。

OS_TASK_SW()是一个宏，它是在 μC/OS-Ⅱ从低优先级任务切换到最高优先级任务时被调用的。OS_TASK_SW()总是在任务级代码中被调用的。另一个函数 OSIntExit()

被用来在 ISR 使得更高优先级任务处于就绪状态时，执行任务切换功能。任务切换只是简单的将处理器寄存器保存到将被挂起的任务的堆栈中，并且将更高优先级的任务从堆栈中恢复出来。

在 μC/OS-Ⅱ中，处于就绪状态的任务的堆栈结构看起来就像刚发生过中断并将所有的寄存器保存到堆栈中的情形一样。换句话说，μC/OS-Ⅱ要运行处于就绪状态的任务必须要做的事就是将所有处理器寄存器从任务堆栈中恢复出来，并且执行中断的返回。为了切换任务可以通过执行 OS_TASK_SW()来产生中断。大部分的处理器会提供软中断或是陷阱(TRAP)指令来完成这个功能。ISR 或是陷阱处理函数(也叫做异常处理函数)的向量地址必须指向汇编语言函数 OSCtxSw()。

5.3.2　os_cpu_c.c

这个文件里面有 9 个钩子函数和一个堆栈初始化函数。钩子函数是为了扩展函数的功能，钩子函数为第三方软件开发人员提供扩充软件功能的入口点，用得到就往里面加入自己设计的代码，不需要就不用设置。OS_CPU_C.C 移植需要定义以下函数：

```
OSTaskStkInit();
OSTaskCreateHook();
OSTaskDelHook();
OSTaskSwHook();
OSTaskIdleHook();
OSTaskStatHook();
OSTimeTickHook();
OSInitHookBegin();
OSInitHookEnd();
OSTCBInitHook();
```

这些函数都是一些钩子函数，一般由用户拓展。如果要用到这些钩子函数，需要在 OS_CFG.H 中定义 OS_CPU_HOOKS_EN 为 1。只有 OSTaskStkInit()函数在 μC/OS-Ⅱ中是必要的，另外 9 个函数是必须声明，但不包含任何代码，只是为了拓展你的系统功能而已。

(1) 任务堆栈初始化 OSTaskStkInit()

OSTaskStkInit()被 OSTaskCreate()调用，该函数初始化正在创建的任务的堆栈帧。当 uC/OS-Ⅱ创建一个任务时，它使任务的堆栈看起来好像刚发生中断，模拟中断将任务的现场保存到任务堆栈中的情形。以下列出了 Cortex-M3 上的 OSTaskStkInit()代码。

```
OS_STK*OSTaskStkInit (void (*task)(void*pd), void*p_arg,
                     OS_STK*ptos, INT16U opt)
{
  OS_STK*stk;
  (void)opt;      //'opt'并没有用到，防止编译器提示警告
  stk=ptos;       //加载栈指针
  /* 中断后 xPSR,PC,LR,R12,R3-R0 被自动保存到栈中* /
  *(stk)=(INT32U)0x01000000L;     //xPSR
```

```
    *(--stk)=(INT32U)task;           //任务入口 (PC)
    *(--stk)=(INT32U)0xFFFFFFFEL;    //R14 (LR)
    *(--stk)=(INT32U)0x12121212L;    //R12
    *(--stk)=(INT32U)0x03030303L;    //R3
    *(--stk)=(INT32U)0x02020202L;    //R2
    *(--stk)=(INT32U)0x01010101L;    //R1
    *(--stk)=(INT32U)p_arg;          //R0:变量
    /* 剩下的寄存器需要手动保存在堆栈 * /
    *(--stk)=(INT32U)0x11111111L;    //R11
    *(--stk)=(INT32U)0x10101010L;    //R10
    *(--stk)=(INT32U)0x09090909L;    //R9
    *(--stk)=(INT32U)0x08080808L;    //R8
    *(--stk)=(INT32U)0x07070707L;    //R7
    *(--stk)=(INT32U)0x06060606L;    //R6
    *(--stk)=(INT32U)0x05050505L;    //R5
    *(--stk)=(INT32U)0x04040404L;    //R4
    return (stk);
}
```

在用户建立任务的时候,用户会传递任务的地址,pdata 指针,任务的堆栈栈顶和任务的优先级给 OSTaskCreate()和 OSTaskCreateExt()。虽然 OSTaskCreateExt()还要求有其他的参数,但这些参数在讨论 OSTaskStkInt()的时候是无关紧要的。为了正确初始化堆栈结构,OSTaskStkInt()只要求刚才提到的前三个参数和一个附加的选项,这个选项只能在 OSTaskCreateExt()中得到。

如果想从其他的函数中调用用户任务 MyTask(),C 编译器就会先将调用 MyTask()的函数的返回地址保存到堆栈中,再将参数保存到堆栈中。实际上有些编译器会将 pdata 参数传至一个或多个寄存器中。假定 pdata 会被编译器保存到堆栈中,OSTaskStkInit()就会简单的模仿编译器的这种动作,将 pdata 保存到堆栈中。

这时,用户需要将寄存器保存到堆栈中,当处理器发现并开始执行中断的时候,它会自动地完成该过程的。一些处理器会将所有的寄存器存入堆栈,而其他一些处理器只将部分寄存器存入堆栈。一般而言,处理器至少得将程序计数器的值(中断返回地址)和处理器的状态字存入堆栈。处理器是按一定的顺序将寄存器存入堆栈的,而用户在将寄存器存入堆栈的时候也就必须依照这一顺序。

接着,需要将剩下的处理器寄存器保存到堆栈中。保存的命令依赖于用户的处理器是否允许用户保存它们。有些处理器用一个或多个指令就可以马上将许多寄存器都保存起来。用户必须用特定的指令来完成这一过程。

一旦用户初始化了堆栈,OSTaskStkInit()就需要返回堆栈指针所指的地址。OSTaskCreate()和 OSTaskCreateExt()会获得该地址并将它保存到任务控制块(OS_TCB)中。处理器文档会告诉用户堆栈指针会指向下一个堆栈空闲位置,还是会指向最后存入数据的堆栈单元位置。

栈初始化后，各寄存器的初始值如 5-8 所示。

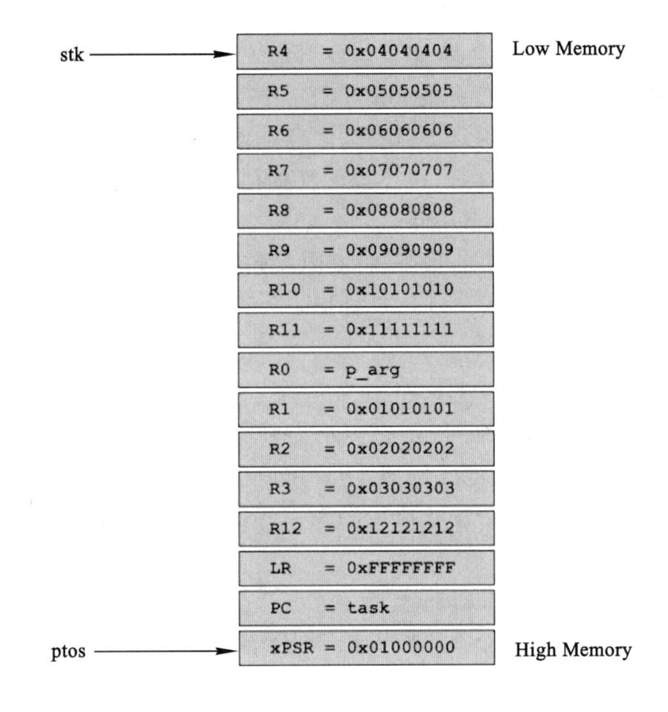

图 5-8　栈初始化后各寄存器的初始值

(2) 任务建立接口 OSTaskCreateHook()

当用 OSTaskCreate() 或 OSTaskCreateExt() 建立任务的时候就会调用 OSTaskCreateHook()。该函数允许用户或使用用户的移植实例的用户扩展 μC/OS-Ⅱ的功能。当 μC/OS-Ⅱ设置完了自己的内部结构后，会在调用任务调度程序之前调用 OSTaskCreateHook()。该函数被调用的时候中断是禁止的。因此用户应尽量减少该函数中的代码以缩短中断的响应时间。

当 OSTaskCreateHook()被调用的时候，它会收到指向已建立任务的 OS_TCB 的指针，这样它就可以访问所有的结构成员了。当使用 OSTaskCreate() 建立任务时，OSTaskCreateHook()的功能是有限的。但当用户使用 OSTaskCreateExt()建立任务时，用户会得到 OS_TCB 中的扩展指针(OSTCBExtPtr)，该指针可用来访问任务的附加数据，如浮点寄存器，MMU 寄存器，任务计数器的内容，以及调试信息。

(3) 任务删除接口 OSTaskDelHook()

当任务被删除的时候就会调用 OSTaskDelHook()。该函数在把任务从 μC/OS-Ⅱ的内部任务链表中解开之前被调用。当 OSTaskDelHook()被调用的时候，它会收到指向正被删除任务的 OS_TCB 的指针，这样它就可以访问所有的结构成员。OSTaskDelHook()可以用来检验 TCB 扩展是否被建立了(一个非空指针)并进行一些清除操作，OSTaskDelHook 调用时，中断是关闭的，函数太长会影响中断响应时间。OSTaskDelHook()不返回任何值。

(4) 任务切换接口 OSTaskSwHook()

当发生任务切换的时候调用 OSTaskSwHook()。不管任务切换是通过 OSCtxSw()还是 OSIntCtxSw()来执行的都会调用该函数。OSTaskSwHook()可以直接访问 OSTCBCur 和 OSTCBHighRdy,因为它们是全局变量。OSTCBCur 指向被切换出去的任务的 OS_TCB,而 OSTCBHighRdy 指向新任务的 OS_TCB。注意在调用 OSTaskSwHook()期间中断一直是被禁止的,因为代码的多少会影响到中断的响应时间,所以用户应尽量使代码简化。OSTaskSwHook()没有任何参数,也不返回任何值。

(5) 空闲任务接口 OSTaskIdleHook()

很多微处理器都允许执行相应的指令,将 CPU 置于低功耗模式,而当接收到中断信号时,CPU 就会自动退出低功耗模式。OS_TaskIdle()函数可以调用 OSTaskIdleHook()来实现 CPU 的这种低功耗模式。

(6) 统计任务接口 OSTaskStatHook()

OSTaskStatHook()每秒钟都会被 OSTaskStat()调用一次。用户可以用 OSTaskStatHook()来扩展统计功能。例如,用户可以保持并显示每个任务的执行时间,每个任务所用的 CPU 份额,以及每个任务执行的频率等等。OSTaskStatHook()没有任何参数,也不返回任何值。

(7) 时钟节拍接口 OSTimeTickHook()

OSTaskTimeHook()在每个时钟节拍都会被 OSTaskTick()调用。实际上,OSTaskTimeHook()是在节拍被 μC/OS-Ⅱ真正处理,并通知用户的移植实例或应用程序之前被调用的。OSTaskTimeHook()没有任何参数,也不返回任何值。

(8) 系统初始化开始接口 OSInitHookBegin()

进入 OSInit()函数后,OSInitHookBegin 就会被调用,添加这个函数的原因在于想把与 OS 有关的初始化代码也放在 OSInti()函数中,这个函数使得用户可以将自己特定的代码也放在 OSInit()函数中。

(9) 系统初始化结束接口 OSInitHookEnd()

OSInitHookEnd 与 OSInitHookBegin 相似,只是他在 OSInit()函数返回之前被调用,添加这个函数的原因与 OSInitHookBegin 是一样的。

(10) 控制块初始化接口 OSTCBInitHook()

任务创建时 OSCreate()与 OSCreateExt()调用 OS_TCBInit,OS_TCBInit 会在调用 OSTaskCreateHook 前调用 OSTCBInitHook ,用户可以在 OSTCBInitHook 函数中做一些与初始化控制块 OS_TCB 有关的处理,在 OSTaskCreateHook 中做一些与初始化任务有关的处理;OSTCBInitHook 收到的 ptcb 参数指向新添加任务的任务控制块的指针,而这个新添加任务的任务控制块绝大部分已经初始化完成,但是还没有链接到已经建立任务的链表中。

5.3.3 os_cpu_a.asm

OS_CPU_A.ASM 包含特定处理器相关的三个函数代码,必须以汇编语言实现:OSStartHighRdy()、OSCtxSw()和 OSIntCtxSw()。此外,Cortex-M3 还需要定义 PendSV 异常处理函数 OS_CPU_PendSVHandler()。

(1) OSStartHighRdy()

OSStartHighRdy()被 OSStart()调用,用来启动多任务环境。μC/OS-Ⅱ将切换到就绪的最高优先任务。以下列出了 Cortex-M3 上 OSStartHighRdy()的代码。

```
OSStartHightRdy
    LDR     R0 , =NVIC_SYSPRI14                                   (1)
    LDR     R1 , =NVIC_PENDSV_PRI
    STRB    R1 , [R0]
    MOVS    R0 , #  0
    LDR     R0 , =NVIC_INT_CTRL                                   (2)
    LDR     R1 , =NVIC_PENDSVSET
    STR     R1 , [R0]
    CPSIE  I                                                      (3)
    OSStartHang
    B       OSStartHang                                           (4)
```

① OSStartHighRdy()首先设置 PendSV 中断处理程序的优先级。PendSV 处理程序用来执行所有上下文切换，始终设为最低优先级。因此，它将在最后嵌套的 ISR 完成之后执行。

② 软件“触发”PendSV 中断处理程序。然而，PendSV 不会立即执行，因为中断是关闭的。

③ 使能中断，这将导致 Cortex-M3 处理器跳转到 PendSV 处理程序(稍后介绍)。

④ PendSV 处理程序将控制权传递给创建的优先级最高的任务，代码永远不会返回 OSStartHighRdy()。

(2) OSCtxSw()和 OSIntCtxSw()

OSCtxSw()被 OSSched()调用，OS_Sched0()执行任务级的上下文切换。OSIntCtxSw()被 OSIntExit()调用，在中断服务 ISR 完成后，执行上下文切换。这些函数只是“触发”PendSV 中断处理程序，并不执行真正的上下文切换。以下显示了 Cortex-M3 上 OSCtxSw()和 OSIntCtxSw()的代码。

```
OSCtxSw
    LDR       R0 , =NVIC_INT_CTRL
    LDR       R1 , =NVIC_PENDSVET
    STR       R1 , [R0]
    BS       LR
OSIntCtxSw
    LDR       R0 , =NVIC_INT_CTRL
    LDR       R1 , =NVIC_PENDSVSET
    STR       R1 , [R0]
    BX       LR
```

(3) OS_CPU_PendSVHandler()

OS_CPU_PendSVHandler()用于在任务中，或在完成中断服务 ISR 后，执行上下文切换。OS_CPU_PendSVHandler()被 OSStartHighRdy()、OSCtxSW()和 OSIntCtxSw()调用。以下显示了 Cortex-M3 中 OS_CPU_PendSVHandler()的代码。

```
OS_CPU_PendSVHandler
     CPSID      I                                                 (1)
```

```
    MRS         R0 , PSP                                    (2)
    CBZ         R0 , OS_CPU_PendSVHandler_nosave
    SUBS        R0 , R0 , # 0x20                            (3)
    STM         R0 , {R4-R11}
    LDR         R1 , =OSTCBCurPtr                           (4)
    LDR         R1 , [R1]
    STR         R0 , [R1]
OS_CPU_PendSVHandler_nosave
    PUSH        {R14}
    LDR         R0 , =OSTaskSwHook                          (5)
    BLX         R0
    POP         {R14}
    LDR         R0 , =OSPrioCur                             (6)
    LDR         R1 , =OSPrioHighRdy
    LDRB        R2 , [R1]
    STRB        R2 , [R0]
    LDR         R0 , =OSTCBCurPtr                           (7)
    LDR         R1 , =OSTCBHighRdyPtr
    LDR         R2 , [R1]
    STR         R2 , [R0]
    LDR         R0 , [R2]                                   (8)
    LDM         R0 , { R4-R11}                              (9)
    ADDS        R0 , R0 ,# 0x20
    MSR         PSP , R0                                    (10)
    ORR         LR , LR , # 0x04
    CPSIE       I                                           (11)
    BX          LR                                          (12)
```

① 在上下文切换时，不能产生中断，因此 OS_CPU_PendSVHandler()首先禁止所有的中断。

② 如果 PendSV 是第一次被调用，将跳过保存余下的 8 个寄存器的代码。也就是说，当 OSStartHighRdy()触发 PendSV 中断处理程序时，由于没有抢占的任务，不需要保存“当前任务”的现场。

③ 如果 OS_CPU_PendSVHandler()被 OSCtxSw()或 OSIntCtxSw()调用，PendSV 中断处理程序将保存剩余的 8 个 CPU 寄存器(R4～R11)到被抢占的任务的堆栈。

④ OS_CPU_PendSVHandler()保存被抢占的任务堆栈指针到该任务的任务控制块 OS_TCB 中。注意 OS_TCB 的第一个字段是 StkPtr(任务的堆栈指针)，因此不需要计算偏移。这使得汇编语言代码可以方便地访问任务的堆栈指针。

⑤ 调用任务切换钩子函数(OSTaskSwHook())。

⑥ OS_CPU_PendSVHandler()将新任务的优先级复制到当前优先级，即：

OSPrioCur = OSPrioHighRdy;

⑦ OS_CPU_PendSVHandler()将新任务的 OS_TCB 指针复制当前任务的 OS_TCB 指针。即:OSTCBCurPtr = OSTCBHighRdyPtr ;

⑧ OS_CPU_PendSVHandler()在新任务的 OS_TCB 中获取堆栈指针。

⑨ 加载新任务的 CPU 寄存器 R4～R11。

⑩ 更新任务的堆栈栈顶指针。

⑪ 由于已完成上下文切换的临界段代码,重新使能中断。在 PendSV 中断处理程序返回之前,如果另一个中断发生,Cortex-M3 知道 8 个寄存器已经保存在堆栈中,没有必要再保存它们,称为尾链中断。它使 Cortex-M3 背靠背中断服务的效率更高。

⑫ 执行 PendSV 中断处理程序返回。Cortex-M3 处理器知道从中断返回,从而自动恢复剩余的寄存器。

5.4　μC/OS-Ⅱ应用程序开发

μC/OS-Ⅱ是一个容易学习、结构简单、功能完备和实时性很强的嵌入式操作系统内核,适合于各种嵌入式应用以及教学和科研。目前,它支持 x86、ARM、PowerPC、MIPS 等众多体系结构,并有上百个商业的应用实例,其稳定性和可用性是经过实践验证的。既然是一个操作系统的内核,那么一旦使用,就会涉及到如何基于操作系统设计应用软件的问题。

5.4.1　系统初始化

系统的初始化部分包括下面 2 个级别的操作:① 系统运行环境初始化,包括异常中断向量初始化、数据栈初始化以及 IO 初始化等。② 应用程序初始化,例如 C 语言变量的初始化等。

5.4.1.1　系统运行环境的初始化

对于有操作系统支持的应用系统,在操作系统启动时将会初始化系统的运行环境。操作系统在加载应用程序后,将控制权转交到应用程序的 main()函数。然后由 C 语言运行时库中的_main()初始化应用程序。

系统运行环境的初始化主要包括下面的内容。

① 标识整个代码的初始入口点。

② 设置异常中断向量表。

③ 初始化存储系统。

④ 初始化各模式下的数据栈。

⑤ 初始化一些关键的 I/O 接口。

⑥ 初始化异常中断需要使用的 RAM 变量。

⑦ 使能异常中断。

⑧ 如果需要的话,切换处理器模式。

⑨ 如果需要的话,切换处理器状态。

5.4.1.2　应用程序初始化

应用程序的初始化包括以下两方面内容。

(1) 将已经初始化的数据搬运到可写的数据区

在嵌入式系统中,已经初始化的数据在映像文件运行之前通常保存在 ROM 中,在程序运行过程中这些数据可能需要被修改。因而,在映像文件运行之前需要将这些数据搬运到可写的数据区,这部分数据通常就是映像文件中的 RW 属性的数据。

(2) 在可写存储区建立 ZI 属性的可写数据区

通常在映像文件运行之前,也就是保存在 ROM 中时,映像文件中没有包含 ZI 属性的数据。在运行映像文件时,在系统中可写的存储区域建立 ZI 属性的数据区。

5.4.2 μC/OS-Ⅱ应用程序基本结构

每一个 μC/OS-Ⅱ应用至少要有一个任务。而每一个任务必须被写成无限循环的形式。以下是推荐的结构:

```
void task ( void*  pdata )
{
    INT8U err;
    InitTimer(); //可选
    For( ;; ){
        //应用程序代码
        ……
        ……
        OSTimeDly(1); //可选
    }
}
```

以上是基本结构,之所以写成无限循环的形式,是由于系统会为每一个任务保留一个堆栈空间,由系统在任务切换的时候恢复上下文,并执行一条 reti 指令返回。如果允许任务执行到最后一个大括号(那一般都意味着一条 ret 指令)的话,很可能会破坏系统堆栈空间从而使应用程序的执行不确定,就是通常所说的“跑飞”了。因此,每一个任务必须被写成无限循环的形式。程序员一定要相信,自己的任务是会放弃 CPU 使用权的,而不管是系统强制(通过 ISR)还是主动放弃(通过调用 OS API)。

上面程序中的 InitTimer()函数应该由系统提供,程序员有义务在优先级最高的任务内调用它而且不能在 for 循环内调用。注意,这个函数是和所使用的 CPU 相关的,每种系统都有自己的 Timer 初始化程序。在 μC/OS-Ⅱ的帮助手册内,作者特地强调绝对不能在 OSInit()或者 OSStart()内调用 Timer 初始化程序,那会破坏系统的可移植性同时带来性能上的损失。一个折中的办法就是像上面这样,在优先级最高的程序内调用,这样可以保证当 OSStart()调用系统内部函数 OSStartHighRdy()开始多任务后,首先执行的就是 Timer 初始化程序。或者专门开一个优先级最高的任务,只做一件事情,那就是执行 Timer 初始化,之后通过调用 OSTaskSuspend()将自己挂起来,永远不再执行。不过这样会浪费一个 TCB 空间。对于那些 RAM 紧张的系统来说,还是不用为好。

5.4.3 μC/OS-Ⅱ API 介绍

任何一个操作系统都会提供大量的 API 供程序员使用,μC/OS-Ⅱ也不例外。由于 μC/OS-Ⅱ面向的是嵌入式开发,并不要求大而全,因此内核提供的 API 大多与多任务息息相关。主要的有以下几类:任务类,消息类,同步类,时间类,临界区与事件类。

对于应用开发而言,任务类和时间类是必须要首先掌握的两种类型的 API。下面介绍比较重要的几个API函数。

(1) OSTaskCreate函数

这个函数应该至少在main函数内调用一次,在OSInit函数调用之后调用。作用就是创建一个任务。目前有四个参数:任务的入口地址,任务的参数,任务堆栈的首地址和任务的优先级。调用本函数后,系统会首先从TCB空闲列表内申请一个空的TCB指针,然后将会根据用户给出参数初始化任务堆栈,并在内部的任务就绪表内标记该任务为就绪状态。最后返回,这样就创建成功了一个任务。

(2) OSTaskSuspend函数

OSTaskSuspend函数很简单,正如它名字表达的一样,它可以将指定的任务挂起。如果挂起的是当前任务的话,还会引发系统执行任务切换先导函数OSShed来进行一次任务切换。这个函数只有一个参数,那就是指定任务的优先级。事实上在系统内部,优先级除了表示一个任务执行的先后次序外,还起着区分每一个任务的作用,换句话说,优先级也就是任务的ID。因此μC/OS-Ⅱ不允许出现相同优先级的任务。

(3) OSTaskResume函数

OSTaskResume函数和上面的函数正好相反,它用于将指定的已经挂起的函数恢复成就绪状态。如果恢复任务的优先级高于当前任务,那么还会引发一次任务切换。其参数类似OSTaskSuspend函数的参数,为指定任务的优先级。需要特别说明是,本函数并不要求和OSTaskSuspend函数成对使用。

(4) OS_ENTER_CRITICAL宏

OS_ENTER_CRITICAL宏涉及特定CPU的实现,一般都被替换为一条或者几条嵌入式汇编代码。由于系统希望向上层程序员隐藏内部实现,故而一般都宣称执行此条指令后系统进入临界区,实际上就是关闭中断。这样,只要任务不主动放弃CPU使用权,别的任务就没有占用CPU的机会,相对这个任务而言,它就是独占了,就进入临界区了。这个宏应尽量少用,因为它会破坏系统的一些服务,尤其是时间服务。并使系统对外界响应性能降低。

(5) OS_EXIT_CRITICAL宏

OS_EXIT_CRITICAL是和OS_ENTER_CRITICAL宏配套使用的另一个宏,它在系统手册里的说明是退出临界区,其实它就是重新开中断。需要注意的是,它必须与OS_ENTER_CRITICAL宏成对出现,否则会带来意想不到的后果。最坏的情况下,系统会崩溃。推荐用户尽量少使用这两个宏调用,因为它们会破坏系统的多任务性能。

(6) OSTimeDly函数

OSTimeDly函数是用户调用最多的一个函数。这个函数完成功能很简单,就是先挂起当前任务,然后进行任务切换,在指定的时间到来之后,将当前任务恢复为就绪状态,但是并不一定运行,如果恢复后是优先级最高就绪任务就运行。简单点说,就是可以对任务延时一定时间后再次执行它,或者说,暂时放弃CPU的使用权。一个任务可以不显式地调用这些可以导致放弃CPU使用权的API,但那样多任务性能会大大降低,因为此时仅仅依靠时钟机制在进行任务切换。一个好的任务应该在完成一些操作后主动放弃使用权。

5.4.4 μC/OS-Ⅱ多任务实现机制分析

前面已经说过，μC/OS-Ⅱ是一种基于优先级的可抢先的多任务内核。那么，它的多任务机制到底如何实现的呢？了解这些原理，有助于写出更加健壮的代码来。下面从实现原理的角度探讨这个问题。

首先讨论为什么多任务机制可以实现。其实在单一 CPU 的情况下，是不存在真正的多任务机制的，存在的只有不同的任务轮流使用 CPU，因此在本质上还是单任务的。但由于 CPU 执行速度非常快，加上任务切换十分频繁并且切换很快，感觉上好像有很多任务在同时运行一样，这就是所谓的多任务机制。

由上面的描述不难发现，要实现多任务机制，目标 CPU 必须具备一种在运行期更改 PC 的途径，否则就无法做到切换。直接设置 PC 指针，目前还没有哪个 CPU 支持这样的指令。但是一般 CPU 都允许通过类似 JMP、CALL 这样的指令来间接的修改 PC。多任务机制的实现也正是基于这个出发点。事实上，一般会使用 CALL 指令或者软中断指令来修改 PC（主要是软中断）。但在一些 CPU 上，并不存在软中断这样的概念，可在那些 CPU 上使用几条 PUSH 指令加上一条 CALL 指令来模拟一次软中断的发生。

当发生中断的时候，CPU 保存当前的 PC 和状态寄存器的值到堆栈里，然后将 PC 设置为中断服务程序的入口地址，再下来一个机器周期就可以去执行中断服务程序。执行完毕之后，一般都是执行一条 RETI 指令，这条指令会把当前堆栈里的值弹出恢复到状态寄存器和 PC 里。这样，系统就会回到中断以前的地方继续执行了。如果再中断的时候，人为更改了堆栈里的值，或者更改当前堆栈指针的值，那么结果是无法预料的，因为无法确定机器下一条会执行些什么指令。但如果更改是计划好的、按照一定规则的话，那么就可以实现多任务机制。事实上，这就是目前几乎所有的 OS 的核心部分，只不过实现过程比描述的复杂而已。

在 μC/OS-Ⅱ里，每个任务都有一个任务控制块(Task Control Block)，这是一个比较复杂的数据结构。在任务控制块的偏移为 0 的地方，存储着一个指针，它记录了所属任务的专用堆栈地址。事实上，在 μC/OS-Ⅱ内，每个任务都有自己的专用堆栈，彼此之间不能侵犯（这点要求用户在程序中保证）。一般的做法是把它们声明为静态数组，而且声明成 OS_STK 类型。当任务有了自己的堆栈，那么就可以将每一个任务堆栈记录到前面谈到的任务控制块偏移为 0 的地方。以后每当发生任务切换，系统必然会先进入一个中断，这一般是通过软中断或者时钟中断实现。然后系统会先把当前任务的堆栈地址保存起来，紧接着恢复要切换的任务的堆栈地址。由于那个任务的堆栈里一定也存的是地址，这样，就达到了修改 PC 为下一个任务的地址的目的。

5.5 STM32 平台 μC/OS-Ⅱ移植开发实例

很多人在学习 STM32 过程中，都想亲自移植一下 μC/OS-Ⅱ，而不是用别人已经移植好的。因此，本节用实例详细说明 μC/OS-Ⅱ的移植和开发过程，由于用寄存器编程的工程相对简单，这里的实例用库函数编程方式实现。

5.5.1 移植准备

可以在官方网站 http://www.micrium.com/获取 μCOS-Ⅱ源码。获取源码后进行归类，若没有 Ports 文件夹则手动建立。具体文件结构说明见表 5-1。

表 5-1　　μC/OS 文件结构说明

<table>
<tr><th>文件名</th><th colspan="4">说明</th></tr>
<tr><td rowspan="16">Software</td><td colspan="4">此文件夹在移植过程中需要修改，具体为 μCOS-Ⅱ文件夹下的 ports 和 source</td></tr>
<tr><td rowspan="15">μC/OS-Ⅱ</td><td rowspan="4">Ports</td><td>cpu.h</td><td>数据类型，处理器相关代码，函数原型</td></tr>
<tr><td>cpu_c.c</td><td>定义用户钩子函数，提供扩充软件功能的入口点（所谓钩子函数，就是指那些插入到某函数中拓展这些函数功能的函数）</td></tr>
<tr><td>cpu_a.asm</td><td>与处理器相关汇编函数，主要是任务切换函数</td></tr>
<tr><td>os_dbg.c</td><td>内核调试数据和函数</td></tr>
<tr><td rowspan="11">Source</td><td colspan="2">μCOS-Ⅱ的源代码文件</td></tr>
<tr><td>μcos_ii.h</td><td>内核函数参数设置</td></tr>
<tr><td>os_core.c</td><td>内核结构管理，μC/OS 的核心，但包含了内核初始化、任务切换、事件管理模块、事件标志组管理等功能</td></tr>
<tr><td>os_time.c</td><td>延时处理</td></tr>
<tr><td>os_tmr.c</td><td>定时器管理，设置定时时间，时间到了就进行一次回调函数处理</td></tr>
<tr><td>os_task.c</td><td>任务管理</td></tr>
<tr><td>os_mem.c</td><td>内存管理</td></tr>
<tr><td>os_mutex.c</td><td>信号量管理</td></tr>
<tr><td>os_mbox.c</td><td>邮箱消息</td></tr>
<tr><td>os_q.c</td><td>队列</td></tr>
<tr><td>os_flag.c</td><td>事件标志组</td></tr>
</table>

在工程目录下新建工程所需的文件夹，见表 5-2。

表 5-2　　工程文件结构说明

文件夹	说明
USER	用户代码
APP	包含 APP 和 μC/OS 配置等文件
BSP	板级支持库
μCOS\Ports	与 μC/OS 移植相关的文件
μCOS\Source	μC/OS 代码
StdPeriph_Driver\CMSIS	存放启动文件及内核支撑文件
StdPeriph_Driver\inc	STM32 标准外设库头文件
StdPeriph_Driver\src	STM32 标准外设库源码
RVMDK	包含工程文件

详细的文件夹与文件结构如下：

```
├── APP
│      app.c
│      app.h
│      app_cfg.h
│      os_cfg.h
│      stm32f10x.h
│
├── BSP
│      BSP.c
│      BSP.h
│
├── StdPeriph_Driver
│   ├── CMSIS
│   │      core_cm3.c
│   │      core_cm3.h
│   │      start  up_stm32f10x_hd.s
│   │      system_stm32f10x.c
│   │      system_stm32f10x.h
│   │
│   ├── inc
│   │      misc.h
│   │      stm32f10x_adc.h
│   │      stm32f10x_bkp.h
│   │      stm32f10x_can.h
│   │      stm32f10x_cec.h
│   │      stm32f10x_crc.h
│   │      stm  32f10x_dac.h
│   │      stm32f10x_dbgmcu.h
│   │      stm32f10x_dma.h
│   │      stm32f10x_exti.h
│   │      stm32f10x_flash.h
│   │      stm32f10x_fsmc.h
│   │      stm32f10x_gpio.h
│   │      stm32f10x_i2c.h
│   │      stm32f10x_iwdg.h
│   │      stm32f10x_pwr.h
│   │      stm32f10x_rcc.h
│   │      stm32f10x_rtc.h
│   │      stm32f10x_sdio.h
│   │      stm32f10x_spi.h
│   │      stm32f10x_tim.h
│   │      stm32f10x_usart.h
│   │      stm32f10x_wwdg.h
│   │
│   └── src
│          misc.c
│          stm32f10x_adc.c
│          stm32f10x_bkp.c
│          stm32f10x_can.c
│          stm32f10x_cec.c
│          stm32f10x_crc.c
│          stm32f10x_dac.c
│          stm32f10x_dbgmcu.c
│          stm32f10x_dma.c
│          stm32f10x_exti.c
│          stm32f10x_flash.c
│          s  tm32f10x_fsmc.c
│          stm32f10x_gpio.c
│          stm32f10x_i2c.c
│          stm32f10x_iwdg.c
│          stm32f10x_pwr.c
│          stm32f10x_rcc.c
│          stm32f10x_rtc.c
│          stm32f10x_sdio.c
│          stm32f10x_spi.c
│          stm32f10x_   tim.c
│          stm32f10x_usart.c
│          stm32f10x_wwdg.c
│
├── uCOS
│   ├── Ports
│   │      os_cpu.h
│   │      os_cpu_a.asm
│   │      os_cpu_c.c
│   │      os_dbg.c
│   │
│   └── Source
│          os_core.c
│          os_flag.c
│          os_mb   ox.c
│          os_mem.c
│          os_mutex.c
│          os_q.c
│          os_sem.c
│          os_task.c
│          os_time.c
│          os_tmr.c
│          ucos_ii.c
│          ucos_ii.h
│
└── USER
       includes.h
       main.c
       stm32f   10x_conf.h
       stm32f10x_it.c
       stm32f10x_it.h
```

到目前为止，所有的文件准备工作已经完成，μCOS-Ⅱ的体系结构如图 5-9 所示。

5.5.2 建立 Keil 工程

打开 Keil，新建 stm32_μcos_ii 工程如图 5-10 所示。

将工程文件保存在 RVMDK 文件夹里，如图 5-11 所示。

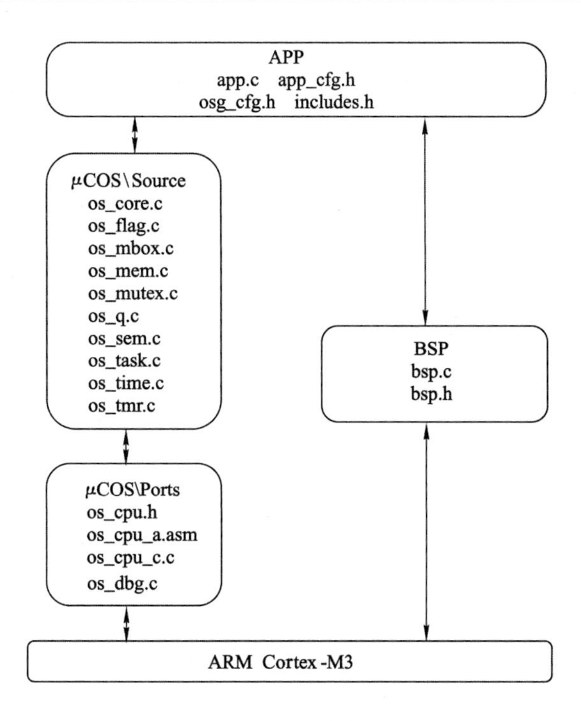

图 5-9　工程结构图

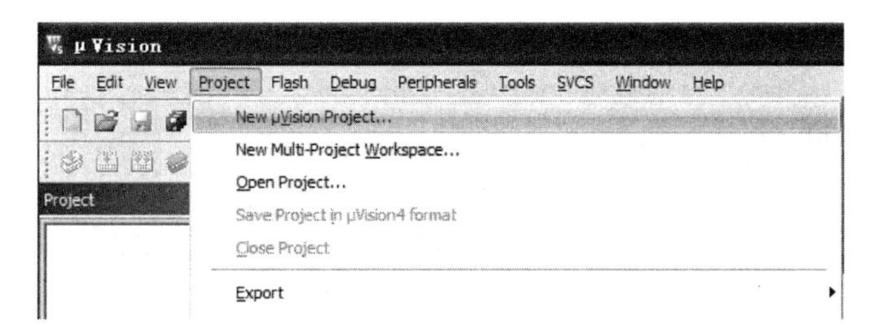

图 5-10　建立工程

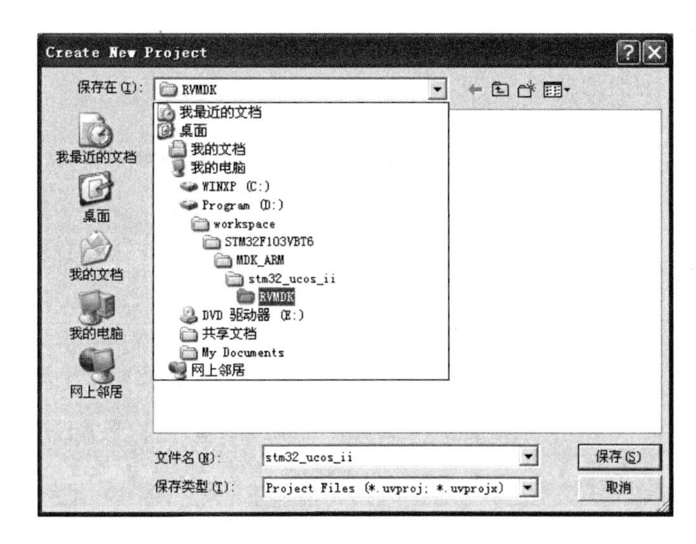

图 5-11　保存工程

点击“保存”后，选择开发芯片“STM32F103VBT6”，如图 5-12 所示。

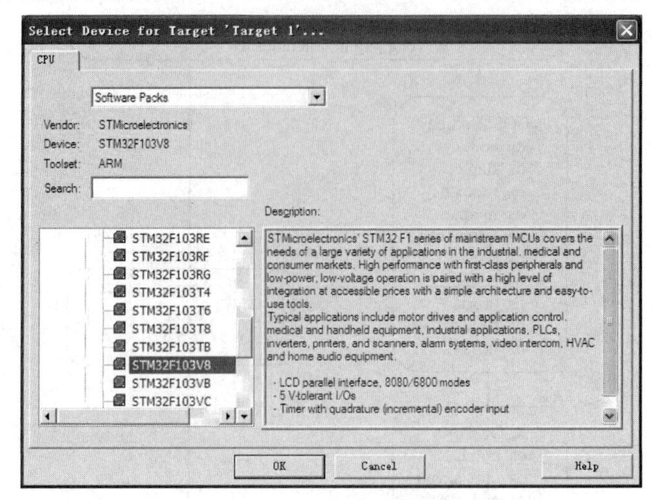

图 5-12　选择开发芯片

右键项目窗口中的 Target1，选择“Manage Projects item”。或者单击工作区的工程项目组件，见图 5-13。

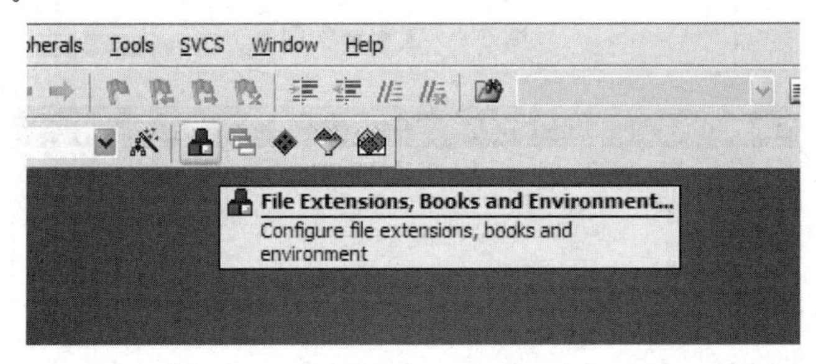

图 5-13　文件组

修改工程项目到如图 5-14 所示状态。

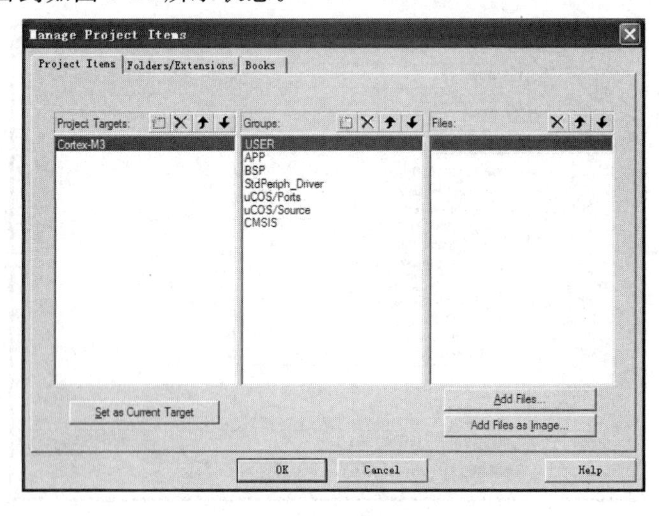

图 5-14　工程项目

单击"Add Files"给每组添加文件,如图 5-15。

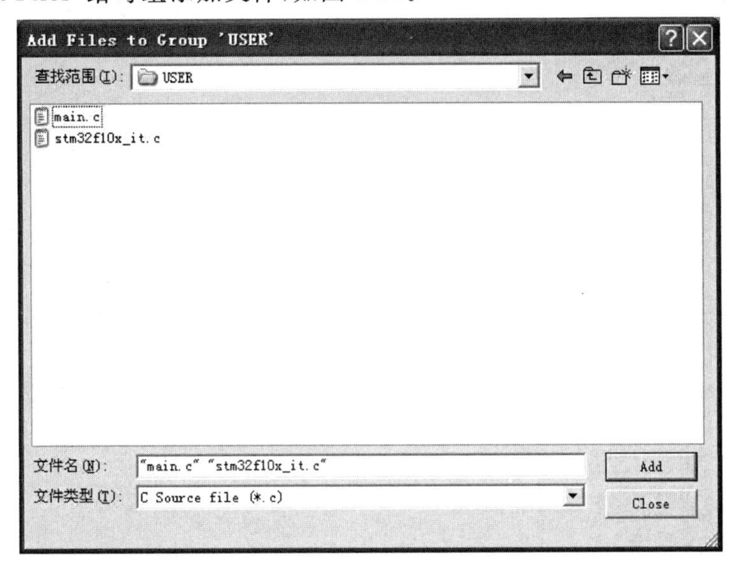

图 5-15　添加文件

单击"Add",效果图如图 5-16 所示。

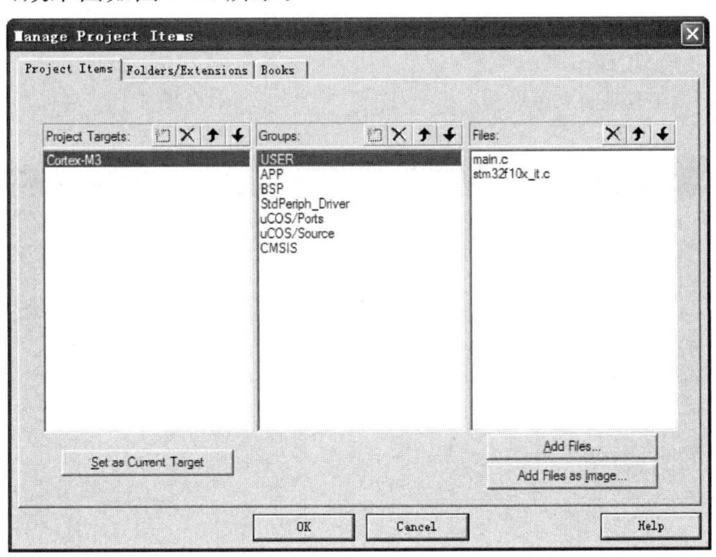

图 5-16　添加文件效果

Keil 的工程项目文件结构如图 5-17 所示。

右键单击项目窗口中的 Cortex-M3,选择"Option for Target"。或者单击工作区工程选项组件,如图 5-18。

选择"Output"选项,勾选"Create HEX File",见图 5-19。

选择"C/C++"选项,然后单击"Include Paths"右边按钮。如图 5-20 所示。

在弹出的对话框中添加包含头文件路径,见图 5-21。

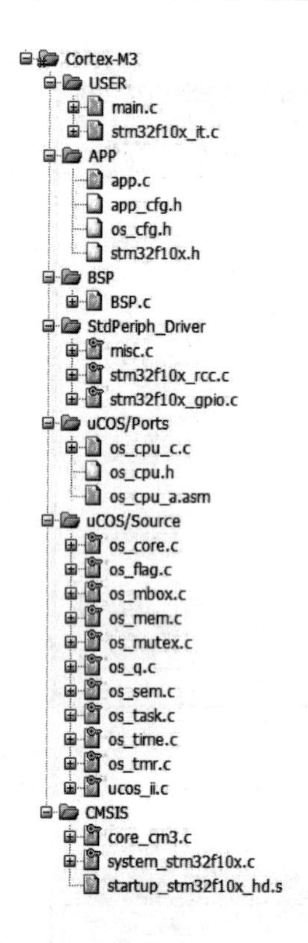

图 5-17 工程项目文件结构

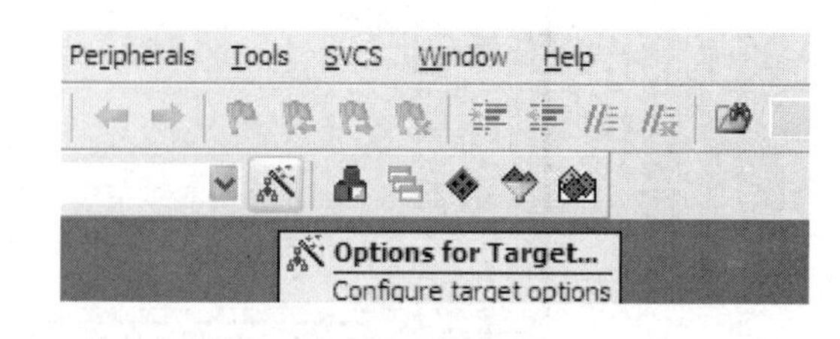

图 5-18 目标选项

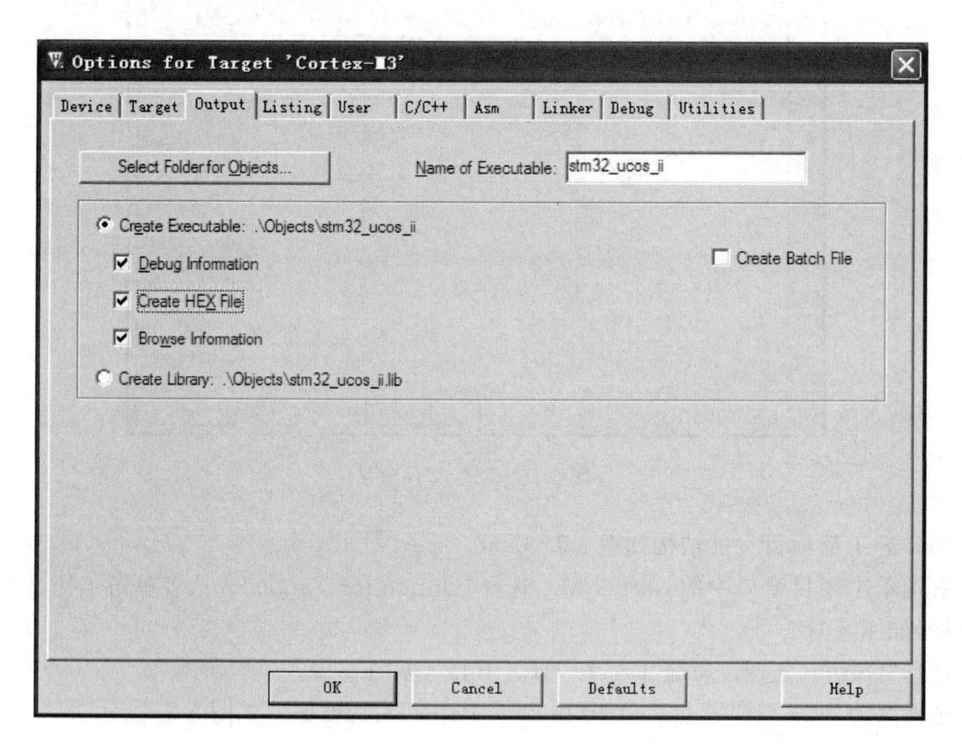

图 5-19 创建 HEX 文件

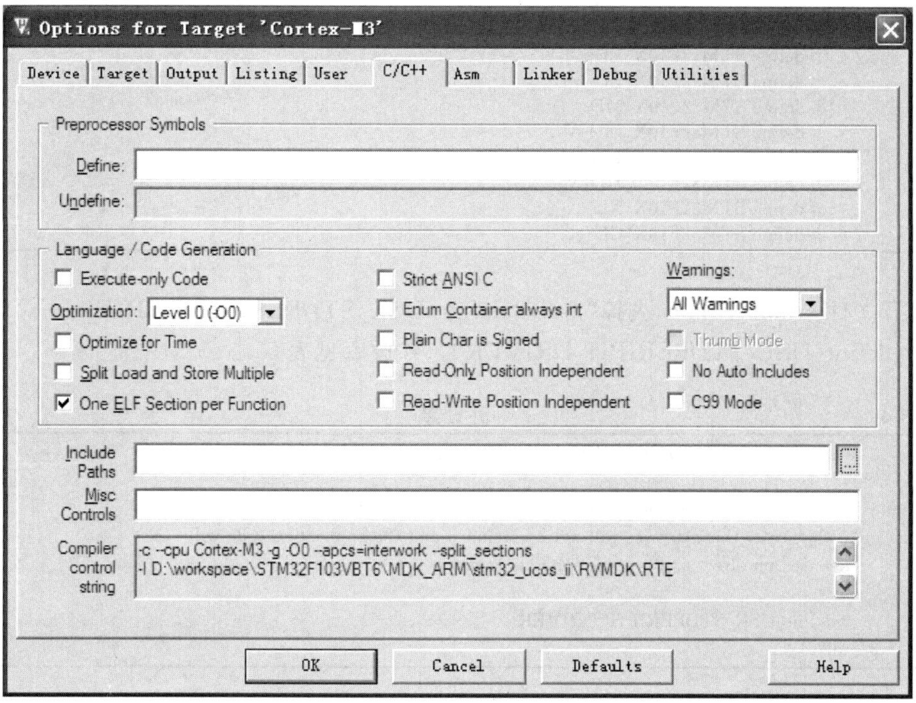

图 5-20　包含头文件路径

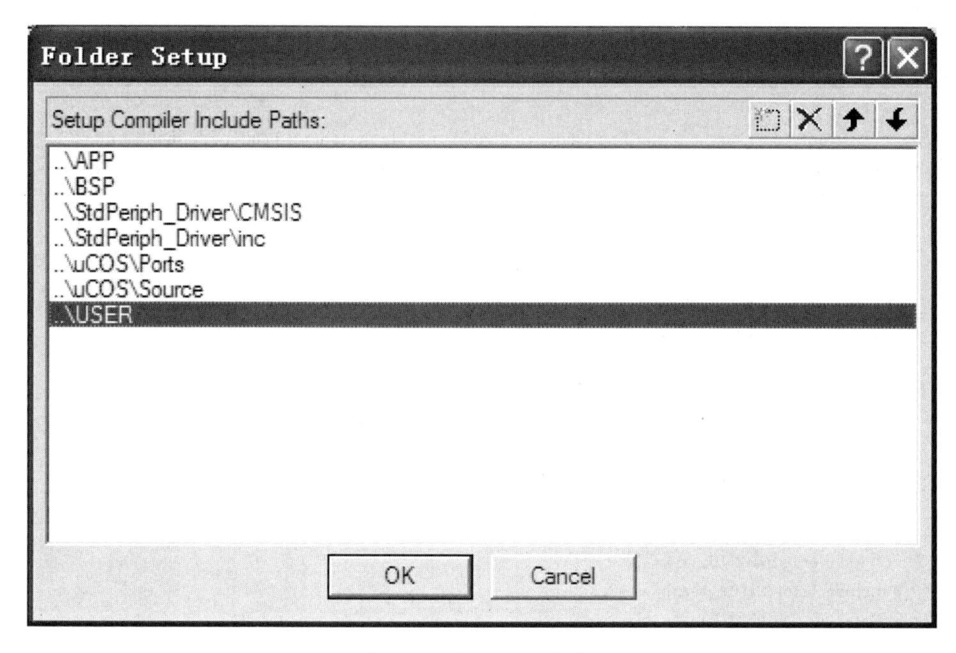

图 5-21　包含头文件路径

5.5.3　配置 STM32 外设库

打开文件 stm32f10x.h，去掉“/* #define STM32F10X_MD */”的注释，改为“#define STM32F10X_MD”。芯片容量见表 5-3。

表 5-3　　芯片容量

```
/*  #define STM32F10X_LD         */
/*  #define STM32F10X_LD_VL      */
    #define STM32F10X_MD
/*  #define STM32F10X_MD_VL      */
/*  #define STM32F10X_HD         */
/*  #define STM32F10X_HD_VL      */
/*  #define STM32F10X_XL         */
/*  #define STM32F10X_CL         */
```

打开文件 stm32f10x. h，去掉“/* #define USE_STDPERIPH_DRIVER */”的注释，改为“#define USE_STDPERIPH_DRIVER”。外设库见表 5-4。

表 5-4　　外设库

```
#if ! defined  USE_STDPERIPH_DRIVER
/**
* @brief Comment the line below if you will not use the peripherals drivers.
  In this case, these drivers will not be included and the application code will
  be based on direct access to peripherals registers
  */
  #define USE_STDPERIPH_DRIVER
#endif
```

打开文件 stm32f10x_conf. h，如果需要添加某个头文件，去掉相应注释即可。头文件见表 5-5。

表 5-5　　头文件

```
/* Includes ------------------------------------------------------------------*/
/* Uncomment/Comment the line below to enable/disable peripheral header file inclusion */
//#include "stm32f10x_adc.h"
//#include "stm32f10x_bkp.h"
//#include "stm32f10x_can.h"
//#include "stm32f10x_cec.h"
//#include "stm32f10x_crc.h"
//#include "stm32f10x_dac.h"
//#include "stm32f10x_dbgmcu.h"
//#include "stm32f10x_dma.h"
//#include "stm32f10x_exti.h"
//#include "stm32f10x_flash.h"
//#include "stm32f10x_fsmc.h"
#include "stm32f10x_gpio.h"
//#include "stm32f10x_i2c.h"
//#include "stm32f10x_iwdg.h"
//#include "stm32f10x_pwr.h"
#include "stm32f10x_rcc.h"
//#include "stm32f10x_rtc.h"
//#include "stm32f10x_sdio.h"
//#include "stm32f10x_spi.h"
//#include "stm32f10x_tim.h"
//#include "stm32f10x_usart.h"
//#include "stm32f10x_wwdg.h"
#include "misc.h" /* High level functions for NVIC and SysTick (add-on to CMSIS functions)
*/
```

5.5.4　移植 μC/OS-Ⅱ

要将 μC/OS 移植到 STM32 下，只需修改 os_cup. h、os_cpu_c. c 和 os_cpu_a. asm 三个文件。

(1) os_cpu. h

注释掉函数 void OS_CPU_SysTickHandler(void)、void OS _CPU _ SysTick Init (void) 、NT32U OS_CPU_SysTickClkFreq(void)。

修改函数 void OS_CPU_PendSVHandler(void)为 PendSV_Handler(void)。见表 5-6。

表 5-6　　os_cpu. h

```
/* void      OS_CPU_PendSVHandler(void); */
   void      PendSV_Handler(void);

/* void      OS_CPU_SysTickHandler(void); */
/* void      OS_CPU_SysTickInit(void); */
/* INT32U    OS_CPU_SysTickClkFreq(void); */
```

(2) os_cpu_c. c

注释掉系统嘀嗒服务的所有宏定义。找到 SYS TICK DEFINES，注释说明(前面加#if 0，后面加#endif 就能注释掉)。见表 5-7。

表 5-7　　SYS TICK DEFINES

```
#if 0
   #define  OS_CPU_CM3_NVIC_ST_CTRL            (*((volatile INT32U  *)0xE000E010uL))
   #define  OS_CPU_CM3_NVIC_ST_RELOAD          (*((volatile INT32U  *)0xE000E014uL))
   #define  OS_CPU_CM3_NVIC_ST_CURRENT         (*((volatile INT32U  *)0xE000E018uL))
   #define  OS_CPU_CM3_NVIC_ST_CAL             (*((volatile INT32U  *)0xE000E01CuL))
   #define  OS_CPU_CM3_NVIC_PRIO_ST            (*((volatile INT8U   *)0xE000ED23uL))
   #define  OS_CPU_CM3_NVIC_ST_CTRL_COUNT                          0x00010000uL
   #define  OS_CPU_CM3_NVIC_ST_CTRL_CLK_SRC                        0x00000004uL
   #define  OS_CPU_CM3_NVIC_ST_CTRL_INTEN                          0x00000002uL
   #define  OS_CPU_CM3_NVIC_ST_CTRL_ENABLE                         0x00000001uL
   #define  OS_CPU_CM3_NVIC_PRIO_MIN                               0xFFu
#endif
```

注释掉函数体 void OS_CPU_SysTickHandler(void)和 void OS_CPU_Sys Tick Init (void)。

(3) os_cpu_a. asm

由于编译器的原因，需要将下面的 PUBLIC 改为 EXPORT。即将：

```
PUBLIC OS_CPU_SR_Save ; Functions declared in this file
PUBLIC OS_CPU_SR_Restore
```

```
PUBLIC OSStartHighRdy
PUBLIC OSCtxSw
PUBLIC OSIntCtxSw
PUBLIC OS_CPU_PendSVHandler
```

改为

```
EXPORT OS_CPU_SR_Save ; Functions declared in this file
EXPORT OS_CPU_SR_Restore
EXPORT OSStartHighRdy
EXPORT OSCtxSw
EXPORT OSIntCtxSw
EXPORT OS_CPU_PendSVHandler
```

需要注意的是,因为 stm32 的启动文件已经有 PendSV_Handler 的定义,所以移植并没有用到 OS_CPU_PendSVHandler。因此还要将 OS_CPU_PendSVHandler 改为 PendSV_Handler。即:

```
EXPORT PendSV_Handler
```

同样因为编译器的原因,把以下语句

```
RSEG CODE:CODE:NOROOT(2)
```

修改为:

```
AREA |.text|, CODE, READONLY, ALIGN= 2
THUMB
REQUIRE8
PRESERVE8
```

(4) startup_stm32f10x_md. s

因为当前移植是使用标准外设库 CMSIS 中的 startup_stm32f10x_md. s 作为启动文件的,还没有设置 void systick_init(void)。而 startup_stm32f10x_md. s 文件中,PendSV 中断向量名为 PendSV_Handler,因此需要把所有出现 OS_CPU_PendSVHandler 的地方,用 PendSV_Handler 替换掉,即整个工程文件中,PendSV 中断向量名必须一致。

至此,修改 μC/OS-Ⅱ代码工作就基本结束,余下的工作就是编写用户应用代码。

5.5.5 完善工程文件

(1) includes. h

includes. h 是保存全部头文件的头文件,方便理清工程函数思路。

```
# ifndef _INCLUDES_H_
# define _INCLUDES_H_
# include "stm32f10x.h"
# include "ucos_ii.h"
# include "BSP.h"
# include "app.h"
# include "led.h"
# endif
```

(2) BSP

系统的嘀嗒服务 SysTick 定时器是用户自己定义，因此在 BSP.c 中加入该函数的定义并在 BSP.h 中声明这个函数。另外，也需要编写一个开发板初始化启动函数 BSP_Init()，包含设置系统时钟、初始化硬件。

BSP.C 文件代码如下。

```
# include "includes.h"
void systick_init(void)
{
  SysTick_Config(SystemCoreClock / OS_TICKS_PER_SEC);
}
void BSP_Init(void)
{
}
```

BSP.h 头文件代码如下。

```
# ifndef _BSP_H_
# define _BSP_H_
void systick_init(void);
void BSP_Init(void);
# endif
```

(3) stm32f10x_it.c

需要在 stm32f10x_it.c 添加 SysTick 中断的处理代码。

```
void SysTick_Handler(void)
{
    OS_CPU_SR  cpu_sr;
    OS_ENTER_CRITICAL();
    OSIntNesting+ + ;
    OS_EXIT_CRITICAL();
    OSTimeTick();
    OSIntExit();
}
```

5.5.6 创建任务

(1) 配置 os_cfg.h

配置 μC/OS 操作系统，根据自己的需要对操作系统进行裁剪。配置嘀嗒时钟时要看清注释。

```
#define OS_TICKS_PER_SEC       100u /* Set the number of ticks in one second */
```

(2) 编写 LED 驱动

新建 led.c 和 led.h。根据硬件连接信息，将 led.c 文件中的代码修改如下。

```
void LED_Configuration(void)
{
```

```
    GPIO_InitTypeDef GPIO_InitStructure;

    RCC_APB2PeriphClockCmd(RCC_APB2Periph_GPIOB, ENABLE);
    RCC_APB2PeriphClockCmd(RCC_APB2Periph_GPIOE, ENABLE);

    GPIO_PinRemapConfig(GPIO_Remap_SWJ_JTAGDisable, ENABLE);
    GPIO_InitStructure.GPIO_Pin=GPIO_Pin_3;
    GPIO_InitStructure.GPIO_Mode=GPIO_Mode_Out_PP;
    GPIO_InitStructure.GPIO_Speed=GPIO_Speed_2MHz;
    GPIO_Init(GPIOB, &GPIO_InitStructure);

    GPIO_InitStructure.GPIO_Pin=GPIO_Pin_8;
    GPIO_Init(GPIOE, &GPIO_InitStructure);

    GPIO_SetBits(GPIOB, GPIO_Pin_3);
    GPIO_ResetBits(GPIOE,GPIO_Pin_8);
}
```

led.h 文件中的代码修改如下。

```
# ifndef  __LED_H__
# define  __LED_H__
# include "stm32f10x.h"
void LED_Configuration(void);
# endif
```

(3) 编写 app_cfg.h

配置任务的优先级以及任务的堆栈大小。

```
# ifndef  __APP_CFG_H__
# define  __APP_CFG_H__
/* * * * * * * * * * * * * 设置任务优先级* * * * * * * * * * * * * * /
# define  LED_TASK_PRIO   4u
/* * * * * * * * * * 设置栈大小(单位为 OS_STK )* * * * * * * * * * * /
# define LED_TASK_STK_SIZE  80u
# endif
```

(4) 编写 APP

创建 LED 任务。在 app.c 文件中编写如下代码:

```
# include "includes.h"
void LED_Task(void * para)
{
    para=para;
    while(1)
```

```
    {
        GPIO_SetBits(GPIOE, GPIO_Pin_8);
        OSTimeDlyHMSM(0,0,1,0);
        GPIO_ResetBits(GPIOE, GPIO_Pin_8);
        OSTimeDlyHMSM(0,0,1,0);
    }
}
```

app.h 代码如下：

```
# ifndef _APP_H_
# define _APP_H_
void LED_Task(void * para);
# endif
```

(5) 编写 main.c

将 LED 任务加载到 μC/OS 中去。

```
# include "includes.h"
static OS_STKLED_Task_Stk[LED_TASK_STK_SIZE];
int main(void)
{
    INT8U  os_err;
    os_err=os_err;

    BSP_Init();
    OSInit();
    systick_init();
    LED_Configuration();

    os_err=OSTaskCreate(LED_Task, (void * )0,\
                        &LED_Task_Stk[LED_TASK_STK_SIZE-1], \
                        LED_TASK_PRIO);
    OSStart();
    return 0;
}
```

编译工程，烧录程序。如果 LED 灯每隔 1s 闪烁，说明 μC/OS 移植成功。

5.6 习　　题

1. 简述 μC/OS 的特点。
2. 简述任务及其特点。
3. 简述 μC/OS-Ⅱ中任务优先级规则。

4. 简述任务状态的概念。
5. 在 STM-A 开发板中实现 μC/OS-Ⅱ综合应用，要求不少于 3 个任务。
6. 移植寄存器版的 μC/OS-Ⅱ，创建 LED 任务。
7. 在移植好的 μC/OS-Ⅱ中用信号量和邮箱实现任务间通信。

5.7 参考文献

[1] JEAN J LABROSSE. 嵌入式实时操作系统 μCOS-II[M]. 第 2 版，邵贝贝，译. 北京：北京航空航天大学大学出版社，2003.
[2] ARM. ARM[R] Cortex[R] M3 Processor Technical Reference Manual. [2015-8-16]. http://infocenter.arm.com/help/topic/com.arm.doc.100165_0201_00_en/arm_cortexm3_processor_trm_100165_0201_00_en.pdf.
[3] JOSEPH Yiu. Cortex-M3 权威指南[M]. 宋岩，译. 北京：北京航空航天大学出版社，2009.
[4] ARM. Procedure Call Standard for the ARM Architecture. [2015-9-11]. http://infocenter.arm.com/help/topic/com.arm.doc.ihi0042f/IHI0042F_aapcs.pdf.
[5] MICRIUM. μC/OS-Ⅱ and ARM Cortex-M3 Processors. [2015-8-20]. http://wenku.baidu.com/view/d08df15c3b3567ec102d8ac2.html.
[6] ST MIRCOELECTRONICS LIMITED. RM0008 Reference manual (Rev16)[EB/OL]. [2015-9-13]. http://www2.st.com/content/ccc/resource/technical/document/programming_manual/5b/ca/8d/83/56/7f/40/08/CD00228163.pdf/files/CD00228163.pdf/_jcr_content/translations/en.CD00228163.pdf.
[7] 刘波文，孙岩. 嵌入式实时操作系统 μC/OS-Ⅱ经典实例：基于 STM32 处理器[M]. 北京：北京航空航天大学出版社，2012.